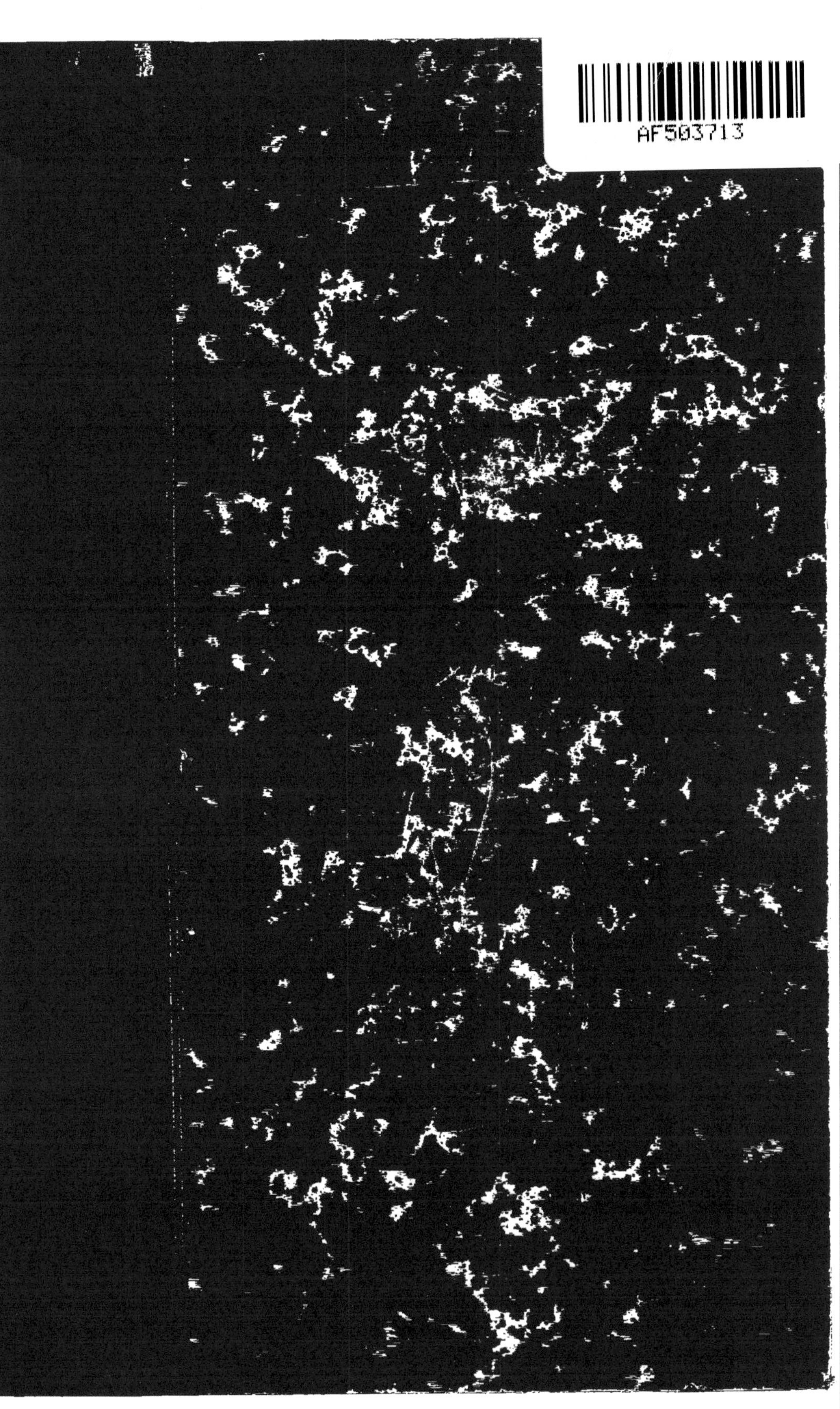

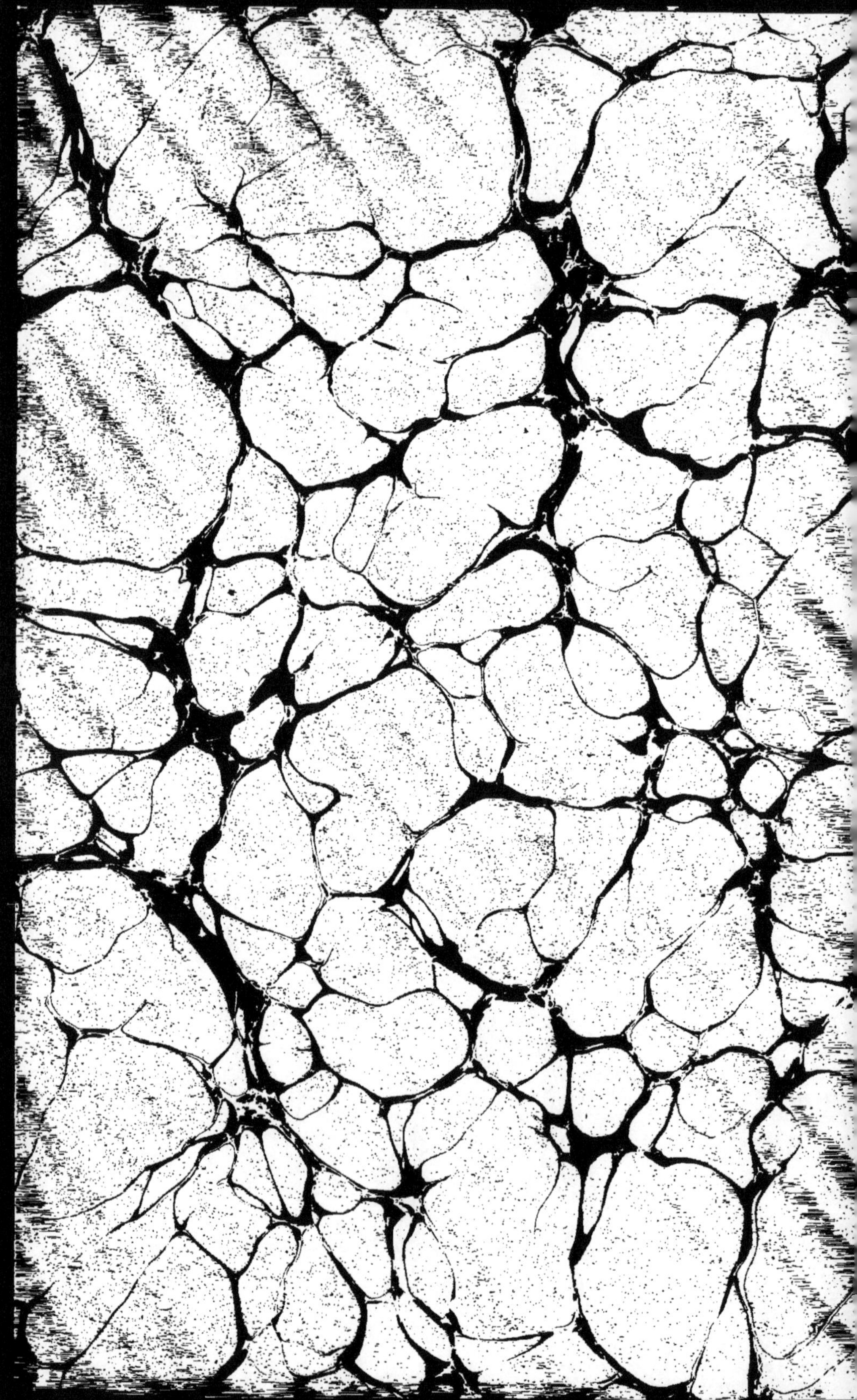

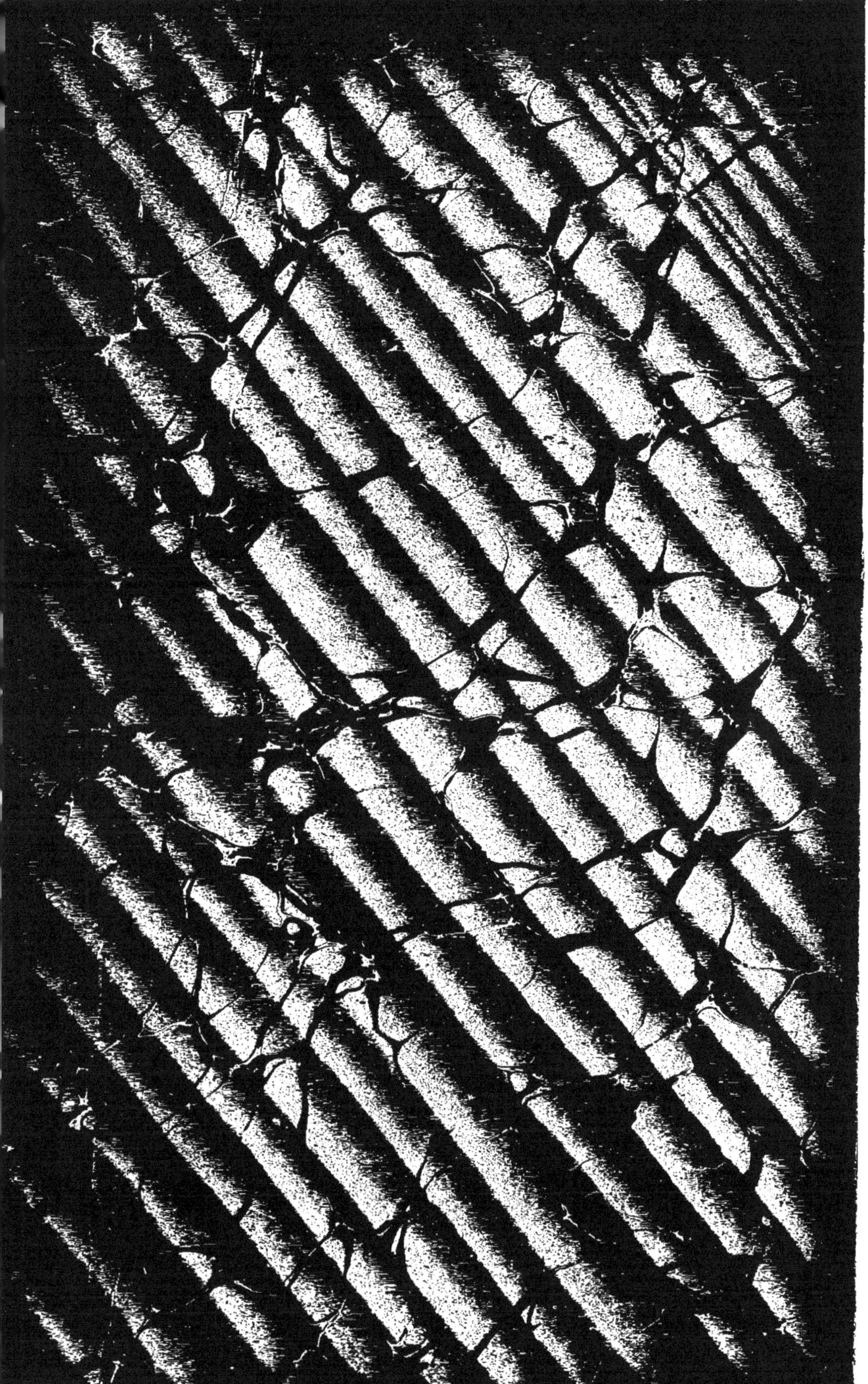

SYNOPSIS

DES

DIATOMÉES

DE BELGIQUE

PAR LE

Dr HENRI VAN HEURCK,

Professeur de Botanique et Directeur du Jardin Botanique d'Anvers.

TEXTE.

ANVERS.

ÉDITÉ PAR L'AUTEUR.

1885.

ATION DES PUBLICATIONS ÉTRANGÈRES
IRIE C. KLINCKSIECK

SYNOPSIS DES

DIATOMÉES DE BELGIQUE.

OUVRAGES DU MÊME AUTEUR :

Le microscope, sa construction, son maniement et son application à l'anatomie végétale et aux Diatomées par le Dr HENRI VAN HEURCK. — 3e édition, Bruxelles, 1878 in-8, avec 12 planches et 170 figures dans le texte . . . . fr. 10 »

Le microscope et la micrographie depuis 1878. Revue des progrès réalisés durant ces dernières années, précédée d'une exposition des théories du Prof. Abbe sur la vision microscopique. — Bruxelles 1885. — in 8° (à paraître sous peu) avec figures . fr. 2 »

Antwerpsche analytische Flora, door HENRI VAN HEURCK en J.-I. DE BEUCKER ; Antwerpen, 1ste deel, 1861 . . . . fr. 3 »

Prodrôme de la Flore du Brabant, par HENRI VAN HEURCK et ALFRED WESMAEL ; in-8, 1862 . . . . fr. 1.25

Flore médicale Belge, par le Dr HENRI VAN HEURCK et le Dr VICTOR GUIBERT ; un volume in-8° de 450 pages. Louvain, 1865 . . . . fr. 4 »

Herbier des plantes rares ou critiques de Belgique. Huit fascicules sont publiés. Prix du fascicule. . . . . fr. 10 »

Notice sur un nouvel objectif à immersion construit par E. Hartnack, suivi de recherches sur le *Navicula affinis* ; in-8° de 8 pages avec planches. . . . . fr. 1 »

Notice sur une prolification axillaire floripare du Papaver setigerum D. C. ; in-8° avec planches. . . . . fr. 1 »

De la fécondation dans l'Hyacinthus orientalis et le Narcissus Jonquilla ; in-8° avec planche . . . . fr. » 50

Notice sur les collections botaniques de M. Henri Van Heurck. par M. ARTHUR MARTINIS, conservateur de ces collections. . . . . fr. 1 »

Observationes botanicæ et descriptiones plantarum novarum herbarii Vanheurckiani. — Recueil d'observations botaniques et de descriptions de plantes nouvelles; publié par le Dr HENRI VAN HEURCK, avec la collaboration du Dr J. Müller et de MM. C. de Candolle, Crépin, Spring, etc. ; texte latin-français. Deux fascicules sont publiés. Prix du fascicule . . . . fr. 3. 50

Du Boldo. Anvers, 1873 . . . . fr. » 50

Du Jaborandi. Anvers, 1875 . . . . fr. » 50

Notice sur les nouveaux objectifs de MM. Ross & Co, de MM. Powell et Lealand et de M. Hasert, Anvers, 1876 . . . . fr. 1 »

Notions succinctes sur l'origine et l'emploi des drogues simples de toutes les régions du globe. Bruxelles, 1876. Grand in-8 de 260 pages . . . . fr. 3. 50

Sommaire des cours de Botanique pure et medico-commerciale donnés au Jardin Botanique d'Anvers. Grand in-8° avec 17 planches et 251 figures. Anvers, 1882. — Non en vente, réservé aux auditeurs des Cours du Jardin Botanique . .

La lumière électrique appliquée aux recherches de la micrographie. — 2e édition. — Anvers, Max Ruef, 1883. — Grand in-8° avec 13 fig. . . . . fr. 1 »

Notes sur de nouveaux liquides pour l'immersion homogène . . . . fr. 1 »

Du Styrax et du Liquidambar en remplacement du Baume du Canada. 1883. — Idem note complémentaire. 1884 . . . . fr. 1 »

SYNOPSIS

DES

DIATOMÉES

DE BELGIQUE

PAR LE

DR HENRI VAN HEURCK,

CHEVALIER DE L'ORDRE ROYAL DE LA COURONNE D'ITALIE,
DIRECTEUR DU JARDIN BOTANIQUE D'ANVERS ET PROFESSEUR DE BOTANIQUE PURE ET MEDICO-COMMERCIALE
AU MÊME ÉTABLISSEMENT;
PROFESSEUR DE CHIMIE A L'ÉCOLE INDUSTRIELLE, PRÉSIDENT DE LA SOCIÉTÉ PHYTOLOGIQUE
ET MICROGRAPHIQUE DE BELGIQUE;
VICE-PRÉSIDENT DU KRUIDKUNDIG GENOOTSCHAP.
MEMBRE HONORAIRE DE LA SOCIÉTÉ ROYALE DE MICROSCOPIE DE LONDRES
MEMBRE CORRESPONDANT DE L'ACADÉMIE DES SCIENCES DE NEW-YORK,
DE L'ACADÉMIE ROYALE DES SCIENCES DE BARCELONE, DE L'ACADÉMIE IMPÉRIALE LÉOPOLDINE DES CURIEUX
DE LA NATURE, ETC., ETC.

TEXTE.

ANVERS.
ÉDITÉ PAR L'AUTEUR.

1885.

IMPRIMERIE M^lin BROUWERS & Co A ANVERS.

PRÉFACE.

Le brouillon de ce travail à été rédigé pendant l'hiver de 1876. — Depuis lors nous l'avons sans cesse remanié, y consacrant chaque jour de longues heures et ne reculant devant aucune dépense pour nous procurer tout ce qui pouvait nous aider à améliorer notre travail soit par l'achat de collections typiques, soit par celui des appareils les plus parfaits qui existent actuellement. Malgré tous nos efforts notre ouvrage est encore imparfait, et, il l'eût été davantage, sans l'assistance de notre excellent ami M. A. Grunow, qui, en nous élucidant les cas difficiles, et, en nous faisant part de dessins originaux si exacts, nous a rendu un service dont nous lui sommes profondément reconnaissant et dont nous tenons à le remercier ici publiquement.

Le texte du Synopsis ne devait, d'après le prospectus, contenir que les Diatomées de Belgique, c'est ce qui a été fait ; toutefois, les Diatomées que nous possédons ici se trouvent à peu près partout et l'ouvrage pourra donc être utile, même dans des contrées bien éloignées.

Il ne faut pas se dissimuler cependant que, même pour la Belgique, l'ouvrage est incomplet et il ne pouvait guère en être autrement. En effet, le nombre des micrographes qui se sont. dans notre pays, occupés de la recherche des Diatomées, est infiniment restreint et il faut, en grande partie, l'attribuer au manque d'un ouvrage qui pût les guider, surtout au début de leurs recherches.

Il est à espérer que le Synopsis dont nous achevons aujourd'hui la publication, comblant cette lacune, augmentera le nombre de nos collecteurs et permettra plus tard de dresser la liste complète de notre Flore des Diatomées.

Une seconde édition du texte deviendra alors nécessaire et nous espérons bien qu'il nous sera donné de publier celle-ci. Quand à l'Atlas, grâce au grand nombre de formes qui y sont figurées, il y aura peu à y changer: tout au plus un supplément pourra-t-il devenir nécessaire.

Dans un paragraphe sur l'espèce, que l'on trouvera plus loin, nous avons détaillé notre manière de voir : dans cet ouvrage qui doit surtout guider les débutants, nous avons réduit le nombre des espèces autant que faire se pouvait et nous avons ramené à un petit nombre de types les nombreuses formes qui, par d'autres auteurs, ont été considérées comme étant des types distincts. Comme nous avons toujours ajouté la synonymie et tous les renseignements nécessaires, il sera facile à chacun d'élever une forme quelconque au rang d'espèce si cela lui parait plus convenable.

Nous avons cependant, en général, été très-sobres pour la Synonymie. Nous ne voyons aucune utilité à énumérer des quantités de noms et, cela, le plus souvent sans aucune certitude. Les perfectionnements successifs du microscope ont montré que les auteurs antérieurs ont dû nécessairement confondre de nombreuses formes : c'est ce qui nous a été aussi démontré par l'étude de leurs collections originales. On a donné, soit dans l'Atlas, soit dans le texte, tous les synonymes dont on était bien certain ; tous ceux que l'on aurait ajoutés auraient été ou superflus ou sujets à caution et auraient inutilement grossi le volume.

Notre ami M. Fréderic Kitton, de Norwich, a eu l'extrême obligeance de relire notre manuscrit; il nous a donné son opinion sur beaucoup de formes critiques et nous a aussi indiqué un certain nombre d'améliorations. Nous remercions ici le savant Diatomographe anglais du service qu'il nous a rendu en cette occasion.

D'autres diatomographes nous ont aussi été utiles, feu notre excellent ami de Brébisson, M. Weissflog, le prof. H. L. Smith, M. J. Deby, etc., qui nous ont fait de nombreux envois de Diatomées, ont droit à tous nos remerciements.

Importance de l'Etude des Diatomées.

«... C'est aux travaux des Diatomistes et à leurs continuelles demandes aux opticiens que nous devons les merveilleux perfectionnements réalisés sur les objectifs. . . . . et plus loin : L'étudiant qui se prépare à des recherches nouvelles, ne doit pas négliger l'étude des Diatomées, car aucun exercice pratique n'a encore été découvert, pour apprendre à l'étudiant l'usage et le maniement de ces instruments, qui soit comparable aux difficultés supérieures qu'offrent ces organismes minuscules. On a dit que l'adversité nous éprouve et montre nos belles qualités. Ces petites écailles, davantage encore, éprouvent le prétendu manipulateur, et, comme le juge, font voir ses pires défauts. »

(Dr J. E. Smith, *professeur d'histologie et de microscopie à l'Université de Cleveland (Ohio, Etats-Unis.)*

«... On a cherché à tourner en ridicule ceux qui prennent un plaisir tout particulier à l'examen des Diatomées. Je considère les *test-objets* comme les meilleurs moyens que nous ayons pour vérifier le pouvoir de nos lentilles, et pour éprouver notre habileté de manipulation. C'est par un travail attentif avec les test-objets que nous apprenons quel est le meilleur mode d'emploi du microscope. Chercher à tourner en dérision ceux qui sont devenus habiles à l'exhibition des diatomées, en les appelant « diatomaniaques » est la triste ressource des ignorants qui s'efforcent ainsi de faire excuser leur propre inexpérience et leur maladresse de main en traitant, en général, tout ce dont ils ne sont pas capables eux mêmes, d'occupation absurde et sans utilité. Les perfectionnements du microscope sont presque entièrement dûs aux exigences des amateurs habiles dans la résolution des test-objets.

Un musicien ne peut être exécutant, si, par une infinité d'exercices, il ne s'est pas rendu maitre de son instrument et ne s'est pas familiarisé avec toutes ses ressources. Pourquoi voudrait-on donc que le microscope n'exigeât pas une étude spéciale ? Il exige cette étude spéciale. Et plus complètement on connaît les principes dont dépendent les meilleurs résultats, plus facilement on obtient ces résultats. La pratique des Diatomées devrait être regardée comme la gymnastique du microscope. Ignorer cette pratique, c'est volontairement paralyser une habileté qu'on pourrait acquérir, ce qu'on ne peut faire impunément, ainsi que le prouve cette immense quantité de résultats anciens qui sont chaque jour écartés par suite d'interprétations faites à l'aide de meilleurs instruments par des opérateurs plus habiles. »

(J. Mayall Jr. *membre du Comité de Rédaction du Journal de la Royal Microscopical Society de Londres :* conférence à la *Société d'histoire naturelle de Brighton et du Sussex.*

«.... Les diatomées, cette joie et ce désespoir des micrographes, les diatomées, ces pierres de touche de nos objectifs, pour l'examen desquelles ont été construits les plus parfaits, les plus admirables, et les plus coûteux de tous les instruments ; les diatomées enfin, qui ont fait faire à l'art si difficile de la construction des objectifs plus de progrès peut-être, que tous les êtres réunis de la création. »

(Dr J. Pelletan. *Le microscope, son emploi et son application, p. VII.*)

Le **SYNOPSIS DES DIATOMÉES DE BELGIQUE,** comprend les parties suivantes qui peuvent s'acquérir isolément :

Le TEXTE.

L'ATLAS, comprenant 3100 figures.

La TABLE alphabétique des noms génériques et spécifiques et des Synonymes contenus dans l'Atlas. — Grand in-8° de 120 pages.

Les TYPES DU SYNOPSIS, collection de 24 séries de préparations microscopiques. Chaque série, renfermée dans une boite en forme de livre, contient 25 préparations et est accompagnée d'une analyse détaillée. Les 600 préparations contiennent plus de 1200 formes.

SYNOPSIS DES

DIATOMÉES DE BELGIQUE.

INTRODUCTION.

CHAPITRE I.

STRUCTURE, VIE, ÉTUDE, RECHERCHE ET PRÉPARATION DES DIATOMÉES.

§ 1. Structure et Vie des Diatomées.

Les Diatomées sont des algues microscopiques. Chaque individu que l'on désigne sous le nom de *frustule* est constitué par une cellule membraneuse renfermant, outre le suc cellulaire, un nucleus entouré de protoplasme, quelques gouttelettes huileuses et une matière brunâtre que l'on nomme *endochrôme* et qui est composée de chlorophylle et de phycoxanthine.

Cette cellule est renfermée dans une enveloppe siliceuse ou carapace formant généralement une espèce de boîte et composée de deux *valves* et d'une *zone* ou *bande connective* parfois aussi nommée *cingulum*.

D'après les assertions aujourd'hui complètement prouvées de MM. Wallich et Pfitzer les deux valves ont chacune un rebord et se recouvrent comme les deux parties d'une boîte. Ce sont ces deux rebords qui forment la bande connective ou les deux anneaux de ceinture de M. le Prof. Pfitzer.

Les connectifs sont indépendants et non soudés à la valve comme le disent certains auteurs.

Cette indépendance des connectifs est aujourd'hui péremptoirement démontrée, par la belle coupe, faite par M. W. Prinz, d'un *Navicula Dac-*

tylus, et dont nous donnons plus loin la figure, de même que par les coupes de *Coscinodiscus* réussies par le même micrographe et qu'il nous a permis d'examiner à loisir.

Enfin, la carapace à son tour est enduite ou enveloppée d'une matière muqueuse, parfois mucoso-siliceuse, dont l'existence peut être demontrée, comme l'a indiqué M. le prof. H. L. Smith, à l'aide de la fuchsine. Cette matière prend dans certains cas un tel développement, que les diatomées, réunies par elles, simulent des algues supérieures, ramifiées ulvacées etc. Telles sont les diatomées dont on a formé les genres *Schizonema*, *Dickiea* etc. Ce mucus a reçu de de Brébisson le nom de *Coléoderme*.

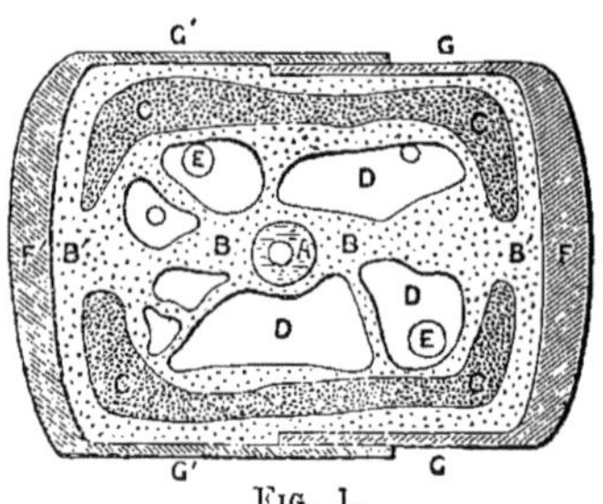

Fig. 1.
Coupe idéale d'un *Navicula*.
A Nucléus et nucléole; BB protoplasme; B' B' cellule membraueuse. C. C. endochrôme; EE globules huileux; FF valves; GG, G'G' connectifs; DD cavité centrale (d'après M. J. Deby)

Revoyons maintenant un peu plus longuement quelques unes de ces parties (¹).

Le *Nucléus* (fig. 1 A est analogue à celui de toutes les cellules végétales; on y voit généralement un *nucléole* très-apparent.

La *masse protoplasmatique* (fig. 1 B.B.) entoure le nucléus; elle est finement granuleuse et se rattache au protoplasme de la paroi cellulaire, tantôt par deux grosses bandes, tantôt par des prolongements, rayonnants, ou même anastomosés, de divers diamètres.

La membrane cellulaire ou *cellule primordiale* (fig. 1 B' B') s'applique contre la surface intérieure des valves. Elle est close de toutes parts et plus ou moins épaisse et a généralement un épaississement considérable aux deux bouts des diatomées dont l'axe est allongé. La membrane cellulaire est transparente, et, comme dans toutes les cellules végétales, formée au dépens de la masse protoplasmatique primitive.

L'*endochrôme* (fig. 1. C.C.) est d'un jaune doré ou brunâtre, rarement il est verdâtre comme c'est le cas dans le *Navicula cuspidata*. L'endochrôme est disposé ou en granules (dans les formes cylindriques ou discoïdes) ou en lames, auxquelles on donne parfois aujourd'hui le nom de *chromatophores*.

Les chromatophores ne forment pas toujours des bandes continues; ils sont parfois déchiquetés et perforés de la façon la plus singulière et tel est le cas dans certaines diatomées marines.

(¹) Voir l'excellent travail de M. Julien Deby : *Ce que c'est qu'une Diatomée* dans les *Bulletins de la Société Belge de Microscopie pour 1877.*

M. Otto Müller, de Berlin, qui s'est imposé la tâche d'élucider quelques-uns des points les plus ardus de l'anatomie et de la physiologie des Diatomées, a publié récemment une note fort intéressante (1) sur les chromatophores des *Pleurosigma angulatum* et *Balticum* de même que de ceux du *Nitzschia Sigma*.

Dans le *Pleurosigma angulatum* les chromatophores sont constitués par deux bandes, relativement étroites, atteignant au moins deux fois le diamètre longitudinal de la cellule.

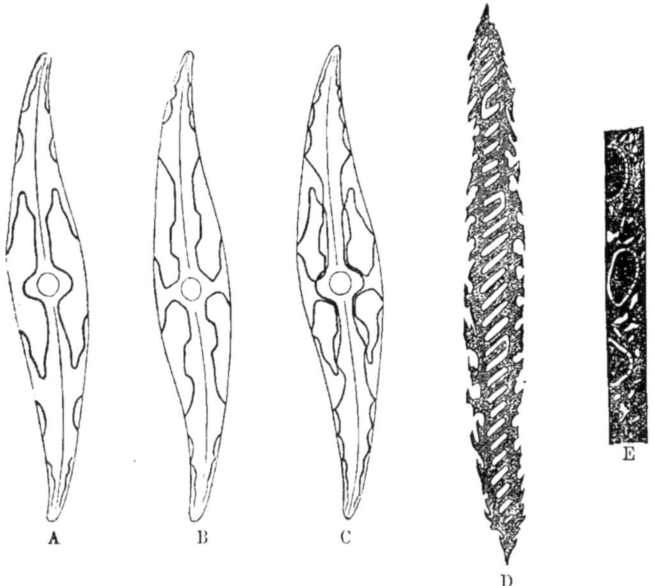

FIG. 2. — Chromatophores de Diatomées marines.
A Schema de la partie placée sur la valve supérieure du *Pl. angulatum*
B Idem de la valve inférieure ; C combinaison des deux parties et montrant l'aspect de l'ensemble. — D Schema du chromatophore étalé du *Pl. Balticum* — E Partie médiane du Chromatophore du *Nitzchia Sigma* (d'après M. Otto Müller)

Ces bandes sont lobées, déchiquetées, mais non perforées; elles sont placées symétriquement de chaque côté de la cellule et appliquées sur la paroi cellulaire dont elles ne sont séparées que par une mince couche de

(1) *Otto Müller : Die Chromatophoren mariner Bacillariaceen aus den Gattungen Pleurosigma und Nitzschia.* — Vorläufige Mittheilung; Novemb. 1883. in : Berichte der Deutschen Botanischen Gesellschaft.

protoplasme. La partie médiane de chaque chromatophore est indivise et s'applique sur la valve supérieure (nom que M. O. Müller donne à la valve qui contient la partie médiane du chromatophore). Deux pièces (ayant ensemble la longueur de la partie médiane), sont placées séparées, sur la valve inférieure, tandis que les bouts du chromatophore, qui pénètrent dans les extrémités de la valve, se tournent vers les connectifs, et là s'unissent les pièces provenant de la valve inférieure et de la valve supérieure.

La partie active du chromatophore est donc répartie à peu près également sur chaque côté de la surface du protoplasme de la cellule.

La ligne médiane du chromatophore coïncide, de même que dans les *Navicula*, avec celle des connectifs ; mais, les parties qui sont rejetées sur les valves, ne sont pas placées symétriquement relativement au plan de division. La partie médiane de chaque chromatophore qui est placée sur la valve supérieure, de chaque côté du raphé, présente au milieu une échancrure arrondie dont résulte un vide à peu près circulaire autour du raphé.

Le *Pleurosigma Balticum*, contient aussi deux chromatophores dont la ligne médiane coïncide avec celle des connectifs et qui s'étendent des deux côtés sur les valves. Ces chromatophores ne sont pas comme dans le *Pleurosigma angulatum* de longues bandes à replis mais des plaques très-déchiquetées et perforées.

Le *Pl. Hippocampos Sm.* a des plaques analogues à celles du précédent.

M. Otto Müller a eu également l'occasion d'étudier le *Nitzschia Sigma*. Dans cette espèce, il n'y a qu'un seul chromatophore, qui est complètement interrompu par le nucléus. Ce chromatophore est sous forme de plaque et est appliqué sur le connectif opposé aux deux carènes.

Il contient un certain nombre de *pyrénoïdes* (1) (5 ou plus) qui, quand on voit la bande sur le côté, se présentent sous forme d'élévations arrondies et ayant la forme de lentilles.

(1) Les mots *chromatophore* et *pyrénoïde* ont été introduits dans la science par M. Fr. Schmitz (*Die chromatophoren der Algen; Vergleichende Untersuchungen über Bau und Entwicklung der Chlorophyllkörper und der Analogen Farbstoffkörper der Algen 8o. 180 pp. et 1 Pl. Bonn. 1882*).

Sous le nom de chromatophore M. Fr. Schmitz réunit les corps chlorophylliens, les masses colorées non vertes et les corps analogues incolores des Algues.

M. Otto Müller, le premier, a appliqué ce nom à l'endochróme des Diatomées.

Les *pyrénoïdes* sont des enclaves (caractéristiques pour certains groupes d'algues), d'une substance incolore, très-refringente et dont les réactions, surtout celles avec les réactifs colorés, sont analogues à celles de la matière dense (*Chromatine* de M. Flemming, *substance nucléaire* de M. Strasburger) qui fait partie du nucléus des cellules végétales.

Les pyrénoïdes sont généralement globuleux et, dans les algues vertes, fréquemment entourés de fécule. Les chromatophores et les pyrénoïdes se multiplient par division; parfois, mais rarement, de nouveaux pyrénoïdes naissent spontanément.

L'endochrôme, avons nous dit, est composé de chlorophylle et de Phycoxanthine et remplit chez les Diatomées, le même rôle que la chlorophylle dans les végétaux supérieurs. M. P. Petit a publié dans le *Brébissonia* de Janvier 1880 un intéressant travail sur les caractères chimiques et spectroscopiques de l'endochrôme. Nous résumerons ce travail en quelques lignes.

La couleur de l'endochrôme varie du jaune pâle au brun foncé. L'endochrôme ne cède sa couleur ni à l'eau froide ni à l'eau bouillante, mais, par une macération un peu prolongée, il est complètement décoloré par l'alcool froid et celui-ci acquiert une teinte vert brunâtre plus ou moins foncée.

La matière colorante de l'endochrôme est la Diatomine. Celle-ci peut se dédoubler en *phycoxanthine* principe colorant jaune, et en *chlorophylle* ou principe colorant vert.

Le rapport de ces deux matières colorantes varie d'une espèce à l'autre et de là les teintes différentes de l'endochrôme. Plus l'endochrôme est foncé, plus il renferme de Chlorophylle.

Pour séparer les principes constituants de la Diatomine, M. P. Petit fait macérer les Diatomées dans de l'alcool à 90° et étend le produit obtenu avec un volume d'eau distillée égal au sien pour diminuer le dégré alcoolique ; la solution ne se trouble pas. Dans ce mélange on ajoute du chloroforme en quantité égale au 1/3 du volume total. Après avoir agité, pendant une minute ou deux, on abandonne au repos. Après quelques heures la séparation est complète ; le chloroforme s'est emparé du principe colorant vert et a gagné le fond du flacon, tandis que le principe colorant jaune plus soluble dans l'alcool faible, reste dans la partie surnageante. Après décantation on fait un second lavage au chloroforme en opérant comme la première fois. Ordinairement ce deuxième lavage suffit pour enlever tout ce qui reste du principe colorant vert. Si la partie surnageante est trouble, il suffit, pour lui rendre sa transparence, d'y verser une petite quantité d'alcool à 90°. On a alors les deux principes colorants isolés et il suffit d'évaporer les dissolvants pour obtenir les principes à l'état solide.

Les figures de la page suivante représentent les spectres de l'endochrôme de certaines espèces que M. Petit a pu obtenir pures, comparés au spectre de la chlorophylle.

Les recherches de M. Petit sont très importantes; mais, d'après un critique anglais anonyme, qui a publié une note dans l'*English Mechanic*, elles seraient incomplètes. M. Petit, dit-il, n'avait pas au moment où il publia son travail, connaissance d'un long et important mémoire que M. Sorby avait publié en 1873, sur les matières colorantes du règne végétal [1].

[1] *On comparative Vegetable Chromatology, by H. C. Sorby.* — Proceedings of the Royal Society N. 146 ; juin 1873 pages 442 à 483.

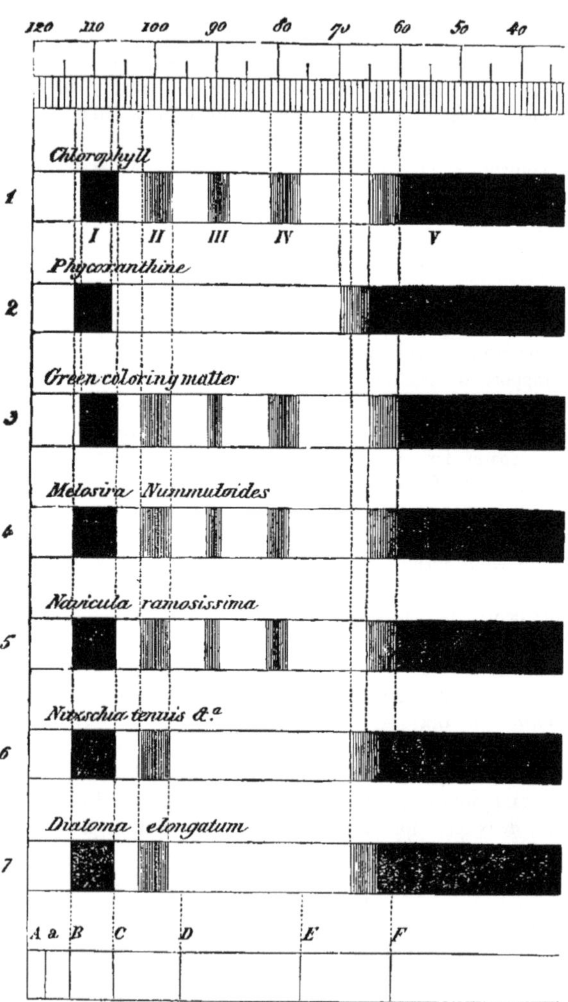

FIG. 3. — Spectre donné par certaines diatomées et par la chlorophylle. (d'après M. P. Petit. — Cliché de la *Royal microscopical Society de Londres.*)
1. Chlorophylle des végétaux supérieurs.
2. Phycoxanthine isolée des Diatomées.
3. Matière colorante verte (Chlorophylle) des Diatomées.
4. 5. 6. 7. Spectre de l'endochrôme de diverses Diatomées.

Il est demontré, dans le travail de M. Sorby, que certaines matières colorantes regardées comme simples, peuvent encore être séparées en plusieurs autres.

C'est ainsi que la Phycoxanthine de M. Petit qui est identique avec la Phycoxanthine de Kraus, consiste en Xantophylle jaune de Sorby, additionnée de Chlorofucine, de vraie Fucoxanthine et de Lichnoxanthine, le tout légèrement souillé par la présence d'un peu de chlorophylle (qui est elle-même une substance composée (¹), et de très peu de Phycoxanthine. Nous renvoyons au mémoire de M. Sorby, le lecteur qui voudra étudier ces diverses substances ; ce n'est pas ici le lieu d'approfondir cette question.

Il suffira au Diatomophile de savoir que la Diatomine a la plus grande analogie avec la chlorophylle des végétaux supérieurs, et c'est ce que les recherches, de M. Paul Petit, ont pleinement démontré.

Les valves des diatomées peuvent affecter toutes les formes imaginables ; elles sont généralement symétriques entre elles, légèrement convexes en dehors et concaves en dedans. Examinées avec de bons objectifs suffisamment résolvants et dans des milieux à indice élevé toutes ou presque toutes se montrent couvertes de dessins ou de stries dirigées en divers sens. Avec les meilleurs objectifs on reconnaît que ces stries sont illusoires et que en réalité ce sont des perles ou alvéoles qui se trouvent dans l'épais seur des valves (²) ; la disposition régulière de ces perles simule ces stries.

Beaucoup de valves présentent des épaississements soit seulement à leur centre de figure soit encore à leurs deux extrémités ; ces épaississements ont reçu le nom de *nodules* (fig. 4). Ces nodules sont souvent reliés entre eux par une ligne longitudinale que l'on nomme *Raphé* ou *ligne médiane*. Lorsque le nodule du milieu s'élargit considérablement, de façon à s'étendre

(¹) La matière colorante verte des végétaux supérieurs aurait, d'après M. Sorby (op. cit.) une composition fort complexe et différente dans les feuilles prises à l'ombre de celles qui sont exposées au soleil. Dans les feuilles de l'*Aucuba japonica* p. ex. M. Sorby trouve, ce qu'il nomme « la chlorophylle bleue » « la chlorophylle jaune » la xanthophylle orange » et la « xantophylle mélangée » où il distingue encore la « xanthophylle jaune » et la « lichnoxanthine ».

Les dernières recherches des chimistes français MM. Fremy et Arm. Gautier n'ont pas demontré une composition aussi complexe. M. Arm. Gautier a montré que la chlorophylle est une substance propre, pouvant cristalliser en aiguilles aplaties d'un vert intense et jouant le rôle d'un acide faible.

Par oxydation ou désoxydation la chlorophylle donne de nombreux dérivés colorants jaunes, verts, rouges et bruns. Mise en digestion avec l'acide chlorhydrique concentré chaud elle se dédouble en deux substances : l'une insoluble dans ce liquide, mais donnant une solution brune dans l'alcool chaud ou l'ether, est la phylloxanthine de M. Fremy; tandis que l'autre vert-bleuâtre a une réaction acide et est l'acide phyllocyanique (ce qu'il nommait antérieurement phyllocyanine) du même auteur.

(²) On admettait généralement jusqu'ici que les valves des diatomées étaient recouvertes de perles demi-sphériques en relief. Nous verrons plus loin que les soidisant perles sont des alvéoles creusées dans l'épaisseur de la valve. Nous continuerons cependant à employer — après que nous venons d'en fixer la vraie signification, —les mots perles, stries, côtes, qui sont passés dans l'usage et dont l'abandon pourrait introduire de la confusion dans la partie descriptive.

latéralement sur tout ou partie de la valve on change son nom de nodule en celui de *Stauros*.

Les stries n'occupent pas toujours toute la surface de la valve : elles manquent très souvent près de la nervure médiane, et, fort souvent aussi autour du nodule central où leur absence peut aussi faire croire à l'existence d'un stauros.

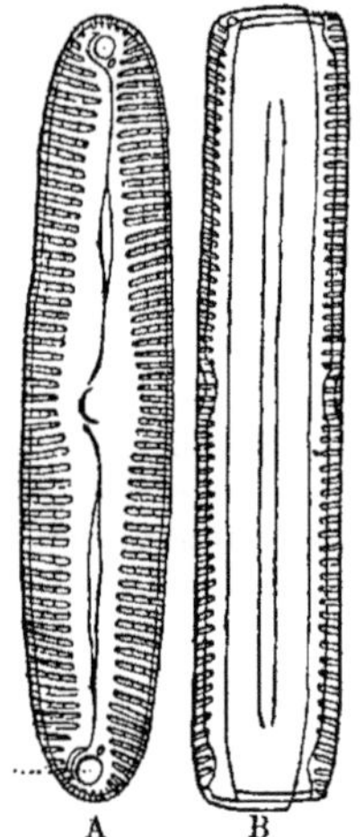

Fig. 4. *Navicula viridis*
A face valvaire ou valve
B face connective ou face de suture.

La partie non striée de la valve, est désignée par les Anglais par *the white* ou le *blanc* (*), expression que M. Manoury, a proposé de remplacer par celle de *mésorhabde*. Le mésorhabde qui est faible ou nul, dans beaucoup de diatomées, est très développé dans quelques-unes, telles que les *Navicula cardinalis*, *lata*, etc.

Dans cet ouvrage nous avons, pour désigner cette partie unie, constamment employé les mots de *zône* ou *aire hyaline*.

La surface des valves est dite face valvaire ou *vue latérale* (*side view* des Anglais) du frustule ou simplement *valve*, et l'on désigne par le nom de *face frontale* (*front view* ou *face principale*, la partie du frustule correspondant à la zone connective.

Quelques auteurs (Rabenhorst, etc.) ont renversé les dénominations de face principale et de face latérale et nous approuverions beaucoup leur idée, si n'était la confusion qui en résulterait nécessairement, maintenant que les premières dénominations, usitées par des écrivains aussi éminents que Kützing, Smith Gregory, Gréville etc., ont fait généralement adopter la première façon de voir.

Il est préférable d'adopter les expressions de *face valvaire* et de *face de suture* ou de *connexion* qui ne laissent aucun doute au lecteur. Ces mots que nous avons proposés dans la 3e édition de notre *Traité du Microscope* ont été bien accueillis et nous continuerons à les employer.

Bon nombre de diatomées, surtout celles qui presentent la forme naviculoïde, sont douées d'un mouvement de translation dont la cause n'est point encore connue, et qui a exercé la sagacité d'un nombre considérable d'observateurs. Nous ne tiendrons pas compte ici des innombrables hypothèses qui ont été proposées pour expliquer la motion

(*) Le mot *blanc* est employé ici, non pour désigner la couleur blanche, mais pour indiquer l'absence d'une marque quelconque, comme dans l'expression souvent usitée : une page *en blanc*.

des diatomées mais nous citerons un passage d'une lettre du Prof. H. L. Smith où ce savant décrit quelques phénomènes intéressants qu'il a pu observer pendant la motion de certaines Diatomées.

« Lorsque l'on suit un *Pinnularia* vivant, sous le microscope, alors que le champ a été rendu bleu par de l'indigo et que l'on regarde par le côté valvaire, c'est à dire avec la ligne médiane tournée vers l'œil, on voit les petites parcelles d'indigo courir tout le long de cette ligne médiane pour venir s'accumuler près du centre, sous forme d'une petite boule ou sphère.

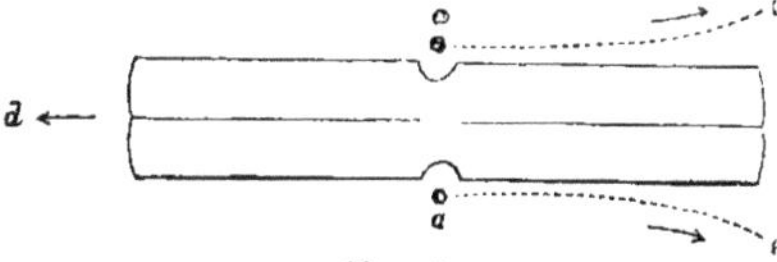

Fig. 5

Vu du côté des connectifs fig. 5, on voit une boule se former au centre de chaque valve en *a* et *a'* et ce qui est remarquable c'est que chacune de ces petites sphères tourbillonne sur son axe, tout comme cela aurait lieu si un petit jet d'eau sortait sous elle par un petit orifice situé à l'extrémité centrale de la ligne médiane au point *c*. de la figure 6.

Lorsque les boules ont atteint un volume déterminé, elles éclatent subitement et les particules d'indigo s'en vont en suivant les directions

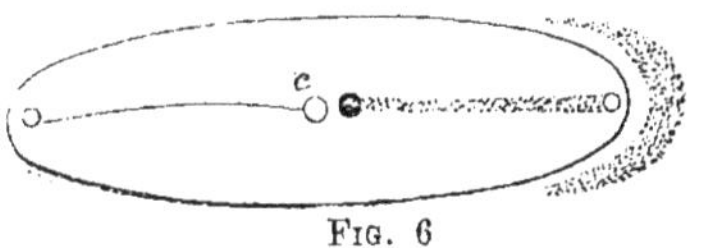

Fig. 6

e et *c* fig. 5. Immédiatement après la rupture de la boule il commence à s'en reformer une nouvelle à la même place. Les particules prennent la direction *e. c.* fig. 5, lorsque la diatomée suit elle-même la direction inverse indiquée par la fleche *d*. Si le mouvement de la diatomée se renverse, alors les particules d'indigo suivent une marche opposée à celle indiquée. J'ai observé ce curieux phénomène pendant des heures entières et je puis vous assurer que c'était un spectacle charmant (*a glorious spectacle*). Je possédais dans le champ du microscope quelques magnifiques échantillons de grands *pinnularia* et le phénomène se montrait surtout distinctement quand, par suite d'un grain de sable ou autre obstacle, le mouvement libre du frustule était arrêté. La couleur employée par moi était le bleu d'indigo ordinaire des aquarellistes, appliqué sous forme assez chargée Une autre observation que je fis à la même époque me prouva l'existence d'une enveloppe gélatineuse hyaline, externe au frustule, la quelle empêchait le contact direct des particules d'indigo avec la partie siliceuse. Lorsque la diatomée se mouvait, elle repoussait devant elle un cordon de particules d'indigo qui restait toujours à la même distance de la partie antérieure du frustule comme il est indiqué à la fig. 6, *d*, et qui était refoulé pendant les mouvements de la diatomée. Une très légère application d'aniline rouge (Fuchsine) démontra péremptoirement l'existence de cette enveloppe gélatineuse et d'ordinaire invisible, car elle la colora distinctement même avant que teinte n'eût fait son apparition dans le champ du microscope. L'aniline arrête toutefois instantanément tous les mouvements des diatomées avec lesquelles elle se trouve en contact.

Multiplication et reproduction des Diatomées. — Les Diatomées se multiplient par division et se reproduisent par conjugaison.

Dans la multiplication par division le nucléus commence par se partager et la division de la membrane interne se fait en même temps tout juste comme le phénomène se passe dans les cellules des végétaux supérieurs ; l'acte de déduplication de l'utricule primordial s'effectue avec une très grande rapidité. Il commence à se manifester aux deux bouts du frustule aux points *a* et *b* fig. 7, la membrane y formant un pli qui se prolonge graduellement de manière à atteindre la masse centrale nucléolée en *six minutes* environ à partir du moment du commencement du phénomène.

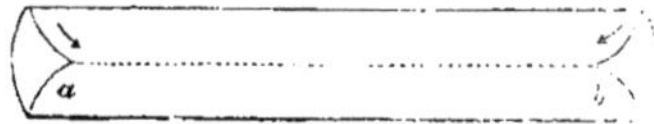

Fig. 7. — Déduplication de l'Utricule primordial d'un *Pinnularia* (H.L. Smith)

En même temps que cette division s'opère, la zone connective s'élargit également, la membrane interne secrète après, sur la surface divisée, une nouvelle valve siliceuse ; nous trouvons donc ainsi, au lieu du frustule primitif, deux frustules composés chacun d'une valve nouvelle et d'une valve ancienne.

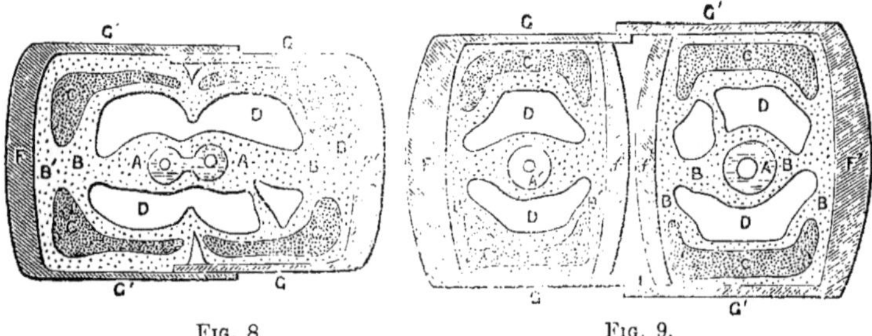

Fig. 8. Fig. 9.

Fig. 8.—Section d'une diatomée au commencement de la déduplication : A nucléus commençant à se diviser avec nucléoles distincts ; B Protoplasme ; B' Utricule primordial ; C Endochrôme ; D Cavités centrales ; FF' Valves ; GG' Connectifs.

Fig. 9. — Section d'une diatomée en voie de déduplication.

AA Nouveaux nucléus et nucléoles ; BB Protoplasme ; BB' Doubles utricules primordiaux ; CC Endochrôme divisé ; DD Cavités centrales ; F' Valve-mère externe F Valve mère interne ; *ff'* Jeunes valves nouvelles ; GG' Connectifs (J. Deby).

« Les nouvelles valves formées, dit M. Deby, s'épaississent, se couvrent du dessin propre à l'espèce et prennent promptement la forme et l'aspect des valves extérieures ; cette sécrétion semble avoir lieu du centre vers la périphérie (fig. 9). Ces nouvelles valves intérieures au frustule primitif y occupent une position plus ou moins centrale et se font face.

Nous avons maintenant sous les yeux une diatomée formée de quatre valves, dont deux externes anciennes et deux internes rapprochées, jeunes, qui s'appuient sur tout le pourtour intérieur des connectifs des premières; à cette époque il n'existe encore aucun connectif aux jeunes valves.

Bientôt après, quelquefois même avant le partage de l'utricule primordial, on s'aperçoit que les connectifs se sont élargis considérablement et qu'en même temps l'intérieur a glissé dans l'extérieur, de manière à amener un écartement plus grand des deux valves externes et à augmenter la dimension de la cavité interne du frustule. Les connectifs des jeunes valves ne se développent qu'ultérieurement, soit avant leur libération soit après, selon les genres et les espèces de diatomées. Un peu plus tard, le glissement des connectifs, dans les espèces dont les frustules vivent isolés, atteint son maximum, le plus étroit se libérant entièrement de celui qui lui servait de fourreau.

De ce que nous venons de dire il s'ensuit que nous pouvons rencontrer chez la même espèce de diatomée, selon son état de développement, des individus possédant :

1° Deux valves, un connectif et un nucleus fig. 11. 2° Deux valves, deux connectifs et un nucleus fig. 1.	Etat simple.
3° Deux valves, deux connectifs et deux nucleus fig. 8. 4° Quatre valves, deux connectifs et deux nucleus fig. 10. 5° Quatre valves, quatre connectifs et deux nucleus fig. 9.	Etat de déduplication plus ou moins avancé.

Souvent le connectif externe des frustules est caduc et se détache spontanément ; c'est un fait dont il faut tenir compte.

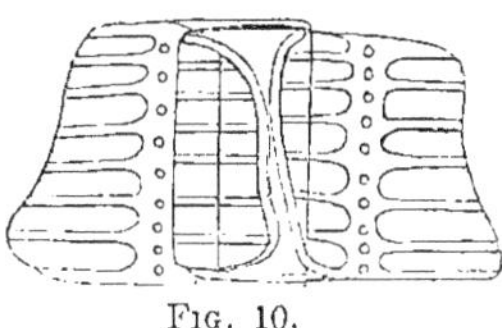

FIG. 10.

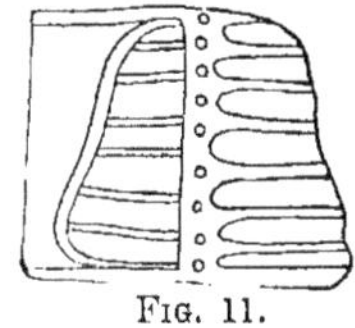

FIG. 11.

FIG. 10. Diatomée (*Isthmia*) formée de quatre valves et deux connectifs.
FIG. 11. Idem avec deux valves et un connectif.

Il est bon de noter aussi que le protoplasme de l'utricule primordial voyage généralement à l'intérieur de l'enveloppe siliceuse, préalablement au commencement de la déduplication de cet utricule et de nouveau après la terminaison du phénomène, entraînant avec lui l'endochrôme, et que ces migrations de la matière colorée varient de nature selon les genres et les familles des diatomées. Lorsqu'une diatomée se partage en deux par déduplication, l'endochrôme se sépare également en deux parties afin de se répartir par moitié entre chacun des deux nouveaux utricules.

Tout frustule de diatomée, comme on le voit, comprend une valve ancienne, fig. 1 F', fig. 8 F., provenant du frustule primitif et une valve plus jeune fig. 1 F. et 8 F' de création postérieure et dont le connectif, quand il se sera développé, glissera à l'intérieur du connectif de la valve ancienne. Il découle de ceci que, dans la grande majorité des genres de diatomées où les connectifs sont de la largeur exacte des valves, ou bien sont même inférieurs en diamètre à celles-ci, toute déduplication doit amener une diminution des dimensions du frustule nouveau équivalente au double de l'épaisseur d'un connectif. L'épaisseur de ce dernier étant connue, on peut même à priori déterminer la taille qu'aura la descendance d'un frustule quelconque après un nombre de déduplications déterminées. »

L'opinion émise ci-dessus par M. Deby est celle qui a longtemps régnée parmi les Diatomophiles, mais elle ne rend pas complètement compte des faits. Si la chose se passait aussi simplement qu'il vient d'être dit par M. Deby, la reproduction sexuelle serait observée très fréquemment, or, c'est ce qui n'a pas lieu.

Il faut donc que des causes, non encore connues, viennent retarder la reproduction sexuelle. M. Otto Müller a recherché qu'elles pouvaient être les causes de la rareté de ce phénomène et pour cela a étudié attentivement une diatomée filamenteuse, le *Melosira arenaria Moore*. Les frustules restant ici unis, il était possible de vérifier comment se fait la décroissance de grandeur (1).

Voici le résultat des recherches de M. Otto Müller :

Considérés isolément, les individus-frustules (ou individus-cellules, si l'on veut), qui composent un filament de *Melosira arenaria Moore*, ont une valeur biologique inégale. Comme expression extérieure de ce fait, on remarque que dans plusieurs individus, le bord d'une ou des deux *valves* (auquel bord la membrane connective est attachée), est épaissi d'une manière particulière ; cet épaississement manque dans les autres individus. La plus *jeune valve* de chaque frustule reste, jusqu'au com-

(1) Otto Müller : *Die Zellhaut und das Gesetz der Zelltheilungsfolge von Melosira arenaria Moore. Berlin 1883* — in 8° avec 5 planches.

mencement du moment de la division, dépourvue de membrane connective et est enveloppée par la membrane connective de la *valve plus âgée.*

La structure de la membrane connective, différente de celle de la membrane de la valve, de même que les délimitations latérales du filament permettent une certaine distinction microscopique entre la valve *libre* (plus âgée et non recouverte par la membrane connective) et entre la (plus jeune) valve enveloppée par la membrane connective de la valve plus âgée *de la même cellule*. La succession, la disposition relative et la structure anatomique mentionnée des *valves libres* et des *valves enveloppées*, conduit à distinguer, dans le filament, des groupes de cellules jumelles et trigémelles disposées régulièrement.

On peut démontrer, de la façon la plus rigoureuse, que les cellules, dont la valve enveloppée possède l'épaississement du bord, sont produites par leurs aïeules spéciales en qualité de *cellules filles plus grandes* ; celles, au contraire, où cet épaississement manque, sont produites en qualité de *cellules-filles plus petites.*

Sitôt que les grandes cellules, et les cellules-filles plus petites, peuvent être distinguées d'une façon certaine, on peut ramener, par l'élimination des éléments de dernière formation (des valves enveloppées) les groupes de jumeaux et de trigémeaux à leurs cellules-aïeules de la N-1e ou N-2e période divisionnaire et retrouver leur disposition anatomiqne spéciale et leur situation relative dans le filament de chaque période.

Si de cette façon on reconstitue l'arbre généalogique du filament, on trouve alors que les *plus petites cellules-filles*, très reconnaissables morphologiquement par le défaut d'épaississement du bord des valves plus jeunes, franchissent régulièrement une période divisionnaire (génération) ; elles subissent ainsi un ralentissement de la durée de la division.

Comme résultat de ce qui vient d'être dit, on peut formuler la loi suivante :

« La plus grande cellule-fille se divise, dans la période division- » naire consécutive, la N + 1e période ; la plus petite cellule-fille au » contraire se divise d'abord régulièrement dans la N + 2e période. »

Cette loi occasionne non seulement un retard considérable dans la multiplication par la division, mais, mêt aussi un obstacle notable à la diminution constante des cellules ; il en résulte que la diminution de taille ne se fait pas simultanément avec la multiplication par division et que cette diminution ne se produit que dans un rapport borné.

Pour autant que l'on puisse rapporter la naissance des *Auxopores* à la diminution de taille des frustules, la rareté de la production de ces derniers s'explique par les phénomènes qui viennent d'être décrits.

L'effet de la loi est énergique : si, par ex., la diminution de taille après 43 divisions est telle, dans les cellules du *Melosira arenaria* que la production des auxospores soit nécessaire, comme on peut l'admettre d'après les faits connus, alors, il résulte de la loi énoncée qu'*un seul* auxospore se produira dans le cas actuel tandis que si la division se faisait d'après la règle généralement admise et qu'énonçait ci-dessus M. Deby, alors il aurait dû naître 1052, 100,000,000 auxospores.

La généralité de la loi de M. Otto Müller ne peut guère se vérifier dans les espèces vivant à l'état de cellules isolées ; on ne peut non plus la vérifier dans les espèces vivant en bandes que lorsque les plus petites cellules-filles des groupes jumeaux sont morphologiquement différenciables des cellules-filles plus grandes, comme c'est le cas dans le *Melosira* dont nous venons de nous occuper.

En tout cas, des espèces différentes suivront probablement des lois différentes, que nous ne connaîtrons jamais, parce que les conditions de leur étude sont trop défavorables. Pour cette raison la connaissance approfondie des faits qui s'opposent à la diminution trop rapide de la taille, dans une espèce donnée, est d'une importance particulière, et M. Otto Müller a rendu un service signalé à la science en découvrant et en élucidant des phénomènes dont on n'avait pas le moindre soupçon.

Le frustule étant enfin arrivé à une certaine limite de grandeur, la reproduction intervient pour ramener l'être à la taille primitive.

La reproduction n'a été observée jusqu'ici que dans un nombre très limité de diatomées : environ soixante quinze espèces appartenant à trente genres différents. On a décrit quatre formes différentes de reproduction.

1. Elle se passe dans un seul frustule. La diatomée sécrète un amas de matière gélatineuse dont elle s'entoure, les valves s'écartent, le contenu cellulaire prend une forme globulaire et se condense en *sporange* qui lui-même donne naissance à un *auxospore.*

Cet auxospore est un corps de forme variable et il est entouré d'une enveloppe siliceuse ; continuant à croître, il crève le sporange et devient libre. Peu après, on voit à l'intérieur de cet auxospore naître de nouveaux frustules, un peu différents, surtout par la taille, des frustules ordinaires. Ces frustules qui portent le nom de *frustules sporangiaux* reproduisent à leur tour par division, le frustule primitif.

Dans ce mode de reproduction on ne peut guère se rendre compte des differences sexuelles. Il faut admettre qu'une partie du contenu cellulaire joue le rôle d'élément mâle et une autre partie le rôle d'élément femelle.

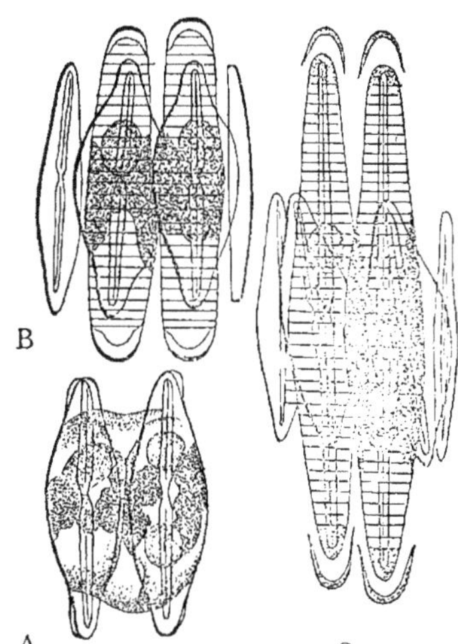

FIG. 12.— Reproduction du *Van Heurckia rhomboides Bréb.*

A. Les deux cellules-mères fusionnant leur contenu protoplasmatique pour former les deux sporanges.

B. Les deux auxospores, plus grands que les quatre valves vides entre lesquelles ils se sont formés, parvenus à leur complet développement et au point où les capuchons terminaux vont se détacher pour donner passage aux frustules sporangiaux.

C. Frustules sporangiaux parvenus à leur entier développement et encore coiffés des capuchons qu'ils ont entraînés en sortant des auxospores.

2. Dans le deuxième mode, un seul frustule donne naissance à deux sporanges et pour le reste le phénomène se passe comme dans le premier cas. Ce mode de reproduction est attribué par W. Smith aux genres *Achnanthes* et *Rhabdonema* ; il n'a été confirmé par aucun observateur subséquent et il pourrait bien y avoir ici une erreur d'observation.

3. Deux frustules différents se rapprochent et confondent leur contenu cellulaire ; du mélange naît un seul sporange qui suit les phases décrites plus haut. Ce mode est le vrai type de la conjugaison, l'un des frustules est une diatomée mâle, l'autre une cellule femelle.

4. Enfin dans le quatrième mode la conjugaison de deux frustules donne comme résultat la production de deux sporanges, de deux auxospores et de deux frustules sporangiaux. (Fig. 12)

§ 2. ÉTUDE DES DIATOMÉES.

Dans notre traité du microscope (¹) nous avons donné sur cet instrument tous les renseignements nécessaires au point de vue de la micrographie générale. Nous renvoyons donc à ce travail pour tous les détails qui ne concernent pas spécialement les diatomées et nous ne donnerons ici que quelques notes destinées à guider le diatomophile.

Cabinet de travail. — Le cabinet de travail du diatomophile ne doit pas

(¹) *Le microscope, sa construction, son maniement et son application à l'anatomie végétale et aux Diatomées*; 3e édition, Bruxelles, J. Ramlot 1878.

être bien grand ; l'essentiel est qu'il soit aussi à l'abri de la poussière que possible ; on fait donc bien de ne pas l'encombrer de meubles ou de livres placés à nu, mais de le garnir d'armoires vitrées où l'on renfermera les livres, les instruments et les préparations.

L'étude des Diatomées demande parfois l'emploi de la lumière solaire il doit donc être orienté vers l'Est ou l'Ouest. M. le prof. Harting recommande l'exposition au Midi. Quoique certains auteurs blâment cette dernière exposition, nous la trouvons excellente et nous l'employons presque exclusivement quoique nous ayons des fenêtres autrement orientées.

Le meuble principal du cabinet de travail est la table. Elle doit être lourde, massive, et, de hauteur telle qu'on puisse y travailler commodément debout. Une chaise élevée permettra la position assise qui ne doit être employée qu'exceptionnellement.

Outre le cabinet de travail, le diatomiste doit avoir une chambre ou espèce de laboratoire où il puisse faire certains travaux salissants tels que le lavage des diatomées, l'ébullition dans les acides, qu'il est bon de faire dans une cage vitréee comme on en installe dans les laboratoires de chimie, le développement des plaques photographiques, etc.

Eclairage artificiel. — Dans nos climats le Diatomiste est forcé fréquemment d'employer la lumière artificielle. Rien ne surpasse l'éclairage électrique (¹) par incandescence, que l'on peut obtenir aujourd'hui, tel qu'il le faut pour les recherches microscopiques, sans grandes peines et avec peu de frais.

A défaut de celui-ci on emploiera une bonne lampe à pétrole. La lampe Mayall-Nelson, construite par M. Swift est excellente mais est malheureusement chère.

Instruments. — *Microscope.* — D'excellents microscopes sont construits en Allemagne, en Angleterre, en France et aux Etats-Unis; mais tous ces instruments ne conviennent pas également pour les diatomées. Un instrument ne sera commode que s'il est muni d'un excellent condenseur permettant de passer instantanément et sans tatonnement de l'éclairage axial à l'éclairage ultra-oblique.

Deux des condenseurs que nous connaissons remplissent parfaitement ces conditions ; le condenseur d'Abbe et l'*oil condenser* de MM. Powell et Lealand. Le premier de ces appareils est d'un usage plus général que le second et satisfait à toutes les exigences quelconques du micrographe ; le second établi spécialement au point de vue des diatomées, permêt au diatomophile de travailler plus rapidement et avec plus de certitude : la lumière étant reglée préalablement il suffit de pousser le levier pour passer en une seconde de l'éclairage axial à

(¹) Voir H. Van Heurck. — *L'éclairage électrique appliqué aux recherches de la micrographie.* — 2ᵉ édition dans Pelletan : *Journal de Micrographie.*

l'éclairage faiblement oblique ou fortement oblique à volonté. Depuis un an MM. Powell et Lealand construisent un système optique dont la lentille inférieure a la partie médiane matée et qui peut remplacer le système optique ordinaire. On l'emploie pour obtenir une obliquité extrême et il convient par exemple pour la résolution des stries longitudinales de l'*Amphipleura*.

Le microscope du diatomophile qui veut élucider toutes les questions concernant les êtres qui nous occupent, doit être de première classe ; il faut qu'il soit solide, que ses mouvements prompts et rapides ne laissent rien à désirer.

Le mouvement de glissement pour le mouvement prompt ne permet guère de conserver le centrage du condenseur ; il faut donc la crémaillière.

La platine du microscope gagne à être munie d'un chariot qui permet de retrouver facilement les diatomées et à l'aide duquel on peut aussi explorer facilement toute l'étendue d'une préparation et avec la certitude de ne rien oublier.

Excellents sont les microscopes grands et moyens de MM. Zeiss, munis du condenseur Abbe ; toutefois, nous employons de préférence les grands modèles anglais de MM. Ross & C° et de MM. Powell et Lealand. Le dernier surtout a des mouvements d'une extrême précision.

Le microscope binoculaire stéréoscopique, à peu près inconnu sur le continent, et dont l'importance est cependant si grande pour les recherches histologiques, n'est pas indispensable pour les diatomées. On ne peut guère se servir dans les forts grossissements du vrai prisme de Wenham et le *High Power Prism* du même savant, de même que l'*appareil stéréoscopique d'Abbe* quoique permettant encore de voir de fins détails avec les forts objectifs, donnent une image indécise qui rend ces mêmes détails moins visibles qu'avec le microscope monoculaire.

Le binoculaire ordinaire, à un grossissement modéré, (à deux cents diamètres ou moins), rend cependant des services signalés quand il s'agit de débrouiller la structure souvent compliquée des crypto-raphidées, et, nous osons poser en fait, que celui-là qui ne se sera jamais servi du binoculaire, ne se fera pas une aussi bonne idée de ces êtres que celui à qui le binoculaire est familier.

Les objectifs nécessaires au diatomiste sont peu nombreux. Il pourra se tirer d'affaire avec quatre objectifs de force graduée. Il est bon, pour éviter toute perte de temps, que ces objectifs soient vissés sur un revolver bien construit et qui reste attaché à demeure au microscope. Pareil revolver peut s'obtenir pour une somme très modique chez MM. Seibert à Wetzlar. Le revolver de Zeiss est très bon, plus léger que le précédent mais n'est construit que pour trois objectifs.

Les objectifs que nous employons journellement sont les suivants :

Le $^2/_3$ de pouce de Ross comme chercheur, le $^1/_2$ pouce (80/°) de Ross pour les observations courantes.

Le $^1/_6$e de Tolles ou le DD de Zeiss.

Le $^1/_{10}$e homogène de Tolles ou le $^1/_{12}$e homogène de Zeiss.

Avec ces quatre objectifs on peut amplement suffire à toutes les observations, il est bien rare que nous en employions un autre, p. ex. le $^1/_{18}$e homogène de Zeiss.

Pour ne pas devoir incliner le microscope, nous avons coudé le tube d'un de nos instruments par un prisme que nous avons fait construire par MM. Ross & C°. Notre tube est devenu ainsi plus long mais par contre nous n'employons généralement qu'un oculaire faible le B. de Ross.

Les images que nous obtenons ne laissent rien à désirer. Comme le dit M. le Prof. Abbe, (¹) la perte de lumière occasionnée par un *bon* prisme est, pratiquement, à peine saisissable et la netteté de l'image n'en est pas altérée. La longueur du tube n'influe guère non plus et les travaux de M. Abbe démontrent que tout objectif peut donner un grossissement donné, qui dépend de l'ouverture numérique de cet objectif. *Il est indifférent que ce grossissement soit obtenu par la longueur du tube ou par la force de l'oculaire.*

La seule chose qu'il faut observer dans le cas qui nous occupe, c'est que les objectifs doivent être à correction afin qu'on puisse les régler pour cette longueur de tube anormale.

Appareils accessoires. Nous n'avons guère à parler des objets accessoires qui sont ceux dont les micrographes se servent habituellement.

Un héliostat est parfois utile pour les observations dans l'éclairage monochromatique et pour la photomicrographie.

Nous parlerons ci-après de la chambre claire et plus loin des préparations microscopiques.

§ 3. Dessin et détermination des Diatomées.

Une détermination sérieuse d'une diatomée quelconque est impossible sans un bon dessin préalable. Ce dessin seul, comparé aux dessins publiés par les auteurs, permet l'étude d'une forme donnée.

Le diatomographe doit donc avoir, en permanence, la chambre claire à côté de lui. Nous avons essayé tous les appareils de ce genre, mais nous n'en connaissons aucun qui soit comparable pour la facilité du travail à celui que nous a fait connaître M. A. Grunow, et que l'on peut aisément construire soi-même, quand on sait un peu travailler.

(¹) *Beschreibung eines neuen Stereoscopischen oculars, Iena 1880.*

Cette chambre claire consiste tout simplement en un petit prisme isocèle que l'on fixe dans une monture pouvant s'adapter sur l'oculaire. Cet appareil, qui permet de saisir les détails les plus délicats, peut servir quelle que soit la position que l'on donne au microscope, qu'il soit vertical, horizontal ou incliné ; il y a seulement à observer que le papier sur lequel on dessine doit être parallèle à la surface du prisme où l'on applique l'œil. On se sert pour le dessin des diatomées de crayons durs, tel p. ex. le n° 5 de Gilbert, dont la pointe doit être très fine, sinon on ne pourra reproduire les stries rapprochées à l'écartement voulu sans les confondre.

Il est essentiel de faire tous les dessins à un grossissement identique et suffisant pour bien reproduire les détails délicats. Tous les dessins du Synopsis ont été faits à 900 diamètres et diminués par la photographie à 600 fois. Ce n'est pas au hasard que ce dernier chiffre a été choisi, nous l'avons pris pour que nos dessins soient comparables à ceux des bons auteurs antérieurs tels que *William Smith*, *Gréville*, *Gregory* etc., dont les figures sont faites à 400 diamètres ; les nôtres ont donc une et demie fois la grandeur des figures de W. Smith et des auteurs anglais précités.

Il est regrettable que M. Adolphe Schmidt ait employé un grossissement aussi arbitraire que 660 fois pour son Atlas des diatomées.

Dans l'état actuel de la science un grossissement de 400 diamètres ne suffit plus, il faut donc employer autant que possible 900 diamètres pour tous les dessins, quelquefois certains détails exigeront même une amplification double.

§ 4. Recherche des Diatomées.

Les diatomées sont répandues partout ; quel que soit le cours d'eau que l'on explore, on est presque certain que l'on sera récompensé de ses recherches ; le moindre fossé, la moindre flaque d'eau, pourvu que l'eau ne soit pas croupissante, renferme plus ou moins de diatomées.

Elles s'accumulent parfois d'une façon prodigieuse. C'est ainsi qu'à diverses époques nous avons trouvé le fond de l'immense bassin de retenue de Blankenberghe entièrement revêtu d'une épaisse couche de diatomées composée en majeure partie de *Pleurosigma*.

Quand on va à la recherche des Diatomées, il faut naturellement emporter les instruments nécessaires pour les récolter, et les vases appropriés pour renfermer les récoltes. Voici l'énumération des objets que le Diatomophile emportera avec fruit dans ses excursions.

L'objet principal est un sac de cuir, garni d'une courroie : on le porte en bandoulière. Ce sac contient plusieurs compartiments pour recevoir une douzaine de flacons à large goulot d'une capacité de 50 grammes environ. Une trousse en cuir plus petite, contient six fioles longues à large goulot, de la capacité de 30 grammes environ ; chaque fiole glisse également dans un compartiment. En campagne, on porte cette trousse à portée de la main dans la poche du pardessus.

Vient ensuite une boîte renfermant des tubes étroits et un pinceau en poil très fin pour les récoltes pures ou quand on ne veut pas se charger de trop de matériaux à emporter.

Outre les flacons et les tubes, il est bon de se munir de quelques morceaux de toile cirée ou de toile imperméabilisée par du caoutchouc de 25 centimètres carrés ; ils peuvent venir fort à propos pour envelopper des algues, des conferves ou d'autres plantes portant des diatomées ; on les masse en paquets après en avoir légèrement exprimé l'excès d'eau. Ce paquet maintenu par un cordon élastique est placé dans le grand sac. Pour racler les surfaces limoneuses, telles que les atterrissements, les pierres des jetées, etc., l'auteur se sert d'une cuillère de cuivre, que l'on visse à l'extrémité d'une canne. Le manche de la cuillère porte une petite lame très utile pour couper les parties de plantes aquatiques couvertes de diatomées et pour les soulever hors de l'eau.

Le collectionneur diatomologiste n'a besoin que d'une loupe Coddington ; cependant dans maintes occasions un petit microscope composé peut rendre de très grands services. On le porte dans un compartiment séparé du grand sac de cuir, avec quelques lames de verre.

Depuis de longues années nous nous servons avec avantage d'un petit microscope composé, fourni par M. E. Wheeler de Londres et que nous portons constamment dans la poche du gilet.

L'instrument fermé se présente sous forme d'un tube de 10 centimètres de long et de un et demi centim. de large.

Il porte supérieurement le petit oculaire qui est serré dans le tube de tirage que l'on peut sortir au besoin.

Inférieurement il porte un objectif achromatique à trois lentilles et glisse dans un tube portant à son extrémité un verre plan. Ce dernier glisse à son tour dans un autre petit tube, fermé au bout par un disque de cuivre percé d'un trou et faisant office de diaphragme.

On dépose les diatomées sur la surface extérieure du verre plan, l'on remet le tube diaphragme et l'on met à point en écartant plus ou moins le tube porte-objet.

Ce petit appareil qui est excessivement commode peut donner un grossissement de cent diamètres.

§ 5. Préparation des Diatomées.

Lorsque les diatomées ont été récoltées, il faut les séparer du limon qui les accompagne le plus souvent, les priver de leur endochrôme et en faire des préparations soit au baume, soit à sec.

Pour isoler les diatomées du limon, on place toute la masse dans une assiette, on y verse une quantité d'eau suffisante pour les couvrir légèrement et on expose le tout dans un endroit bien éclairé. Au bout d'un certain temps, parfois quelques heures, d'autre fois un ou deux jours, on voit les diatomées qui sont sorties de la vase et sont venues en revêtir la surface. L'eau qui surnage est alors enlevée délicatement et les diatomées mises à nu peuvent être enlevées à l'aide d'un pinceau si la couche est légère, ou à l'aide d'un grattoir ou d'une lame quelconque, si la couche est épaisse.

Ainsi obtenues, les diatomées [1] sont mises dans de petits tubes que l'on remplit d'alcool et l'on peut les préparer directement par calcination sur le couvre-objet comme nous le dirons ci-après, ou bien, on les traite préalablement à l'acide. Les diatomées d'eau douce sont généralement très siliceuses et supportent sans inconvénient le traitement à l'acide. Il n'en est pas de même de beaucoup de diatomées marines qui très souvent sont faiblement silicifiées et auxquelles on peut tout au plus faire subir une calcination modérée.

Pour traiter les diatomées à l'acide, on en prend une petite quantité que l'on met dans un tube à réaction, on les couvre d'un à deux doigts d'acide nitrique et on fait bouillir le tout pendant quelques secondes (ou parfois une ou deux minutes) dans la flamme d'une lampe à alcool en évitant, pour les poumons et pour les instruments de précision, les vapeurs dangereuses qui proviennent de cette ébullition. L'opération doit donc être faite ou en plein air ou dans la cage vitrée d'un laboratoire.

Lorsque le tube s'est refroidi, on le remplit d'eau distillée et on l'abandonne au repos. Au bout d'un certain temps les diatomées se sont rassemblées au fond du tube, on décante prudemment le liquide surnageant que l'on rejette, on le remplace par une nouvelle portion d'eau distillée et ainsi de suite jusqu'à ce que l'eau ne présente plus de traces d'acide. On décante alors l'eau pour la dernière fois et les diatomées sont couvertes d'une légère couche d'ammoniaque liquide que l'on décante après quelques heures et dont les dernières traces sont

(1) Nous supposons que l'on ait affaire à des diatomées d'eau douce. Si c'étaient des diatomées marines il faudrait préalablement leur faire subir 2 à 3 lavages à l'eau distillée pour les débarrasser du chlorure de Sodium.

enlevées par des lavages successifs à l'eau distillée. Après cette dernière opération les diatomées sont parfaitement nettoyées et on les met dans l'alcool comme il a été dit précédemment.

On peut traiter de la même façon la vase des estuaires marins, mais on prendra bien soin de n'employer pour les lavages que de l'eau distillée. L'eau distillée, en effet, a la propriété de tenir en suspension l'argile que l'on peut alors facilement enlever par décantation. Si l'on employait pour les lavages une eau calcaire ou saline la vase se précipiterait avec les diatomées.

Toutefois il peut arriver que les diatomées soient mélangées d'une telle quantité de matières organiques, comme c'est entre autres le cas dans le guano, que le traitement ci-dessus indiqué ne suffise point. Il faut alors faire subir un traitement plus compliqué à la masse. Voici comment on s'y prend.

Les matières surtout quand on y soupçonne ou qu'on y connaît la présence de carbonates calcaires (ce qui arrive très fréquemment), sont traitées à l'aide de l'acide nitrique, comme il a été dit précédemment, soigneusement lavées et desséchées. Sans cette opération préalable, le produit final renfermerait une grande quantité de cristaux de sulfate de chaux, dont il serait presque impossible de se débarrasser.

La matière ayant donc été traitée comme nous venons de le dire, on la met dans une capsule de porcelaine profonde ; on y verse une petite quantité d'acide sulfurique concentré (de façon à couvrir largement les diatomées) et on fait bouillir de une à trois minutes.

Par cette opération la masse se boursoufle beaucoup et les matières organiques se charbonnent. On éteint alors la lampe à alcool (ou le bec Bunsen) dont on s'est servi et pendant que la masse est encore presque bouillante, on y ajoute *goutte à goutte* une solution saturée de chlorate de potasse dans l'eau. A l'addition de chaque goutte, il se produit une vive effervescence et l'on agite le liquide à l'aide d'un tube en verre. Quand on a ajouté un certain nombre de gouttes de la solution de chlorate de potasse, quantité qui doit être environ la moitié du volume de l'acide sulfurique employé, on voit le liquide complètement éclairci ; on lave alors les diatomées comme dans la première opération décrite.

Il peut arriver qu'après cette opération les diatomées ne soient point encore entièrement nettoyées ; il faut alors la recommencer.

Il est évident que les diatomées très fragiles ou très peu silicifiées ne résistent pas à un traitement aussi énergique ; il ne faut donc l'employer que quand on ne peut se tirer d'affaire autrement.

Il faut encore remarquer que l'opération précédente ne doit être faite qu'en plein air ou dans une cage vitrée pour éviter les vapeurs chlorées fort dangereuses à respirer et, en outre, que l'on ne peut ajouter la solution de chlorate de potasse que goutte à goute, sinon l'on s'exposerait à une explosion dangereuse et à la projection des matières hors du tube.

Les diatomées ayant donc été nettoyées, il s'agit de les préparer. Diverses méthodes peuvent être suivies, celle qui donne les meilleurs résultats consiste à brûler les diatomées sur une lame de mica ou sur un couvre-objet, procédé que nous employons depuis plus de quinze ans, époque où il nous fût communiqué par feu de Brébisson. Ce procédé a été décrit tout au long avec les opérations préliminaires et subséquentes par notre ami le Professeur H. L. Smith, le savant américain, si connu par ses beaux et nombreux travaux sur les diatomées. Nous donnons ici la traduction de l'article qu'il a publié sur ce sujet dans *The Lens* journal de la Société Micrographique de Chicago.

Préparation des Diatomées selon M. H. L. Smith. L'article suivant dit M. Smith, est destiné à faire connaître une méthode rapide pour la préparation de matériaux crus et à enseigner une façon de monter les préparations invariablement sur le couvre-objet.

Les récoltes ne doivent pas être séchées, on les tiendra humides dans des fioles avec un peu de créosote pour prévenir la moississure. Je préfère de beaucoup examiner des frustules entiers, les deux valves adhérentes ou encore cohérentes au cas où les frustules sont en filaments. J'ai beaucoup de fioles de diatomées, n'attendant plus que le montage et qui sont aussi propres que si elles avaient été traitées par les acides, plusieurs de mes préparations les plus intéressantes n'ont pas été bouillies dans l'acide.

Il va sans dire que tout dépend de l'habilité et de la minutie du cellectionneur et avec un peu de patience et de discernement on parviendra à se procurer le matériel cru dans un état de pureté satisfaisante.

Il y a quelques jours j'ai fait une récolte de *Nitzschia* dont les frustules sont presque aussi complètement exempts de matières étrangères que si elles avaient subi le traitement le plus soigné par l'acide et le chlorate de potasse.

Supposons donc que l'on ait devant soi une fiole contenant une quantité d'eau relativement très grande et du sédiment, ce dernier composé, pour une part plus ou moins grande, de diatomées. Nous allons procéder comme suit, et, si la fiole a reposé pendant quelques jours, les manipulations n'en réussiront que mieux. On imprime à la bouteille un mouvement de rotation rapide ; les matériaux les plus légers monteront le long de la ligne axiale et se répandront dans la masse du liquide.

On laisse déposer pendant deux ou trois secondes et quand on voit à l'œil nu que les plus grosses particules viennent précisément de tomber au fond de l'eau, on verse le liquide et tout ce qu'il contient encore en suspension dans une autre fiole ; c'est de cette portion-là que nous devons extraire les diatomées et séparer d'abord les diatomées et le sable de l'argile et des matières organiques. On laisse reposer le liquide de la seconde fiole jusqu'à ce que l'eau paraisse simplement laiteuse ou nuageuse; le temps variera d'après la taille des diatomées; on ne peut en juger que d'après expérience ; disons une minute, tout ce qui reste en suspension doit alors être jeté, à moins qu'on ne veuille obtenir des formes très petites. On remplira de nouveau la fiole avec de l'eau de pluie ou de l'eau distillée (les eaux dures ou calcaires doivent être soigneusement écartées), et l'on secouera vivement. Aussitot, que les particules les plus lourdes toucheront le fond, on versera le reste dans une troisième fiole en laissant environ un quart du contenu dans la seconde.

Cette troisième fiole consistera principalement en sable et en diatomées avec des matières organiques légères et de l'argile pure ; les deux dernières substances peuvent être écartées par la décantation ; à cet effet il faut remplir d'eau la fiole n° 3, et après avoir bien secoué laisser reposer pendant deux à cinq minutes, verser l'eau légèrement laiteuse, et renouveler l'opération en prolongeant quelque peu le temps de repos ; l'opération peut être répétée une troisième fois et permet de rejeter les particules restées en suspension après un repos de huit à dix minutes. Souvent après le premier dépôt de la fiole n° 2, les diatomées s'accumuleront mieux et avec moins de matières étrangères si l'on imprime à la bouteille un mouvement de rotation au lieu de la secouer.

Un peu de pratique et d'attention permettra à tout le monde de séparer certaines diatomées d'après leur taille. J'avais reçu une récolte de *Pleurosigma Spenceri* de Scioto river, O. ; quoiqu'elle eût été passée au chlorate de potasse, la première préparation que je voulus monter ne me montra dans le champ qu'un ou deux frustules perdus au milieu d'espèces plus petites et de petits fragments de silex. En examinant et en expérimentant avec la plus grande exactitude, le temps durant lequel les différentes tailles demeuraient en suspension, j'ai fait de cette récolte une préparation qui montre des centaines d'exemplaires, là où, auparavant, on n'en trouvait qu'un seul. On ne croirait jamais que ce n'est là qu'une récolte. En supposant qu'un premier essai nous montre une certaine abondance de diatomées, la fiole est remplie d'alcool et d'eau par moitié. On ne pourra employer certaines qualités d'alcool qui, après l'évaporation, laissent un résidu surtout sensible après qu'on a calciné de la manière décrite ci-dessous, de même que l'eau qui laissera des cristaux ou un résidu quelconque.

Pour monter des diatomées, je place toujours une goutte du liquide qui les contient, non pas sur la lame, mais sur le couvre-objet. L'alcool et l'eau se répandraient sur la lame, mais ils resteront accumulés sur le couvre-objet sous forme de lentille plano-convexe.

Je prépare un petit support de fil de fer très fin (pour ne pas soustraire beaucoup de calorique), courbé à angle droit et fixé sur un pied. L'extrémité libre est courbée en cercle et sur cet anneau je place un carré de fer très mince [1] dont je replie les angles par dessous l'anneau de manière à le maintenir en position, tout en lui permettant de se dilater sans se courber par la chaleur. Sur cette plaque je mets le couvre-objet bien nettoyé et, au moyen d'une pipette, j'y dépose une goutte du liquide alcoolique à diatomées et je chauffe à la lampe à esprit de vin. L'alcool prend feu et je le laisse brûler ; je baisse alors la flamme de la lampe et le reste est lentement évaporé.

Le restant d'alcool, en s'échappant par l'ébullition, distribue d'une manière égale les diatomées sur toute la surface du couvre-objet et empêche toute accumulation. Aussitôt que l'on a obtenu cette égale distribution, il convient d'évaporer avec lenteur jusqu'à siccité complète, après quoi il faut chauffer à rouge la plaque de fer et le couvre-objet ; la masse des diatomées commence à noircir, mais comme la matière organique et les autres débris sont brûlés lentement on obtient, en fin de compte, de la silice presque blanche.

Toujours je brûle mes préparations sur le couvre-objet, même les spécimens traités par l'acide, car les diatomées ainsi brûlées paraissent plus claires et plus nettes quand elles sont montées [2]. Le degré de chaleur peut être tout ce qu'une lampe à alcool ordinaire donne quand on a des diatomées siliceuses rigides, ce qui est le cas le plus fréquent. Quand elles ne sont qu'imparfaitement siliceuses il faut être prudent.

J'emploie toujours pour monter du vieux baume, tel qu'on l'achète dans le commerce, surtout quand les spécimens doivent servir ou être expédiés immédiatement ; je laisse refroidir le couvre-objet et sur le milieu de la lame de verre bien nettoyée je place une goutte de baume *visqueux*, pas trop fluide. C'est avec cette goutte que je cueille pour ainsi dire le couvre-objet de dessus la plaque de fer. La chaleur aura si bien fixé les diatomées que peu d'entre elles s'échapperont dans la suite des manipulations de dessus le couvre-objet. Je présente maintenant le couvre-objet à la flamme de la lampe (il faut une flamme bien plus petite que pour les opérations antérieures) jusqu'à ce qu'il se forme de très grosses bulles. On écarte la flamme aussi-

(1) Nous préférons employer une petite lame carrée de platine à angles repliés et tenue serrée dans une pince à anneau que l'on tient à la main (H. V. H.)

(2) Nous partageons cette façon de voir de M. H. L. Smith.

tôt qu'on voit toutes les bulles se diriger vers un des côtés. Au moyen d'une aiguille montée, j'appuie à cette place sur le couvre-objet et je les refoule dans la direction opposée. Ceci peut sembler superflu, mais une longue expérience m'a prouvé que c'est le meilleur moyen de se débarrasser de ces bulles ; pendant toutes ces manipulations la lame était maintenue dans une position oblique, le couvre-objet soutenu par l'aiguille étant ainsi empê-hé de glisser. Si toutes les bulles n'ont pas disparu, on chauffe très légèrement, juste à l'endroit occupé par les bulles rebelles, en tenant la lame en position oblique, le côté près duquel il y a le plus de bulles étant tourné vers le haut.

La description est plus longue que les manipulations mêmes, et la lame refroidie peut servir immédiatement. On m'objectera que je me tiens aux usages vieillis, mais après avoir essayé des baumes liquides à froid, j'en suis toujours revenu à l'ancienne manière, quoique pour des diatomées de choix quelques-unes de ces préparations du baume soient bonnes. Si l'on veut monter les diatomées à sec, le meilleur moyen consiste à employer du ciment au blanc de zinc [1] que l'on trouve chez les opticiens ; on trace un cercle et au bout de quelques instants cette substance est suffisamment figée pour recevoir le couvre-objet sans jamais former des bavures. Après une heure ou deux j'applique une seconde couche extérieure sur le cercle, ou bien, je me sers du vernis noir ordinaire. Je pense que quiconque adoptera le mode de montage sur le couvre-objet en chauffant, comme cela a été décrit ci-dessus, s'en trouvera bien, quelles que soient les manipulations ultérieures. En effet cette méthode produit une distribution égale, détruit les dernières traces de matières organiques et augmente l'éclat des préparations.

Quand on opère sur des spécimens ayant passé par les acides, et qui n'ont pas été bien lavés, il se produit parfois un crépitement et des explosions quand on chauffe le mélange alcoolique ; on répare le mal en reprenant une nouvelle quantité d'eau pure et d'alcool.

Procédés de M. Fréd. Kitton. — Le savant diatomographe anglais M. Fréd. Kitton a bien voulu nous envoyer une note manuscrite sur les procédés qu'il emploie pour la préparation des diatomées. Nous en donnons ici la traduction ; le lecteur y trouvera maint renseignement important.

Dans le nettoyage des Diatomées, dit M. Kitton, je préfère ajouter à la fin de l'opération de petits cristaux de chlorate de potasse, que je trouve plus faciles à employer que la solution aqueuse de ce sel,

[1] Ce ciment se fait comme suit : on prend du blanc de zinc broyé à l'huile et à l'aide de lavages réitérés á la benzine on en enlève toute l'huile. Le blanc pâteux est légèrement séché sur un filtre et puis ajouté à une solution épaisse de résine damar dans la benzine. (H. V. H.)

car si l'on ajoute celle-ci un peu trop brusquement, il se produit une vive effervescence et le contenu du tube peut être projeté.

Lorsque la masse a été blanchie, et que tout l'acide a été enlevé par les lavages à l'eau pure, j'enlève cette dernière et je mets 30 à 40 gouttes d'ammoniaque liquide concentrée dans le tube à réaction que je ferme par un bouchon. Les tubes que j'emploie ont 15 centimètres de haut et 2 centim. de diamètre. Je laisse réagir l'ammoniaque d'une demie-heure à 6 heures. J'ajoute ensuite 15 grammes d'eau distillée et je donne une brusque secousse au tube. Lorsque les diatomées sont tombées au fond du tube, j'enlève l'eau surnageante, qui est habituellement très trouble, je mets une nouvelle quantité d'eau et je secoue encore une fois. Je continue d'agir ainsi jusqu'à ce que toute trace d'ammoniaque ait disparu. Les guanos, le produit de sondages marins et certains dépôts fossiles doivent être traités d'une autre façon.

Lorsque toute trace d'acide a disparu, je fais bouillir la récolte pendant 3 à 4 minutes dans une trentaine de grammes d'eau où j'ajoute un morceau de savon gros comme un pois. Lorsque les diatomées sont tombées au fond du vase, j'enlève l'eau savonneuse et je fais rebouillir la récolte avec de l'eau pure. Si ces procédés ont été bien suivis le résidu ne consistera qu'en sable et en diatomées. Si la récolte contient de grandes formes ou des formes lourdes que je désire enlever par le triage, alors je laisse reposer le liquide pendant 20 à 30 secondes, pour qu'elles tombent au fond; et je décante le liquide qui contiendra le sable fin et les petites diatomées. Pour débarrasser ces dernières du sable, j'emploie avec succès le moyen suivant :

Je prends deux lames de verre A et B. Sur A je place une goutte d'eau distillée et sur B une petite quantité du liquide à traiter. J'imprime à B un léger mouvement rotatoire horizontal, ce qui accumule le sable au centre du liquide et j'incline la lame vers un de ses angles ; les diatomées s'écoulent et sont reçues dans l'eau distillée de la lame A. Cette eau est ensuite répartie sur des couvre-objets.

Par cette méthode, des récoltes qui semblent tout à fait sans valeur donnent de très bonnes préparations, mais il est souvent nécessaire d'ajouter à la lame A le produit de diverses gouttes de B.

Je conseillai cette façon d'agir à un de mes amis qui se plaignait des ennuis que lui donnait une récolte de boue d'une rizière. Il me remercia peu après me disant qu'il avait été étonné du nombre de formes qu'il avait ainsi obtenues de cette récolte qui lui semblait primitivement sans valeur.

La préparation des dépôts d'origine marine est généralement fort difficile, car les diatomées semblent être réunies par un ciment siliceux fort difficile à enlever sans détruire les diatomées.

Je réussis cependant parfaitement en agissant comme suit :

Une petite partie de la matière à traiter ayant été mise dans le tube à réaction, j'ajoute de l'acide nitrique, je fais bouillir et je lave afin d'enlever toute la chaux. Je traite ensuite par l'acide sulfurique et je décolore la masse, généralement devenue brune, par le chlorate de potasse. Après un lavage soigné, la masse est boullie de nouveau, pendant une minute, dans une petite quantité d'eau, additionnée d'un peu de carbonate de soude. Après lavage subséquent, la masse est remise dans le tube à réaction et secouée jusqu'à ce qu'elle se désagrège. Si ce résultat ne s'obtient pas, elle doit être rebouillie dans une solution de potasse caustique et au moment où la désagrégation s'opère on verse le tout dans l'eau additionnée préalablement d'acide chlorhydrique.

Lorsqu'on a affaire à une récolte de diatomées vivantes, et spécialement de formes qui se développent en chaîne, on traite à l'acide une partie de la récolte que l'on ajoute à l'autre partie restée intacte. On obtient de cette façon des préparations où l'on peut étudier à la fois les deux faces du frustule et son mode de développement.

J'ai souvent essayé d'employer la méthode préconisée par M. le Prof. H. L. Smith, mais je n'ai jamais si bien réussi que lorsque j'avais préalablement enlevé tout l'alcool par des lavages. Je préfère laisser sécher lentement le liquide diatoméifère et ne pas employer la chaleur, qui m'a toujours donné des préparations où les diatomées se réunissaient en groupes ou en bandes.

Je n'ai non plus bien réussi quand je mettais directement le baume sur les diatomées, surtout quand j'avais à préparer des formes larges et convexes, telles que des *Coscinodiscus* ou des *Aulacodiscus* ; le baume ne pénètre pas dans l'intérieur. Dans ces cas, je mets préalablement une goutte d'essence de térébenthine sur les diatomées et lorsque celle-ci a bien pénétré les valves, j'ajoute le baume et je laisse le tout en repos pour que le baume remplace lentement l'essence qui se volatilise.

J'ai trouvé ceci nécessaire, même parfois quand on emploie le Styrax, quoique celui-ci soit plus fluide que le baume de Canada.

Monter les diatomées à sec est le procédé le plus facile de tous, mais, pour éviter autant que possible que les diatomées se gâtent, ce qui arrive souvent au bout de peu de temps, il faut d'abord que les diatomées soient parfaitement lavées à l'eau distillée, ensuite que le vernis noir employé pour faire la cellule ne contienne pas de matière huileuse, comme c'est souvent le cas, et que ce vernis soit bien sec avant que d'y appliquer le couvre-objet que l'on y fait alors adhérer en chauffant le porte-objet. Le vernis noir se remplace avantageusement par du baume de Canada durci, et dissous dans la Benzine.

Préparations au Styrax et au Liquidambar. — Vers le milieu de 1883 nous avons fait connaître un nouveau mode de préparation dont nous nous servions déjà depuis un certain temps.

Nous n'employons plus le baume de Canada ; nous le remplaçons par le styrax, qui, tout en étant plus facile à manier que ce dernier, a un indice de réfraction notablement plus élevé et montre beaucoup mieux les détails des diatomées. Depuis que nous avons fait connaître ce produit, nous avons eu la satisfaction de le voir adopter par les diatomophiles les plus compétents.

Nous allons en peu de mots résumer le mode de préparation et d'emploi du Styrax.

Le Styrax est un baume naturel donné par le *Styrax Orientalis Miller* de l'Asie mineure.

Il faut l'acheter brut dans le Commerce, où il se présente sous forme d'une masse molle, grisâtre. On l'étend en couche mince sur des assiettes et on l'expose à l'air et à la lumière jusqu'à ce qu'il soit devenu assez dur et qu'il ait perdu l'eau qu'il contenait.

Le produit est alors dissous dans un mélange à parties égales d'alcool et de benzine (ne pas confondre avec le naphte du pétrole), ou si l'on préfère dans un mélange d'éther sulfurique et d'alcool absolu, et filtré au papier. Voici comment nous employons la solution obtenue : nous indiquons en même temps la façon dont nous faisons nos préparations depuis une couple d'années.

Nous commençons par placer les couvre-objets sur une grande plaque de verre et sur chacun d'eux nous plaçons à l'aide d'une pipette une large goutte d'eau distillée sur laquelle nous laissons tomber doucement une goutte du liquide diatoméifère ([1]). Les diatomées s'éparpillent dans la goutte d'eau distillée qui, au besoin, est remuée délicatement.

Les couvre-objets sont recouverts d'une cloche de verre et abandonnés à l'évaporation spontanée.

Lorsque celle-ci est parfaite, les couvre-objets pris un à un sont chauffés au rouge sur la lame de platine, et remis sur la grande plaque de verre, où, après avoir reçu une goutte d'une solution très fluide de styrax, ils sont de nouveau abandonnés sous la cloche à l'évaporation.

Peu d'instants après la couche blanchit mais on n'a pas à s'inquiéter de ce phénomène (qui n'arrive pas avec la solution dans le chloroforme) et au bout de 24 heures, la benzine est complètement évaporée. Le couvre-objet est alors placé, retourné, sur le porte-objet et chauffé légèrement, de préférence sur un bain-marie. Une légère pres-

([1]) Nous conservons nos diatomées dans de l'alcool que nous décantons avant l'emploi et remplaçons par de l'eau distillée.

sion à l'aide d'une presselle chasse les bulles d'air, s'il y en a, ainsi que le styrax superflu, que l'on enlève après refroidissement.

Le Liquidambar est préférable au Styrax. Ce Baume qui est donné par le *Liquidambar Styraciflua* ne se trouve pas dans le commerce européen, mais on peut actuellement l'obtenir soit purifié et durci, d'après notre méthode soit en solutions (à volonté au chloroforme ou à la Benzine, ce qui est préférable pour les diatomées), chez MM. Rousseau. (Société anonyme pour la fabrication de produits chimiques) 42-44 rue des Ecoles à Paris.

Le Liquidambar est plus facile encore à manier que le Styrax et a un indice plus élevé.

Préparation dans des liquides très réfringents. — Diverses substances possédant un indice de réfraction élevé ont été proposées pour la préparation des diatomées ; telles que la Naphtaline monobromée, le soufre et le phosphore dissous dans le sulfure de carbone, etc. Toutes ces substances sont assez désagréables à employer et les deux dernières ne se conservént pas. On n'y aura donc recours que momentanément et dans certains cas où il s'agira d'étudier des détails peu apparents.

Mais il existe aujourd'hui un médium d'un indice excessivement élevé (environ 2,25 à 2,4) inventé par le prof. H. L. Smith, qui en fera plus tard connaître la formule (1).

Ce médium que, grâce à l'obligeance de son inventeur, nous connaissons déjà depuis longtemps, nous a été fort utile pour étudier les détails délicats de beaucoup de diatomées, mais il ne convient pas pour les diatomées à grosse structure.

(1) Lorsque M. H. L. Smith aura fait connaître la formule de ce médium on pourra également l'obtenir chez MM. Rousseau. La préparation de ce médium ne peut être faite que par des chimistes exercés et parfaitement outillés.

CHAPITRE II.

TERMINOLOGIE ET CLASSIFICATION DES DIATOMÉES.

Nous proposons, dans ce chapitre, de passer en revue les diverses parties des Diatomées, au point de vue des termes dont nous nous servirons dans la classification et la description des espèces.

Nous examinerons successivement le frustule, la valve et ses appendices, le raphé et l'endochrôme.

§ 1. FRUSTULE.

On entend par *frustule* l'ensemble de la boite siliceuse.

Le frustule est toujours formé de deux parties appelées *valves* qui glissent l'une dans l'autre et dont les bords sont opposés.

Par *face de suture* ou *face frontale* nous entendons le côté du frustule qui montre la ligne de suture ou de division nommée *zone connective* et par *face valvaire* celle qui montre pleinement le *Raphé* ou la valve ponctuée ou striée.

Le frustule est très développé dans la face de suture quand l'axe qui est parallèle à la zone connective est beaucoup plus court que l'autre. L'axe parallèle à la zone connective est appelé *axe longitudinal*, et l'axe qui forme une perpendiculaire avec la zône connective est nommé *axe transversal*.

La zone connective peut être large ou étroite ; elle peut être unie ou présenter des plis ou des ponctuations.

Le frustule est dit *genouillé* quand un de ses côtés ou quelquefois les deux présentent un pli plus ou moins aigu comme dans les *Achnanthes* ; il est dit *plié*, quand les deux côtés sont également courbés et dans la même direction, et enfin il est *arqué*, quand un des bords est plus courbé que l'autre.

Le frustule est dit *tordu*, quand les deux extrémités sont tournées en sens contraire : Ex. *Surirella spiralis*.

Il est dit *bacillaire*, quand il est beaucoup plus long que large, comme dans les *Synedra*.

Le frustule est complexe, quand il a plusieurs rangées de valves comme certains *Navicula*, et il est *composé* quand chaque valve consiste en deux ou plusieurs plaques de structure différente comme c'est le cas dans les *Arachnoidiscus* et *Actinoptychus*.

Le frustule présente parfois des *cloisons* ou *septæ* qui sont des plaques internes longitudinales, c'est-à-dire parallèles à la zone connective, comme dans les genres *Rhabdonema* et *Striatella* ; ces cloisons sont fréquemment (et probablement même toujours) perforées.

Dans d'autres cas le frustule montre des *fausses cloisons* ou *vittâe* ; ce sont des prolongements du bord de la zone connective vers l'intérieur comme dans le genre *Grammatophora*. Ces cloisons imparfaites ne sont visibles que dans la face frontale et elles ont souvent un renflement à leur origine comme on le voit dans le genre *Meridion*.

Le frustule est *libre*, quand il n'est ni attaché par aucune de ses parties, ni renfermé dans des tubes ou des frondes ; il est *fixé*, quand il est attaché soit aux pierres, soit à d'autres algues, ou à des corps quelconques à l'aide d'un appendice qui résulte d'un prolongement du coléoderme.

Dans ce dernier cas, il est *stipité*, quand cet appendice forme un filament d'une certaine longueur et *sessile*, quand sa longueur est quasi-nulle.

Enfin le frustule peut être encore renfermé dans un mucus ou dans des tubes ou enfin encore dans des filaments ramifiés simulant des algues supérieures et dans ce dernier cas ces filaments sont nommés *frondes*.

Le mucus, les tubes et les frondes sont formés par une seule et même substance, la même qui forme le coléoderme. Cette matière qui est hyaline, albuminoïde et un peu siliceuse reçoit parfois le nom de *Thalle*.

Le stipe, les frondes, les tubes, etc. résultent d'un développement excessif du coléoderme, et ce développement varie avec l'habitat de l'espèce. Tantôt il est considérable, d'autres fois il manque absolument ; M. Kitton a rencontré le *Navicula serians* et le *Melosira solerolii*, formes toujours libres, enveloppées d'un mucus épais.

Le *Schizonema neglectum Thwaites* n'est autre chose que le *Navicula gracilis Kütz*. vivant en tubes.

Nous n'attribuons donc aucune valeur spécifique et encore moins générique à ces sécrétions du frustule.

§ 2. VALVES.

A. *Description générale de la valve.* — La *Valve* est la moitié du frustule. En comparant une diatomée à une boîte, les côtés de cette boîte sont formés par la zône connective et les valves forment le dessus et le fond.

On doit observer dans une valve : 1° son apparence générale, 2° son contour, 3° ses extrémités et 4° ses appendices.

1° APPARENCE GÉNÉRALE. — Sous ce rapport on dit que la valve est *lisse* quand elle ne présente absolument aucun dessin ni aucune marque à sa surface. Ce mot qui était si fréquemment employé par les auteurs antérieurs, qui disposaient de microscopes imparfaits, ne peut plus aujourd'hui trouver que quelques rares applications.

La valve est *alvéolée* (*celluleuse*, disent les auteurs), quand elle est marquée de gros points présentant une apparence hexagonale ou anguleuse comme dans les *Triceratium*.

Le plus grand nombre des Diatomées de la sous-famille des Cryptoraphidées ont une structure alvéolée. Nous en étudierons les détails de développement plus loin.

La valve est *striée*, quand elle présente des *stries* ou simples lignes fines formées de ponctuations délicates. Elle est *perlée*, quand ces stries sont formées de rangées de perles bien apparentes comme par ex. dans le *Navicula Lyra*.

La valve est munie de *côtes*, quand elle présente de grosses lignes bien apparentes souvent épaisses et semblables à des côtes et ne pouvant pas être décomposées en ponctuations. Ces côtes résultent souvent de la confluence des alvéoles, toutefois, nous donnons aussi ce nom aux intervalles épaissis placés entre certaines rangées de fines ponctuations.

Quand les stries ou les côtes ne sont pas interrompues par une ligne médiane ou Raphé, on dit que la valve est *striée* ou munie de côtes transveralement; elle est dite *dimidiée* quand les côtes ou les stries ne s'étendent que sur la moitié de la valve.

La valve est dite *arquée*, quand un des bords est plus courbé que l'autre comme dans le *Ceratoneis Arcus*. Le côté convexe est souvent appelé *dos* ou *bord dorsal*, et le côté concave est nommé *ventre* ou *côté ventral*.

La valve est *cymbiforme*, quand elle a des bords inégalement courbés dans des directions opposées comme dans beaucoup de *Cymbella*.

Dans ce cas également nous avons donné le nom de *bord dorsal* au côté le plus convexe et de *côté* ou *bord ventral* à celui qui est le moins convexe et qui est situé du côté concave du raphé.

La valve est *pliée*, quand les côtés sont également courbés et dans la même direction et *genouillée*, quand un côté ou quelquefois les deux ont un pli aigu.

2° CONTOUR. — Les formes de la valve peuvent être rangées en deux groupes : d'abord les formes circulaires ou dérivant de la ligne courbe, ensuite celles qui présentent des formes polygonales.

A. Les valves dont le contour dérive de la ligne courbe peuvent être :

circulaires ou *orbiculaires* : formant un cercle. Ex. *Coscinodiscus.*

arrondies: s'approchant de la forme circulaire. Ex. *Surirella Crumena.*

ovales : ayant la forme d'un œuf comme le *Surirella striatula.*

elliptiques : quand le contour forme une ellipse, c'est-à-dire un cercle allongé dont les deux extrémités sont également *arrondies* Ex. *Cymatopleura elliptica* type.

réniformes ou en forme de rein comme le *Surirella réniformis.*

lancéolées ou en forme de fer de lance à extrémités étroites et plus ou moins pointues. Ex. *Navicula lanceolata.*

cunéiformes : en forme de coin, à extrémités arrondies, comme beaucoup de *Gomphonema*

B. Les valves dont le contour prend une forme polygonale peuvent être :

triangulaires : à trois angles comme le *Biddulphia (Triceratium) Favus* type.

quadrangulaire, *pentangulaire*, comme certains *Triceratium* etc.

3. EXTRÉMITÉS. — Les extrémités des valves présentent des caractères de grande importance pour les descriptions. Sous ce rapport on dit que les extrémités sont :

aiguës: quand elles sont rétrécies insensiblement en pointe.

obtuses: quand elles sont plus ou moins émoussées.

tronquées : quand elles semblent être coupées brusquement.

rétrécies et *diminuées*, quand elles diminuent brusquement de largeur, modification que souvent les auteurs désignent improprement par le mot : *prolongée.*

FIG. 13. Diverses formes de l'acumination.
A. B. Extrémités acuminées.
C. Extrémité rostrée.
D. Extrémité acuminée-capitée.
E. Extrémité rostrée-capitée

acuminées : quand elles sont terminées plus ou moins brusquement audessous de l'extrémité en une sorte de prolongement étroit. On doit distinguer deux formes d'acumination.

1° L'*acumination* proprement, dite c'est-à-dire, le rétrécissement en pointe conique (fig. 13, A,B).

2° Le *rostre*, quand le rétrécissement a lieu sous forme de pointe à bords parallèles (fig. 13, C) comme dans le *Navicula Amphirhynchus.*

Quand, apres le rétrécissement, la valve s'élargit de nouveau en forme de tête, on la dit *capitée*. La valve peut dont être *acuminée-capitée* (fig. 13 D.) comme dans le *Navicula rhynchocephala* ou *rostrée-capitée* (fig. 13, E) comme dans le *Navicula mesolepta.*

La valve montre un *lumen*, quand son extrémité est plus brillante que les autres parties, ce qui provient d'un épaississement du bord terminal interne de la valve ; ledit dépôt de silice réfractant plus fortement la lumière. Ex. *Stauroneis acuta.*

4. APPENDICES. — Les appendices sont des projections que l'on voit généralement proéminentes, quand on examine la diatomée sur la face frontale ; ce sont, ou des épines, comme dans les *Chaetoceros*, ou les places d'attache des formes filamenteuses (probablement aussi d'autres formes) comme dans les *Biddulphia.*

On peut à la rigueur donner le nom d'appendice à de simples espaces blancs, comme sur la valve concave des *Gephyria*, ou sur les valves de *Dimeregramma* ou de *Plagiogramma.*

Les *ailes* sont des expansions, ordinairement, des bords des valves comme dans les *Surirella*; d'autres fois sur la valve comme dans le genre *Amphiprora*. Quand les *ailes* ne sont que faiblement saillantes comme dans les *Nitzschia*, on dit que la valve est *carénée.*

On doit encore ranger dans les appendices les *Ocelli* qui sont des fausses ouvertures, (ce sont en réalité de vrais appendices), avec des contours extérieurs bien marqués, quand la valve est vue de face, comme dans le genre *Auliscus.*

B. *Structure microscopique de la valve.* La structure de la valve des diatomées a fait le sujet de travaux nombreux et importants parmi lesquels il faut citer ceux de MM. Flögel [1], Otto-Muller [2], Prinz et Van Ermengem [3] et Cox [4]. M. Flögel a voulu résoudre la question

(1) Flögel : Untersuchungen über die Structur der Zellwand in der Gattung Pleurosigma. Archiv. f. Mik. Anat. VI, 1870 pages 472—514.

(2) Uber den feineren Bau der Zellwand der Bacillariacëen insbesonderer der *Triceratium* und der *Pleurosigma*. Reichert's u. Dubois-Reymond's Archiv. fur Physiol. 1871.

(3) Recherches sur la structure de quelques Diatomées contenues dans le « Cementstein » du Jutland par MM. W. Prinz et E. Van Ermengem. Annales de la Soc. belge de Microscopie t. VIII.

(4) Structure of the Diatome-Shell. By Jacob D. Cox. Americ. Month. Micr. Journal, Mars, Avril, Mai, Juin 1884. — C'est l'étude la plus complète faite jusqu'ici sur l'ensemble des valves des Diatomées. L'auteur a fait à l'appui de ses assertions, une série de photographies de valves brisées dont il a eu l'obligeance de nous envoyer une collection. A quelques points près, les idées de M. Cox correspondent avec les nôtres.

par des coupes de Pleurosigma, MM. Prinz et Van Ermengem se sont basés sur des coupes des Diatomées contenues dans le Cementstein du Jutland et enfin MM. Muller, Cox et nous-mêmes nous avons taché d'élucider la structure des valves par l'étude des fragments de valves brisées. L'étude des fragments de valves dans des milieux excessivement réfringents tels que par exemple, le Styrax, la naphtaline monobromée et le medium jaune du Prof. H. L. Smith nous a fourni des résultats fort intéressants et dont nous allons donner le résumé.

1. La valve des Crypto-raphidées est généralement formée de deux couches.

2. La couche inférieure est composée d'une seule lame et porte à la face interne des ponctuations plus ou moins fines. Il nous a été impossible de nous assurer d'une façon certaine si ces ponctuations traversent complètement la couche inférieure de la valve ou n'y pénètrent que jusqu'à une certaine profondeur. Dans le *Triceratium Favus* dont nous avons pu obtenir artificiellement des cassures transversales de la plus grande finesse, nous n'avons pu voir aucune perforation, quoique la forme dentelée d'une membrane que nous avons trouvée brisée à l'intérieur d'une alvéole semble prouver en faveur d'une vraie perforation. Dans certains *Coscinodiscus* la valve semble bien perforée inférieurement et cette perforation est absolument évidente dans les forme fossiles du Jutland. Dans l'*Eupodiscus Argus*, il y a dans la couche inférieure des perforations (?) assez grandes (ce sont les gros granules que l'on voit dans les alvéoles) et en outre de très fines granulations.

3. La couche supérieure de la valve existe à tous les degrés de développement. Dans son état le plus parfait, *Triceratium Favus, Coscinodiscus Oculus-Iridis* etc., elle forme des alvéoles habituellement fermées par au-dessus. Dans l'état suivant de moindre développement (*Eupodiscus Argus*), les alvéoles restent ouvertes supérieurement. En poursuivant les recherches dans la série des genres et des espèces, on voit la couche supérieure diminuer en force et les points les plus faibles, les parois des alvéoles, disparaissent en premier lieu, ensuite les parties intermédiaires entre plusieurs alvéoles diminuent en importance, finissent par se réduire à l'état de petites épines comme on en trouve dans tant d'espèces de *Biddulphia* ([1]) et enfin ces derniers vestiges de la couche alvéolaire disparaissent à leur tour et il ne reste plus que la couche inférieure ponctuée de la valve. Le *Triceratium* (*Ditylum*) *intricatum*, par exemple, montre cette couche réduite à sa plus simple expression.

([1]) Comparez les épines très robustes du *Stephanopyxis Turris*, Pl. LXXXIII ter avec celles délicates du *Cerataulus turgidus*. Pl. CIV, etc.

Les valves des Pseudo-raphidées et des vraies Raphidées montrent la même structure que les Crypto-raphidées mais les alvéoles sont infiniment plus petites. Grâce au medium réfringent du Prof. Smith nous avons pu vérifier parfaitement leur existence dans des espèces nombreuses et notamment dans les genres *Raphoneis*, *Nitzschia* et *Tleurosigma*.

Ce que l'on nomme donc les perles des diatomées sont en réalité des alvéoles et les stries, sont souvent formées par les parois de ces alvéoles. La valve est dite alvéolée ou à structure cellulaire quand ces alvéoles sont grandes et paraissent polygonales ; elle est dite perlée ou ponctuée quand les alvéoles sont plus ou moins petites.

§ 3. Raphé et Nodules.

Le *Raphé*, qui, dans la classification de M. le Professeur H. L. Smith, que nous adoptons dans ce synopsis, détermine les divisions primaires de la famille des Diatomées paraît être, au moins sur une partie de sa longueur, une véritable fente, qui met en communication le contenu du frustule avec les liquides ambiants (¹).

Le raphé, que l'on appelle aussi *ligne médiane*, est généralement interrompu par un *nodule médian* et des *nodules terminaux*.

On doit distinguer le vrai Raphé, tel qu'il existe dans les *Navicula*, du Pseudo-raphé, qui est une simple ligne ou espace blanc, et sans nodule médian, tel, par exemple, qu'on le voit dans les *Raphoneis*.

Il est probable que toutes les diatomées ont des raphés plus ou moins parfaits.

Dans la sous-famille I RAPHIDÉES, le raphé est très bien visible, médian ou submédian, mais il n'existe parfois que sur une seule des valves du frustule ; tel est le cas chez les *Achnanthes* et les *Cocconeis*.

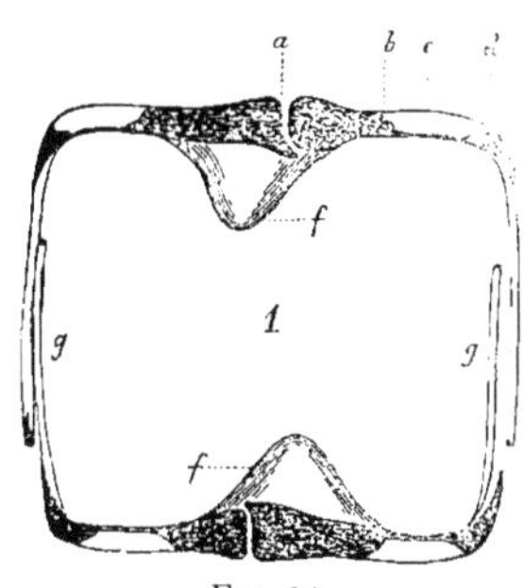

Fig. 14.

(¹) Certains auteurs, entr'autres M. A. Schmidt contestent que le raphé soit une fente. La chose semble cependant être mise hors de doute par les recherches de M. W. Prinz. Cet habile micrographe est parvenu à obtenir une coupe parfaite d'un grand *Navicula* (que nous supposons être le *Navicula Dactylus*) contenu dans le dépôt fossile de Franzenbad.

La figure ci-contre, que nous devons à l'obligeance de M. W. Prinz, est la représentation fidèle de cette coupe : *a*. est le raphé — *b. c. d.* l'une des côtes de la valve — *e.* le bord de la valve taillé en biseau — *f.* les nodules médians — *g.* les connectifs.

Le grossissement employé est de 1500 diamètres. — Les parties du dessin imprimées en noir ont une couleur brune à la lumière transmise.

Dans les sous-familles II PSEUDO-RAPHIDÉES et III CRYPTO-RAPHIDÉES, il est obscur, marginal ou submarginal ; cependant, la plupart des valves de la sous famille II ont un pseudo-raphé médian ou submédian.

Le raphé peut se présenter sous les formes suivantes :

1° *Simple,* comme dans la plupart des *Navicules.*

2° *Bifurqué,* présentant outre le raphé principal un deuxième raphé beaucoup plus étroit et naissant du raphé principal auquel il retourne également. Ex. *Stauroneis acuta, Navicula nobilis.*

3° *Double,* placé de chaque côté des nodules médians et terminaux comme dans les *Vanheurckia.*

Les nodules sont généralement des épaississements de la valve qu'ils servent probablement à consolider.

Dans les Raphidées, il y a généralement trois nodules ; l'un, placé au milieu de la valve, prend le nom de *nodule médian*, les deux autres, situés vers les extrémités, se nomment *nodules terminaux.*

Le nodule médian fait défaut (ou est rudimentaire) dans les *Amphipleura* et il se dédouble dans les *Berkeleya.*

Généralement les nodules se présentent sous forme de bourrelets ronds ou elliptiques. Le nodule médian est parfois subquadrangulaire et les nodules terminaux se prolongent parfois sous forme de crochets (Ex. *Cymbella Helvetica).*

Quand le nodule médian s'élargit notablement en travers, il prend le nom de *Stauros.*

§ 4. ENDOCHROME.

Nous avons déjà étudié précédemment les caractères chimiques et spectroscopiques de l'endochrôme. Il ne nous reste plus à parler de cette substance qu'au point du rôle qu'elle joue dans certaines classifications.

L'endochrôme se présente sous deux états différents, avons nous déjà dit précédemment : sous forme de plaques et sous forme de granules. Ces deux états établissent les divisions primaires en sous-familles dans la classification des diatomées établie par M. le Prof. Pfitzer qui a publié un important ouvrage sur l'organographie et le développement des diatomées [1].

Plus tard cette classification a été reprise et complétée pour l'étude des espèces marines par M. Paul Petit. Quoique nous n'ayions pas

[1] Voir le chapitre Bibliographie.

adopté la classification basée sur l'endochrôme, nous donnerons à la page suivante la clef du système tel que M. Petit l'a publiée en 1877.

Ce tableau résume les connaissances que l'on possède aujourd'hui sur les diverses formes et positions de l'endochrôme.

Le diatomophile doit évidemment se familiariser parfaitement avec les modifications de l'endochrôme sous peine de se trouver dans la position d'un naturaliste qui se contenterait d'étudier le squelette des êtres qu'il voudrait apprendre à connaître (1).

§ 5. CLASSIFICATION ADOPTÉE DANS LE SYNOPSIS.

Comme nous l'avons déjà dit plus haut, c'est la classification de M. le Professeur H. L. Smith que nous suivrons dans ce Synopsis (2). Cette classification fut publiée par son auteur en 1872 dans le journal micrographique *The Lens* de Chicago. L'incendie qui, peu après, détruisit une grande partie de la ville de Chicago, détruisit aussi presque toute l'édition du *Lens*. Nous avons suppléé à cette perte en publiant en 1878, dans la 3e édition de notre traité du microscope, une traduction du travail du Prof. Smith, d'après un exemplaire que notre savant ami a bien voulu revoir à notre intention, et où il a

(1) Des observations récentes ont montré que la forme de l'endochrôme n'est pas aussi fixe dans un même genre qu'on le croyait, c'est ainsi, par ex. que dans diverses Navicules, le *N. elliptica* etc., l'endochrôme a été observé à l'état granuleux. M. de Castracane (*Brébissonia* 1878 p. 75) déclare que la disposition de l'endochrôme est variable et que la disposition de ce corps « en petites masses ou globules distincts et d'égale dimension est le prélude de la reproduction. »

(2) Nous répondrons ici à la critique que l'on a faite du genre que nous donnons au mot Synopsis, critique qui a été faite dans le journal de Micrographie (1882 p. 259), où l'on nous apprend que « Synopsis peut être masculin en *belge*, mais est féminin en français comme en grec ! »

Il est bien vrai que certains Dictionnaires, celui de Larousse entr'autres, font le mot Synopsis du féminin, mais, d'autres lexiques adoptent le genre masculin.

D'ailleurs, en donnant le masculin au mot Synopsis, nous n'avons fait que suivre l'exemple de deux illustres botanistes *français*, MM. Cosson et Germain, qui, dans les différentes éditions de leur Synopsis et de leur flore de Paris adoptent constamment le genre masculin pour le mot en question.

Nous nous conformons en outre à la règle établie par M. A. de Candolle (Phytographie p. 270) : « *que les mots tirés d'une langue étrangère sont masculins en français.* Ex. : *Un* opéra, quoique le mot soit féminin en Italien. »

On doit dire (Phytographie p. 270, supra, « LE *Flora*, LE *Linnaea*, LE *Philosophia botanica.* »

Voir en confirmation MM. de Schoenefeld et Clos dans le Bulletin de la Société Botanique de France, année 1859.

Clef du système de M. Paul Petit.

- **Diatomées**
  - Endochrôme lamelleux: *Platochromaticées*. (première sous-famille).
    - Endochrôme ne recouvrant intérieurement qu'une seule valve. . . . . . . **I Achnanthées**
    - Une ou deux lames d'endochrôme reposant par le milieu sur la zone.
      - Endochrôme ne présentant jamais une ouverture elliptique centrale.
        - Une seule lame d'endochrôme.
          - Valves cunéiformes. **II Gomphonémées.**
          - Valves cymbiformes ou cintrées . . **III Cymbellées.**
        - Deux lames d'endochrôme.
          - Valves sans carène . . **IV Naviculées.**
          - Valves munies de carène. . . **V Amphiprorées.**
      - Une ouverture elliptique centrale dans l'endochrôme qui quelque fois est complètement interrompu. . . . . **VI Nitzschiées.**
    - Deux lames d'endochrôme reposant par le milieu sur les valves.
      - Valves ailées. . . . . **VII Surirellées.**
      - Valves non ailées.
        - Endochrôme dentelé sur les bords ou divisé en lanières. . . . . . **VIII Synédrées.**
        - Endochrôme divisé en deux sur la zone par un sillon profond . . . . **IX Eunotiées.**
  - Endochrôme granuleux: *Coccochromaticées*. (deuxième sous famille).
    - Frustules jamais ellipsoïdes ni réunis en filaments cylindriques.
      - Endochrôme épars à la surface interne des frustules.
        - Frustules sans diaphragmes.
          - Valves jamais cunéiformes . **X Fragilariées,**
          - Valves cunéiformes. **XI Méridiées**
        - Frustules munis de diaphragmes.
          - Valves cunéiformes. **XII Licmophorées.**
          - Valves jamais cunéiformes . . **XIII Tabellariées (partim).**
      - Endochrôme rayonnant autour d'un point central
        - Frustules munis de nombreux diaphragmes. . **XIV Tabellariées (partim).**
        - Frustules sans diaphragmes.
          - Valves irrégulières ou régulières non discoïdes. . . **XV Biddulphiées.**
          - Valves discoides . . **XV Coscinodiscées.**
    - Frustules ellipsoides ou réunis en filaments cylindriques plus ou moins allongés . . **XVI Melosirées.**

fait certaines corrections et de nombreuses additions destinées à élucider le texte primitif.

La classification du Prof. H. L. Smith est uniquement basée sur la structure de la boîte siliceuse. C'est, dit-il (¹), la seule possible, car il est manifestement impossible d'étudier un grand nombre de formes p. ex. celles provenant des sondages profonds des mers et celles qui sont fossiles, en s'appuyant sur les caractères de l'endochrôme.

Certainement, continue-t-il plus loin, si l'on avait toujours des diatomées vivantes à sa disposition, un système basé sur l'endochrôme pourrait être préférable, et, dans certains cas, on peut plus facilement distinguer le genre sur le frustule vivant que sur le frustule préparé. Tel est, par ex. le cas dans les petits *Nitzschia*. Mais, dit-il, comme il est démontré que la structure du frustule est co-ordonnée à l'arrangement de l'endochrôme, et que le premier est permanent tandis que l'endochrôme n'est que passager, le système basé sur l'ensemble du frustule ne peut être considéré comme entièrement artificiel. C'est, comme si dans le règne animal, on avait à choisir entre un système basé sur le squelette et un autre sur la position des viscères, peu hésiteraient, je pense, à choisir le premier. »

Notre première intention était de donner uniquement les tableaux analytiques des genres belges, mais nous nous sommes ravisés et nous avons donné ces tableaux tels que nous les avons insérés dans la 3e édition de notre ouvrage *Le Microscope*, et comprenant donc tous les genres connus. Nous croyons que cette façon de faire sera plus agréable à nos lecteurs, car elle leur permettra d'abord de reconnaître les genres nouveaux pour la flore belge que l'on pourra découvrir par la suite et ensuite ils pourront ainsi déterminer génériquement les diatomées exotiques et se faire une bonne opinion de l'ensemble des diato. mées connues.

Comme nous n'avons pas admis complètement les genres tels que les donne M. le Prof. H. L. Smith, nous avons fait subir aux tableaux, les modifications qu'exige notre façon de voir.

§ 6. DE L'ESPÈCE.

S'il est difficile, quand il s'agit des végétaux supérieurs, de s'entendre sur la valeur relative des formes, bien plus difficile encore est la chose quand il s'agit de nos minuscules diatomées et il est presque impossible, au moins avec nos connaissances actuelles, de fixer d'une

(¹) *Notes on cent. I of the Species Typicæ Diatomacearum* in « *American Journal of Microscopy* » August 1877.

façon certaine la limite des espèces, si tant est même qu'on puisse admettre l'existence de celles-ci.

En effet, les formes se lient si étroitement entr'elles, qu'on peut dans beaucoup de cas rapporter indifféremment des formes intermédiaires à deux types différents.

C'est par l'étude attentive de nombreuses diatomées qu'on voit bien que les êtres forment une chaine continue, que nous brisons artificiellement, pour en faire entrer les chainons dans des cases dont le nombre et l'importance varient suivant les opinions individuelles.

Aucun caractère certain et réellement fixe n'existe pour la délimitation des espèces. Le contour extérieur, la taille, la striation, les parties lisses de la valve, tout cela sont des caractères qui varient dans des limites assez grandes, et, les deux valves mêmes peuvent différer entr'elles, de même que l'âge peut apporter des différences dans les sculptures.

Dans ces conditions, il reste encore une ressource, c'est l'étude des récoltes pures, malheureusement rares ; c'est en voyant les formes qui se montrent dans ces récoltes, qu'on peut *parfois* saisir les relations des formes.

Comme l'ouvrage que nous écrivons est surtout destiné aux débutants, nous avons préféré comprendre l'espèce dans le sens le plus large, et nous avons adopté un petit nombre de types principaux auxquels nous rapportons les types secondaires. Cela empêchera les débutants de se perdre dans un dédale de formes et ceux qui ne partageront pas cette façon de voir, n'auront qu'a élever nos variétés au rang d'espèces.

CHAPITRE III.

BIBLIOGRAPHIE.

§ 1. BIBLIOGRAPHIE GÉNÉRALE.

Le nombre des livres ou des mémoires écrits sur les Diatomées est considérable ; l'ouvrage de M. JULIEN DEBY : *A Bibliography of the microscope, Part. III. The Diatomaceæ* en donne la nomenclature complète et nous renvoyons à cet utile ouvrage, ceux qui voudront connaître toute la littérature des diatomées. Nous nous contenterons de donner ci-dessous, la liste des travaux importants, soit généraux, soit intéressants au point de vue de la description des espèces européennes, et qui, à ce point de vue, ont leur place marquée dans la bibliothèque de quiconque veut approfondir les Diatomées de nos régions.

Agardh (**C. A.**). *Conspectus criticus diatomacearum Lundae* 1831.

Borscow (**Prof. E.**). Die süsswasser Bacillarieen (Diatomaceen des Sud Westlichen Russlands, Kiew 1873.

La première livraison, qui seule a parue, contient des recherches générales sur les diatomées.

de Brébisson (**Alphonse**). Diatomées renfermées dans le médicament vermifuge connu sous le nom de Mousse de Corse (Revue des Sciences Naturelles. Sept. 1872).

Brun (**J.**). Diatomées des Alpes et du Jura et de la région suisse française des environs de Genève. Genève 1880, avec planches.

Castracane (**A. F.**). La diatomee in relazione à la Geologia. Atti nuovi Lincei 1874.

Instruzione per chi vogli raccogliere Diatomee. Atti nuov. Linc. 1875.

Castracane (**A. F.**). Se e qual valore sia da attribure nella determinazione delle specie al numero delle strie nelle Diatomee. Atti nuovi Lincei 1879.

Cleve & Grunow. Beiträge zur Kenntnis der arctischen Diatomeen. Académie Royale de Suède, 1880, avec 7 planches.

Cleve (**Prof. P. T.**). Svenska och Norska Diatomaceer. Académie Royale de Suède 1868.

Diatomaceer fran Spitzbergen (Idem 1864).

Diatoms collected during the expedition of the Vega, examined by P. T. Clève 1883, avec quatre planches. Travail très-important.

Deby (**Julien**). Ce que c'est qu'une diatomée. Bruxelles Soc. B. Mic. 1877.

Les apparences microscopiques des valves des Diatomées. Ann. Soc. Belge de Microscopie 1876.

Donkin (**A. S.**). The Natural History of the British diatomaceæ. — 3 livraisons. Londres 1870-1873.

La partie parue et interrompue par la mort de l'auteur comprend une partie des Navicules.

Ehrenberg (**C. G.**). Mikrogeologie. Leipzig 1854 und Forsetsung. Idem 1856.

Grand in folio avec 41 planches.

Ouvrage très-coûteux et dont l'exactitude des figures laisse énormément à désirer.

Gregory (**William**). On new forms of Marine Diatomaceæ found in the Firth of Clyde and in Loch Fine. in 4° (Trans. de la Société royale d'Edimbourg 1857, (avec planches).

Grunow (**A.**). Ueber neue oder ungenügend gekannte Algen (Abh. kk. Zool. bot. gesellschaft in Wien vol. X) 1860 avec planches.

Die Osterreichen Diatomaceen (Idem vol. XII) 1862.

Ueber einige neue und ungenügend bekannte arten und gattungen von Diatomaceen. (Idem vol. XIII 1863).

Reise seiner Maj. Fregatte Novara. Wien 1868. in 4° avec planches.

Algen und diatomaceen aus den Kaspischen Meere. Separat-abdruck aus den Sitzung- Bericht der natur. Gesellschaft « Isis » 1878, in 8° avec planches.

Vorlaufige Bemerkungen zu einer systematischen Anordnung der Schizonema-und Berkeleya-Arten, mit Bezug auf die in Van Heurck's Diatomeen flora von Belgiën veröffentlichten Abbildungen der Frustuln auf Tabel XV. XVI. und XVII. — Separat-abdruck aus n° 47/48 des Botanischen Centralblattes 1880.

Ueber die Arten der Gattung Grammatophora mit Bezug auf die Tafeln LIII und LIII bis in Van Heurck's Synopsis der belgischen Diatomeen. Beilage zum Botanischen Centralblatte 1881, band VII.

Beiträge zur Kenntnis der Fossilen Diatomeen Osterreich-Ungarns, in 4° avec 2 planches. Wien 1882.

Die Diatomeen von Franz Josefs land in 4° avec 5 planches. Wien, 1884. (Voir aussi Cleve et Grunow.)

Habirshaw (Frederic). Catalogue of the Diatomaceæ with references to the various published descriptions and figures. 1re édition New-York 1877, électographiée par l'auteur, tirée à 50 exemplaires et généreusement distribuée aux diatomographes. Une édition imprimée et publiée à New-York par M. Romyn Hitchcock a été commencée, mais a été interrompue à la page 58.

Cet ouvrage qui énumère toutes les espèces des diatomées, avec indication des pages où elles sont décrites dans les auteurs et des planches où elles sont figurées, est indispensable à celui qui veut s'occuper des diatomées, mais est fort difficile à obtenir.

Heiberg (A. C.). Conspectus criticus Diatomacearum Danicarum (en danois) Copenhague 1863, avec 6 planches.

Kützing (Fréd. Traugott). — Die kieselschaligen Bacillarien oder Diatomaceen. Nordhausen 1844, avec 30 planches.

Species algarum Lipsiæ 1849.

Lagerstedt (N. G. W.) Sötvattens Diatomaceer frän Spitsbergen och Beerens Eiland (Academie royale de Suède) 1873.

Lanzi (M.). Le Thalle des diatomées. Ann. Soc. belge de Microscopie 1878.

Leuduger-Fortmorel (le Dr) Catalogue des diatomées marines de la baie de St. Brieuc et du littoral des côtes du Nord. — Paris 1879. (Extr. bull. Soc. bot. France.)

Janisch (C.). Zur Characteristik des Guano's von verschiedenen Fundorten — Breslau 1862, avec planches.

Journal. Quarterly Journal of Microscopical Science : including the transactions of the microscopical Society of London, 1re série 1851-1860. — 2e série 1861 à 1874.

Ouvrage excessivement coûteux, mais qui renferme des travaux importants et nombreux sur les Diatomées.

Montly microscopical Journal. Londres 1869 à 1877.

Journal of the royal microscopical Society. Londres, commencé en 1878; cette publication continue à paraître.

Juhlin-Dannfelt (H.). On the Diatoms of the Baltic Sea. Stockholm 1882 avec 4 planches.

Manoury (Ch.). De l'organisation des Diatomées, Caen 1869.

Muller (Otto). Ueber der feinern Bau der Zellwände der Bacillariaceen, inbes. d. Triceratium Favus und der Pleurosigma.— Reichart und Dubois Reymond's Archiv. 1871.

Ueber den Bau der Zellwände in den Gattungen Grammatophora. — Sitz. bericht der Gesell. Naturf. Freunde 1874.

Die Zellhaut und das Gesetz der Zelltheilungsfolge von Melosira arenaria. Berlin 1883 avec 5 planches.

Die chromatophoren mariner Bacillariaceen aus den Gattungen Pleurosigma und Nitzschia. Berlin 1883.

O'Meara (Rev. Eug.). Report on the Irish Diatomaceæ (Proc. royal Irish Academy, 2^d^ Series vol. 2.) la 1re partie seule a parue.

Petit (Paul). Liste des Diatomées et des Desmidiées observées dans les environs de Paris, précédée d'un essai de classification des diatomées. — Paris 1877. (Extrait du Bulletin de la Société Bot. de France).

Pfitzer (Dr Ernst). Untersuchungen über Bau und Entwicklung der Bacillariaceen — Bonn 1871.

Prinz (W.). Etudes sur des coupes de diatomées observées dans des lames minces de la roche de Nykjobing (Jutland). Bruxelles 1880. 1 Pl.

Prinz (W.) & Van Ermengem (E.). Recherches sur la structure de quel ques diatomées contenues dans le « Cementstein » du Jutland. — Bruxelles 1883 avec 4 pl.

Pritchard (Andrew). A History of Infusoria including the Desmidiaceae and Diatomaceæ, British and foreign. 4e édition, Londres 1861.

Epuisé, rare et très-cher.

Rabenhorst (Dr Louis). Flora Europaæ Algarum aquæ dulcis et submarinæ. Sect. I. Algas Diatomaceas complectens. Leipzig 1864.

Rataboul. Les Diatomées, récolte et préparation. Toulouse 1883.

Schmidt (Achidiaconus Adolf). Atlas der Diatomaceenkunde, Aschersleben 1874 et suivantes.

Planches in 4° par la Woodburrytypie. Ce bel ouvrage est interrompu depuis plusieurs années.

Schumann (J.). Preussische Diatomaceen. Mitgetheilt Von Oberlehrer J. Schumann (Schriften der Konigl. Physikalisch-Okonomi schen Gesellschaft 1862). Supplément idem 1869.

Smith (Rev. William). Synopsis of the british Diatomaceæ. 2 volumes Londres 1853-1856.

Ouvrage classique avec excellentes planches.

Epuisé, rare et cher.

Smith (Prof. Hamilton L.). Synopsis of the Diatomaceæ, publié dans the « Lens » Chicago 1862. Une traduction en a parue dans l'ouvrage suivant.

Van Heurck (Dr Henri). Le microscope, sa construction, son maniement et son application spéciale à l'anatomie végétale et aux Diatomées. — 3e édition. Bruxelles 1878.

§ 2. COLLECTIONS DE DIATOMÉES.

Des Collections typiques de Diatomées ont été publiées à diverses époques. Les plus importantes sont :

Cleve & Möller. *Diatoms*, Upsal 1877-1882. 6 parties contenant ensemble 324 préparations fort intéressantes et accompagnées d'une analyse détaillée par M. A. Grunow.

Delogne (C. H.). *Diatomées de Belgique*, mises en rapport avec le Synopsis de M. Henri Van Heurck. Publié par livraisons de 25 préparations.

Bruxelles 1880-1882 4 livraisons contenant ensemble 100 préparations ont été publiées.

Les préparations, très bien faites, ont un intérêt tout spécia pour les possesseurs de notre Synopsis.

Eulenstein (Dr Th.). *Diatomacearum Species typicae* Cent I. Stuttgart 1868.

Collection de préparations qui ne laissent rien a désirer. La 1re centurie seule a parue. La 2de allait paraître lorsque l'auteur mourût. Un certain nombre de ces types sont en-encore en vente chez M. Möller à Wedel.

Möller (J. D.). *Diatomaceen typen-platte* ; sous ce titre M. Möller, de Wedel (Holstein), fournit une préparation contenant 400 diatomées arrangées en séries d'après la classification de M. A. Grunow. Un catalogue accompagne cette préparation qui est excellente pour celui qui veut commencer l'étude des diatomées. Elle coûte 75 mark. Une deuxième typen-platte ne renferme que 100 diatomées et ne coûte que 24 mark.

M. Möller vend en outre, actuellement, deux autres préparations ; l'une d'elle contient 800 diatomées différentes et coûte 400 mark (500 fr.); l'autre contient 1600 diatomées différentes. Le prix de cette dernière préparation est de 1600 mark soit 2000 frs.

Smith (Prof. Hamilton L.). *Diatomaceae typicae.* Cette collection est une des plus importantes de toutes celles publiées jusqu'ici, tant par le nombre des préparations que par l'intérêt scientifique de celles-ci. Bon nombre sont des types authentiques et proviennent de récoltes de de Brébisson.

Les préparations sont classées alphabétiquement et renfermées par séries de 25 dans des boîtes en forme de livre. La collection complète se compose de 28 boîtes renfermant 700 préparations.

Smith (Le Rév. William). L'auteur du *Synopsis of British diatomaceae* a publié des préparations types de son Synopsis au nombre de 275. Ces préparations sont excessivement rares aujourd'hui. Nous en avons employé un certain nombre pour les dessins de cet ouvrage. M. Smith a également publié une série de préparations faites avec les matériaux récoltés pendant son voyage dans les Pyrénées. Cette collection est, croyons-nous, encore bien plus rare que la précédente, et nous n'en avons jamais vu d'autre exemplaire que celui qui est en notre possession.

Van Heurck (Dr Henri). *Types du Synopsis des diatomées de Belgique.* Sous ce titre nous avons commencé la publication d'une collection de Diatomées accompagnées de notes et de diagnoses par M. A. Grunow. Les préparations sont renfermées au nombre de 25 dans des boîtes, en forme de livre, identiques à celles de M. H. L. Smith. Les préparations qui atteindront le nombre de 600 sont faites au Styrax, medium que nous avons fait connaître en 1883, et qui jouit l'avantage d'un indice élevé à l'inaltérabilité. Ces préparations renferment à peu près toutes les formes importantes du Synopsis. Beaucoup de matériaux proviennent des récoltes originales de Walker Arnott, Gregory, Greville, Eulenstein, etc., etc.

§ 3. Bibliographie spéciale de la Belgique.

Il n'a guère été publié que quelques travaux sur les Diatomées de Belgique ; ce sont :

Bauwens. Les Diatomées de Belgique.
Liste résumant les diatomées signalées en Belgique jusqu'en 1877. Dans Bulletin de la Société Belge de microscopie.

Deby (J.). Liste des Diatomées fossiles trouvées dans l'argile des Polders. Dans Bulletin de la Société Malacologique de Belgique.

Delogne (C. H.). Diatomées des environs de Bruxelles, par C. H. Delogne 1re liste. Extrait du Bull. Soc. belge de Microscopie.

Kickx (J.). Flore cryptogamique des Flandres, Gand 1867. Contient l'énumération d'un certain nombre de Diatomées.

Marissal (F. V.). Catalogue des espèces omises dans la flore du Hainaut. Tournai 1850. Brochure de 56 pages, avec 2 planches, consacrée entièrement aux algues. Les diatomées qui y sont décrites sont au nombre de 49.

Mathieu (C.). Flore générale de Belgique. Bruxelles 1854, donne l'énumération d'un certain nombre d'espèces.

Westendorp (Le Dr G. D.) a énuméré un certain nombre de Diatomées dans ses « Notices sur quelques cryptogames inédites ou nouvelles pour la Belgique 1845 à 1861, de même que dans les « Cryptogames classées d'après leurs stations naturelles. »

Il a également publié quelques récoltes de Diatomées dans son « Herbier cryptogamique Belge. »

CHAPITRE IV.

MATÉRIAUX POUR LA CONNAISSANCE DE LA DISPERSION DES DIATOMÉES EN BELGIQUE.

Sous ce titre nous allons donner la liste des diatomophiles belges, qui nous ont communiqué des matériaux pour apprécier la dispersion des diatomées en Belgique, et nous indiquerons les localités où leurs récoltes ont été faites.

Belleroche. Feu notre ami et élève en micrographie, M. John Belleroche, professeur à l'Institut supérieur de Commerce d'Anvers, s'était occupé des Diatomées anversoises dont il avait fait une centaine de préparations. Nous les avons acquises un peu avant sa mort avec le restant de ses riches collections.

Deby. M. l'Ingénieur Julien Deby nous a communiqué un certain nombre de types de sa liste des « Diatomées fossiles des Polders » ainsi qu'un grand nombre de préparations de ses récoltes marines faites surtout à Ostende et à Heyst.

Delogne. M. Delogne, aide-naturaliste au Jardin Botanique de l'Etat, à Bruxelles, a exploré minutieusement pendant plusieurs années les environs de Bruxelles et la vallée de la Semoy. Toutes les récoltes de M. Delogne au nombre de plus de deux mille font actuellement partie de nos collections.

Gautier (le Rev. P. A.). Le plus ancien et le plus zélé des collecteurs belges a fait en Belgique plusieurs milliers de récoltes. Nous devons à ce savant naturaliste nos premières connaissances sur les diatomées qu'il nous fit connaître il y a plus de 25 ans. Il a exploré minutieusement les environs de Gand, Louvain, Namur, Manage, Soignies et surtout Anvers qu'il habita durant de longues années. Il nous a cédé, en 1878, la moitié de ses récoltes formant plusieurs centaines de flacons.

Grunow. Ce savant diatomographe nous a communiqué les diatomées qu'il récolta à Ostende il y a une vingtaine d'années.

Naveau (J.). Ancien professeur de Physique à l'Ecole Industrielle d'Anvers, nous a communiqué des diatomées récoltées autour d'Anvers.

Petit (Charles). Amateur zélé à Ostende, nous a fait de nombreux envois de diatomées récoltées aux environs de cette ville.

Petit. M. P. Petit, dont nous avons déjà eu l'occasion de citer la classification fondée sur l'Endochrôme des Diatomées, nous a communiqué quelques préparations faites avec des matériaux récoltés à Blankenberghe.

Vanden Born (Le chanoine Henri). Directeur de l'Ecole normale de St-Trond. Ce savant botaniste nous a fourni de très-nombreuses récoltes faites dans la province de Limbourg.

Vanden Broeck (H.). Ce zélé amateur a bien voulu faire pour nous quelques récoltes de Diatomées aux environs d'Anvers.

Vanden Kerckhove (Ernest). Notre excellent élève et ami nous a communiqué de très-nombreuses récoltes faites à notre instigation dans les environs d'Anvers.

Van Heurck (Henri). Nos récoltes ont été faites aux environs d'Anvers et aussi, depuis une dizaine d'années, chaque été, dans tous les environs de Blankenberghe, où nous avons fait un nombre très-considérable de récoltes marines et saumâtres.

Verbeeck (Mlle A.) nous a envoyé des Diatomées de Liége, les seules récoltes que nous avons de cette province.

Westendorp Nous avons examiné les quelques récoltes publiées dans son « Herbier cryptogamique belge. »

TABLE DES NOMS D'AUTEURS ET DE COLLECTEURS CITÉS.

C. Ag.	C. Agard.	Heib.	Heiberg.
Bell.	Belleroche.	Jan.	Janisch.
Bréb.	de Brébisson.	Kickx	Kickx.
Clève	Clève.	Kütz	Kützing.
Deby	Deby.	Mar.	Marissal.
Del.	Delogne.	Math.	Mathieu.
Ehr.	Ehrenberg.	Meneg.	Meneghini.
Gaut.	Gautier.	Naeg.	Naegeli.
Greg.	Gregory.	Petit Ch.	Petit (Charles).
Grév.	Gréville.	Petit P.	Petit (Paul).
Grun.	Grunow.	Rabh.	Rabenhorst.
Hantzsch	Hantzsch.	Schum.	Schumann.

A. Schm.	A. Schmidt.	V. d. Born	Vanden Born.
W. Sm.	W. Smith.	H. Vanh. ou H.V.H.	Van Heurck.
H. L. Sm.	H. L. Smith.	Verb.	Verbeeck.
Thw.	Thwaites.	West.	Westendorp.
V. d. Broeck	Vanden Broeck.		

UNITÉ DE MESURE.

Nous avons, dans ce travail, adopté comme unité de mesure le centième de millimètre ($0^{m},01$) ; c'est, croyons nous, la seule qui convient pour des êtres dont la taille est si variable, qu'elle diffère fréquemment du simple au double et dont bon nombre sont tellement grands que si on employait le Mikron, on aurait un nombre trop élevé (généralement des centaines) à énoncer.

Nous marquons l'unité par les trois lettres c. d. m. (centièmes de millimètre).

Fin de l'Introduction.

DESCRIPTION DES

DIATOMÉES DE BELGIQUE.

DIATOMÉES.

Algues unicellulaires constituées par un frustule ou boîte siliceuse bivalve, pseudo-unicellulaire, revêtue extérieurement d'une enveloppe muqueuse (nommée coléoderme) plus ou moins apparente, possédant à l'intérieur des valves une membrane cellulaire renfermant une matière colorante d'un jaune brunâtre (nommée endochrôme), un nucleus, des gouttelettes huileuses et un suc incolore.

Les Diatomées se multiplient par division geminipare et se reproduisent par conjugaison.

La famille des Diatomées se divise en trois sous-familles :

I. Raphidées, ayant un vrai raphé, au moins sur l'une des deux valves.

II. Pseudo-Raphidées, ayant, au moins sur l'une des valves, un espace blanc, simulant un raphé, et n'ayant jamais de dents, de piquants, d'épines ou d'aiguillons.

III. Crypto-Raphidées, jamais de vrai raphé ni de pseudo-raphé sur les valves ; de forme généralement circulaire, sub-circulaire ou angulaire et fréquemment munis d'appendices, de dents, d'épines ou d'aiguillons.

SOUS-FAMILLE I.

RHAPHIDÉES.

Frustules à face valvaire généralement bacillaire, parfois largement ovale, montrant toujours un raphé distinct et des nodules sur l'une des deux valves ou sur toutes les deux. Nodule médian rarement manquant ou peu visible, valves simples ou composées. Raphé généralement très-apparent dans la face valvaire, parfois dans la face frontale, et ce lorsqu'elle est contractée et munie de nodules aux constrictions. Frustules toujours dépourvus de dents, d'épines, de piquants ou d'appendices quelconques.

ANALYSE DES TRIBUS DES RAPHIDÉES.

	Frustules à valves semblables.	2
	Frustules à valves dissemblables.	1
1	Valves cunéiformes.	Gomphonémées.
	Valves non cunéiformes.	7
2	Valves divisées symétriquement par le raphé.	4
	Valves non ainsi divisées	3
3	Valves ailées ou obliquement striées	4
	Valves non ainsi, plus ou moins arquées ou cymbiformes.	Cymbellées.
4	Valves à nodule central également éloigné des deux extrémités.	Naviculées.
	Valves non ainsi.	5
5	Valves à nodule central manquant ou obscur.	Naviculées.
	Valves non ainsi.	6
6	Valves à nodule central inégalement distant des deux extrémités.	Gomphonémées.
	Valves non ainsi.	7
7	Frustules genouillés ; nodule ou stauros sur l'une des valves seulement, généralement à la marge concave (à la constriction); valves rarement largement ovales.	Achnanthées.
	Tous les autres ; valves généralement largement ovales ; rarement pliées.	Cocconéidées.

TRIBU I. — CYMBELLÉES.

	Frustules parfois complexes ; fréquemment hyalins ; souvent renflés ou contractés dans la face frontale ; à nodules centraux rapprochés de la zone connective qu'ils touchent souvent ; ligne médiane souvent infléchie. Valves munies fréquemment d'une ligne transversale (stauros); membrane connective souvent striée ou ponctuée longitudinalement.	Amphora.
	Frustules non ainsi.	1
1	Frustules libres ou stipités, nodules terminaux rapprochés des extrémités, raphé plus ou moins arqué.	Cymbella.
	Frustules souvent renfermés dans des tubes, nodules terminaux très-éloignés des extrémités, raphé parfaitement droit.	Encyonema.

AMPHORA EHR. 1831.

Frustules ord. libres, solitaires, ovales, oblongs, ovales-elliptiques ou subquadrangulaires, souvent renflés ou contractés dans la face frontale. Valves cymbiformes à nodules médians marginaux ou submarginaux, souvent dilatés en stauros, à raphé souvent incurvé. Zone connective souvent striée, plissée ou ponctuée longitudinalement.

Endochrôme formé par une seule lame dont le milieu repose sur la zone connective dorsale et recouvre les deux valves adjacentes et l'autre côté de la zone sur le milieu duquel se trouve la ligne de séparation.

ANALYSE DES ESPÈCES.

Valves munies d'un véritable stauros.	Bords extérieurs plus ou moins renflés à la partie médiane.					A. ostrearia.
	Bords extér. droits, non renflés à la partie médiane.	Raphé insensibl. incurvé.				A. ocellata.
		Raphé brusq. incurvé à la partie moyenne.				A. lævissima.
Valves sans véritable stauros, parfois un blanc stauronéiforme.	Extrémités diminuées-rostrées.	Bords externes non contractés à la partie médiane.	Un faux stauros.			A. Normanii.
			Pas de faux stauros.	Raphé droit, ponctuat. distinctes; marin.		A. acutiuscula.
				Raphé concave, ponct. très-fines; saumâtre.		A. salina.
		Bords externes contractés à la partie médiane.				A. angularis.
	Extrémités non diminuées-rostrées.	Zone connective fortem. plissée en longueur.				A. lineolata.
		Zone connective non plissée.	Raphé concave, pas de faux stauros.	Raphé très-concave, stries 20 en 1 c.d.m.; long. 2 à 3 c.d.m.; saumâtre		A. Veneta.
				Raphé peu conc. str. 9 à 10 en 1 c.d.m. long. 1 c.d.m. endroits humides		A. perpusilla.
			Raphé plus ou moins incurvé.	Zone connective brusq. dilatée vers l'extrêmité ; marin ou saumâtre.		A. commutata.
				Zone conn. non brusq. dilatée vers l'extrémité.	Marin; stries ponctuées, 16 en 1 c.d.m.	A. marina.
					Eaux douces; stries fortement granulées dans le type et environ 10 à 11 en 1 c.d.m.	A. ovalis.

A. Valves munies d'un véritable stauros.

*** Bords extérieurs renflés à la partie médiane.**

A. Ostrearia Breb.! (in Kütz. Spec. Alg. p. 94.—Atl. Pl. 1 fig. 25).

Frustule elliptique-oblong, à bords extérieurs renflés à la partie médiane, à extrémités régulièrement arrondies, parfois légèrement tronquées. Valve à raphé fortement incurvé, à stauros très-visible ; stries transversales environ 11 en 1 c.d.m. finement ponctuées. Zone connective finement striée en travers et montrant de nombreux plis dans la face dorsale. Longueur : 6 à 8 c.d.m. (0,06 à 0,08.)

Marin. — Probablement belge, mais non encore signalé jusqu'ici.

Sous-var. Belgica Grun. (in Types du Synopsis n° 74.) Se distingue de l'*A. Ostrearia* par des frustules à contour plus quadratique, par des valves à partie ventrale un peu plus étroite et par des stries plus rapprochées (16 à 17 en 0,01 mm. au milieu de la valve) et très-finement ponctuées. Longueur : 0.033 — 0,048 mm.; largeur 0,021 — 0,022 mm.

Marin. — Blankenberghe, lavage de sable de la plage.

β. **quadrata Bréb.** ! (*A. quadrata* Bréb. in Kütz. Alg. p. 94.— **Atl. Pl. 1 fig. 24.**)

Différent du précédent par sa forme subquadrangulaire et son état hyalin qui rend tous ses détails presque invisibles.

Marin, même obs. que pour le type.

** **Bords extérieurs droits, non renflés à la partie médiane.**

A. ocellata Donk. (Micr. Journ. 1861 p. 11 T., 1. f. 11. b. — **Atl. Pl. 1 fig. 26.**)

Frustule quadrangulaire, à extrémités arrondies, à bords externes légèrement rentrants. Valve à raphé insensiblement incurvé ; stries très-fines et très-délicates. Longueur 6 à 9 c.d.m. (60 à 90).

Marin. — Trouvé dans des lavages de moules et dans le résidu d'un lavage de sable de la plage de Blankenberghe.

A. laevissima Greg. (Diat. of Clyde pag. 41. T. 4 fig. 72. — **Atlas T. 1 fig. 15. — Type n° 8.**)

Frustule linéaire-oblong, à extrémités arrondies; excessivement hyalin. Valve à raphé brusquement incurvé vers la partie moyenne, à stauros assez large. Stries presqu'invisibles. Longueur 5 à 6 c.d.m.

Marin. — Prob. indigène mais non encore signalé.

B. Valves toujours sans stauros, parfois un blanc stauronéiforme.

a. Extrémités diminuées-rostrées.

b. *Frustule non contracté à la partie médiane.*

c. Valves montrant un faux stauros.

A. Normanii Rabenh. (Flor. Eur. Alg. p. 88.— *A. humicola Grun.* in **Atl. Pl. I fig. 12. — Type n° 5.**)

Frustule elliptique à extrémités un peu rostrées-tronquées. Valve à raphé à peine incurvé, montrant un blanc stauronéiforme ; extrémités rostrées-capitées; stries fines, ponctuées, de 16 à 18 en 1 c.d.m. à la partie dorsale de la valve, très-fines, environ 24 en 0.01 au bord ventral. Longueur 2 1/2 à 3 c.d.m. (25 à 30 p.).

Sur un mur humide au jardin Botanique de Bruxelles (Del.)

cc. Valves sans faux stauros.

A. acutiuscula Kutz. (Bac. p. 108.—Atl. Pl. 1 fig. 13 in Type N° 261.)

Frustule elliptique ou elliptique-lancéolé, a extrémités un peu rostrées, tronquées. Valves à bord dorsal arqué, à bord ventral un peu renflé ; à extrémités rostrées-capitées; raphé droit; stries à ponctuations distinctes, 13 à 14 en 1 c.d.m. du côté dorsal, 18 à 20 du côté ventral. Longueur environ 5 c. d. m.

Marin. — Indigène Blankenberghe.

A. salina W. Sm. (Synopsis Br. Diat pag. 19 Pl. 30 fig. 251.—Atl. Pl. 1 fig. 19. — Type N° 11.

Frustule elliptique-oblong, à extrémités légèrement rostrées-tronquées. Valves à extrémités rostrées un peu capitées ; bord dorsal arqué, bord ventral droit ou concave ; raphé concave par rapport à la zone connective ; stries fines ponctuées, 18 à 21 en 1 c.d.m. du côté dorsal, 20 à 21 du côté ventral. Longueur 3 à 5 c.d.m.

Eaux saumâtres.—Commun à Anvers, Blankenberghe, Heyst.

β **minor.** (*A borealis Kütz.* ! Bac. p. 108 T. 3 f. XVIII.— Atl. Pl. 1 fig. 20.)
Plus petit et plus large, à rostre à peine prononcé.
Eau à peine saumâtre. Blankenberghe.

bb. *Frustules contractés à la partie médiane.*

A. angularis Grég. (Mic. journ. 1854 p. 39 ; Pl. IV. fig. 6. — Atl. Pl. 1 fig. 21. — Type N° 12.)

Frustule panduriforme, à extrémités diminuées, largement tronquées, zone connective à fines stries transversales, interrompues par des plis nombreux. Valves à bord dorsal contracté au milieu, à extrémités diminuées-acuminées, à raphé insensiblement incurvé ; stries ponctuées environ 18 en 1 c.d.m. Longueur 4 à 5 c.d.m.

Var. hybrida Grun. (In Type n° 12). Valves à contraction peu ou point marquée, présentant une ligne longitudinale apparente dans la partie convexe.

Var. lyrata. (*A. lyrata Greg.* Diat. of Clyd. p. 48 T. V. fig. 82. —Atl. Pl. 1. fig. 22. in Type N° 12.)
Diffère du type par sa longueur plus faible (env. 3 c.d.m.) et sa contraction médiane plus prononcée qui, avec un grossissement insuffisant, simule légèrement un stauros.

Eaux saumâtres. Le type et les variétés mêlés à Blankenberghe et à Anvers.

aa. Extrémités non diminuées-rostrées.

b*. *Zone connective plissée fortement en longueur.*

A. lineolata Ehr. (*Navicula lineolata Ehr.* Inf. p. 188. n. 250 T. XIV. fig. IV. — Atl. Pl. 1. f. 23. — Type N° 6.)

Frustule elliptique-oblong, renflé à la partie médiane, insensiblement atténué jusqu'aux extrémités qui sont un peu arrondies. Valves à raphé notablement incurvé, à stries finement ponctuées, environ 23 en 1 c.d.m.

Zone connective à stries transversales très fines interrompues par de nombreux plis longitudinaux. Longueur 4 à 5 c.d.m. ·

Eaux douces et saumâtres. —Blankenberghe.

b**. *Zone connective non plissée.*

c*. **Raphé concave, pas de faux stauros.**

A. veneta Kütz. (Bac. p. 108 T. 3 f. XXV. Atl. Pl. 1 fig. 17. — Type N° 10.)
Frustule oblong-elliptique, à extrémités légèrement tronquées. Valves à bord dorsal convexe, insensiblement atténué ; bord ventral plan ou légèrement concave ; raphé concave ; nodule médian allongé ; stries fines environ 20 en 1 c.d.m. un peu plus robustes à la partie médiane. Longueur 2 à 3 c.d.m.

Eaux saumâtres. — Blankenberghe, Anvers.

A. perpusilla Grun. (In Types du Synop. Atl. Pl. 1 fig. 11. — Type N° 4.)
Très-petit. Frustule oblong ou sub-globuleux un peu tronqué aux extrémités. Valve à bord dorsal très-convexe, à bord ventral droit ; raphé droit, à peine concave, sans faux stauros; stries très-délicates, au nombre de 9 à 10 en 1 c.d.m. Longueur moins d'un centieme de m.

Mur humide au Jardin Botanique de Bruxelles en compagnie de l'*A. Normanii* (Del.). Cette forme doit probablement être rapportée à l'A. *ovalis var. Pediculus*

c**. **Raphé plus ou moins incurvé.**

d. *Zone connective brusquement dilatée vers les extrémités.*

A. commutata Grun.! (*A. affinis W. Sm.* Syn. p. 19 T. 11 fig. 27 -- non Kütz.! —W. Sm. prep. n. 27! — Atl. Pl. I fig. 14. — Type N° 7).

Frustule oblong à extrémités arrondies ou tronquées ; zone connective brusquement dilatée vers l'extrémité, marquée de quelques fines stries longitudinales. Valves à bord dorsal droit à la partie médiane, puis brusquement atténué et formant une pointe obtuse, par suite du rétrécissement correspondant du bord ventral ; raphé fortement incurvé; stries robustes du côté dorsal au nombre de 9 en 1 c.d.m.; fines et marginales du côté ventral, au nombre de 15 en 1 c.d.m. Longueur 5 à 6 c.d.m.

Eaux saumâtres.— Anvers, Blankenberghe, Heyst, Ostende.

dd. *Zone connective non brusquement dilatée vers les extrémités.*

A. marina W. Sm. (Ann. and. Mag. 1857. Vol. XIX, p. 7. T. 1 fig. 2. — Atlas Pl. 1 fig. 16. — in Types N° 101 et 517.)

Frustule oblong, très-renflé à la partie médiane, insensiblement atténué jusqu'aux extrémités qui sont tronquées. Valves à bord dorsal très-convexe, à bord ventral légèrement et presque régulièrement concave; à raphé fort incurvé à la partie médiane ; stries assez fortement ponctuées du côté dorsal ; environ 16 en 1 c.d.m., même nombre au bord ventral. Longueur 4 à 5 c.d.m.

Marin. — Commun, à chercher.

A. ovalis Kütz. (Bac. p.107. T. 5 fig.35 et 39.—Atl. Pl. 1 fig.1. —Type N° 1.)

Frustule ovale, très-renflé à la partie médiane puis insensiblement atténué ; extrémités largement tronquées. Valves à bord dorsal arqué, à bord interne concave ; raphé incurvé ; stries fortes, à grosses ponctuations, de 10 à 11 en 1 c.d.m., pas de blanc stauronéiforme. Longueur 5 à 7 c.d.m.

Eaux douces — commun partout.

β. **gracilis.** (A. *gracilis Ehr.* Verb. p. 122. N. 11 T. III 1 F. 43. —Atl. Pl. 1 f. 3.)

Notablement plus étroit et plus grêle dans toutes ses parties, que le précédent; extrémités arrondies, acutiuscules ; raphé très-incurvé.

Mêlé au précédent. — Louvain.

γ. **affinis Kütz.** (Bac. p. 107 T. 30. f. 66; *A. abbreviata Bleisch* — Atl. T. 1 fig. 2. —Type N° 2.)

Frustule ovale à extrémités un peu diminuées ; stries un peu plus fines (env. 12 en 1 c.d.m.) laissant un blanc stauronéiforme très-apparent du côté dorsal. Longueur 4 c.d.m.

Eaux douces et un peu saumâtres. Blankenberghe (récolte pure), Louvain. — Isolé ou mêlé au précédent.

forma minor. *A. Pediculus major Grun* ; Atl. Pl. 1 fig. 4-5.)

Plus petit, environ 3 c.d.m. de long, stries fines, environ 16 en 0.01 c.d.m.

Louvain etc.

δ. **Pediculus Kütz.** (*A. Pediculus* (*Kütz.*) *Grun.* — *Cymbella Pediculus Kütz.* Bac. p. 80 T. 5 f. VIII et T. 6 fig. VII.— *A. minutissima* W. Sm. Syn. Br. D. 1 p. 20 T. II fig. 30. Atl. Pl. 1 fig. 6. 7. Type N° 3.)

Frustule petit, a extrémités un peu diminuées ; pseudo-stauros bien apparent ; raphé plus ou moins concave ; stries, 16 en 1 c.d.m. Longueur environ 2 c.d.m.

Généralement parasite sur d'autres diatomées et spécialement sur le *Nitzschia sigmoidea.*

Commun. Anvers, Louvain, Blankenberghe, etc., etc.

forma minor Grun. (Atl. Pl. 1 fig. 8.)

Encore plus petit, env. 1 1/2 c.d.m. de long.; environ 20 stries en 1 c.d.m.

forma exilis Grun. (Atl. Pl. 1 fig. 9-10).

Petit, très-étroit, long de 1 1/2 c.d.m., stries environ 20 en 1 c.d.m.

CYMBELLA AG. 1830.

Frustules libres ou stipités,à valves plus ou moins cymbiformes, partagées en deux parties inégales par le raphé et le nodule médian excentriques. Raphé plus ou moins arqué. — Endochrôme comme dans les *Amphora*.

ANALYSE DES ESPÈCES.

I. Bords dorsal et ventral courbés en sens contraire.

- Valve largement lancéolée ou sub-elliptique.
  - Extrémités à peine diminuées. . . . . **C. Ehrenbergii.**
  - Extrémités fortement rostrées-cuspidées. . . . . **C. cuspidata.**
  - Extrémités rostrées-capitées. . . . . **C. amphicephala.**
- Valve très-allongée, à bord dorsal beaucoup plus arqué que le bord ventral.
  - Extrémités insensiblement atténuées.
    - Extrémités obtuses ; raphé entouré d'une zone hyaline ; stries à ponctuations bien marquées. . . . . . **C. obtusa.**
    - Extrémités sub-aigües ; raphé sans zone hyaline ; stries à ponctuations faibles. . . . . **C. pusilla.**
  - Extrémités faiblement rostrées ou rostrées-subcapitées.
    - Bord ventral fortement gibbeux à la partie moyenne ; raphé bordé sur toute sa longueur d'une large zone hyaline. . . . . **C. leptoceras.**
    - Bord ventral non gibbeux.
      - Raphé très arqué, stries distantes, bien marquées. . . . . **C. affinis.**
      - Raphé presque droit ; stries peu marquées.
        - Extrémités rostrées-subcapitées ; valve à cotés presque égaux. . **C. subæqualis.**
        - Extrémités un peu diminuées-rostrées.
          - Valve allongée très-étroite ; bord dorsal faiblement arqué ; stries très-délicates, 18 à 22 en 1 c.d.m. . . . **C. delicatula.**
          - Valve assez large, à bord dorsal très-arqué ; stries assez visibles, environ 14 en 1 c.d.m. . . . **C. lævis.**
  - Extrémités fortement rostrées-capitées. . . . . **C. microcephala.**

II. Bords ventral et dorsal courbés dans la même direction ; raphé courbé parallèlement au bord dorsal.

- Nodules terminaux non longuement prolongés.
  - Striation non interrompue par un large espace hyalin du côté ventral de la valve.
    - Raphé à courbure forte et régulièrement parallèle au bord dorsal.
      - Raphé entouré d'une large zone hyaline ; stries à grosses ponctuations . . . . **C. gastroides.**
      - Raphé à zone hyaline étroite ; stries à ponctuations assez fines . . . . . . **C. lanceolata.**
    - Raphé à courbure infléchie du côté ventral au milieu de la valve . . . . **C. cymbiformis.**
  - Striation interrompue par un large espace hyalin du côté ventral de la valve.
    - Valve à extrémités longuement diminuées-rostrées ; nodule médian général. traversé d'un petit sillon, nodule méd. parfois accompagné de un ou de deux granules isolés. . . **C. tumida.**
    - Extrémités obtuses-arrondies, peu ou point diminuées-rostrées ; nodule entouré de 2 à 5 granules isolés. . . . . . **C. Cistula.**
- Nodules terminaux longuement prolongés. . . . . **C. Helvetica.**

I. Bords ventral et dorsal courbés en sens contraire.

* Valve largement lancéolée ou sub-elliptique.

C. Ehrenbergii Kütz. (Bac. p. 79 T. 6 fig. 11 — Atl. Pl. II fig. 1-2 — Type N° 15.)

Valves largement elliptiques-lancéolées, à extrémités à peine diminuées-rostrées, à raphé un peu courbé, entouré d'une large zone hyaline un peu plus élargie près du nodule médian; stries transversales environ 8 en 1 c.d.m. robustes et très-finement divisées en travers. Longueur de 6 à 13 c.d.m.

Eaux douces. — Commun.

C. cuspidata Kütz. (Bac. p.79. T.3 fig. 40.—Atl. Pl.II fig. 3.—Type N° 16.)

Valves largement lancéolées, à bord ventral parfois applati, à extrémités longuement rostrées-cuspidées ; raphé courbé, entouré d'une faible zone hyaline, très-dilatée autour du nodule médian ; stries transversales 6 en 1 cent.d.m. au milieu de la valve, 12 en 1 c.d.m. aux extrémités, finement divisées en travers. Longueur 6 à 8 c.d.m.

Eaux douces. — Commun.

β **naviculiformis Auersw.** (in Rab. Alg. n. 1065. — Atl. Pl. II fig. 5.)

Notablement plus petit, extrémités rostrées ; raphé droit ; zone hyaline très-dilatée autour du nodule médian. — Stries finement ponctuées, environ 15 en 1 c.d.m.— Longueur 3 à 4 c.d.m.

Eaux douces. — A rechercher.

C. amphicephala Nægeli. (in Kütz. Spec. alg. p. 890. Atl. Pl. II. fig. 6.— Type N° 19.)

Valves elliptiques à extrémités rostrées-capitées, à bord ventral parfois applati ; raphé presque droit ; zone hyaline étroite, un peu dilatée autour du nodule médian où les stries sont aussi plus écartées ; stries finement ponctuées, env. 12 à 14 en 1 c.d.m. Longueur : 2,25 à 3 c.d.m.

Eaux douces : Anvers etc.

** **Valve très allongée, à bord dorsal beaucoup plus arqué que le bord ventral.**

C. subæqualis Grun ! (Atl. Pl. III fig. 2. Suppl. fig. 1. Type N° 29.)

Valves presque symétriques, oblongues-lancéolées, faiblement atténuées, à extrémités obtuses, arrondies, sub-capitées, à bord ventral légèrement moins arqué que le bord dorsal ; raphé presque droit, entouré d'une zone hyaline assez large et dilatée autour du nodule médian ; stries très-radiantes, finement ponctuées, environ 10 en 1 c.d.m., au milieu de la valve, 14 vers les extrémités. Longueur environ 4 c.d.m.

Eaux douces. — Bruxelles, jardin Botanique. (Del.)

C. obtusa Greg. ! (Mic. journ. 1855 p. 5. T. 1. fig. 19. Atl. Pl. III fig. 1 a. —in Type N° 257.)

Valves lancéolées à bord dorsal renflé, insensiblement atténué; bord ventral presque droit, légèrement renflé au milieu ; raphé droit, un peu flexueux, entouré d'une légère zone hyaline très-faiblement dilatée du côté dorsal autour du nodule médian. Stries médianes 12, terminales 15 en 1 c.d.m. Longueur environ 3 c.d.m.

Eaux douces. — A rechercher.

C. pusilla Grun.! (in Schm.Atl. Pl. 9 fig. 36 à 37. Atl. Pl. III fig. 5. — in Type N° 12.)

Valves longuement lancéolées, à extrémités très-atténuées, un peu obtuses ; bord dorsal très-arqué, bord ventral presque droit, à peine un peu convexe à la partie médiane ; raphé droit, entouré d'une étroite zone hyaline non dilatée au milieu; stries médianes 14, terminales 16 en 1 c.d.m. finement ponctuées. Longueur env. 3 à 4 c d.m.

Eaux saumâtres. — Blankenberghe.

C. delicatula Kütz. (Spec. Alg. p. 59 n. 13.—Atl. Pl. 3 fig. 6.—Type N° 31.)

Valves étroitement lancéolées, divisées fort inégalement par le raphé, à extrémités diminuées-rostrées; bord dorsal notablement arqué, bord ventral droit, légèrement arqué, non gibbeux; raphé presque droit, un peu flexueux, entouré d'une zone hyaline très-étroite, nulle part dilatée ; stries délicates, peu radiantes, difficilement visibles, dorsales 18, ventrales 22 en 1 c.d.m. Longueur environ 3 à 4 c.d.m.

Eaux douces. — Frahan. (Delogne).

C. lævis Naegeli ! (Atl. Pl. 3 fig. 7 —in Type N° 257.)

Valves lancéolées, à bord dorsal très-arqué, à bord ventral très-légèrement convexe. Extrémités très-courtement rostrées, à rostre étroit. Raphé très-peu arqué, entouré d'une étroite zone hyaline ; stries faiblement marquées, 14 en 1 c.d.m. Longueur environ 3 c.d.m.

Eaux douces. — A rechercher.

C. affinis Kütz. (Bac. p. 80. T. 6 fig. XIV. — Atl. Pl. 2 fig. 19. — Type N° 26.)

Court, trapu; valves largement lancéolées, à bord dorsal très-convexe, à bord ventral très faiblement convexe, non gibbeux; extrémités diminuées-rostrées ; raphé très-arqué parallèlement au côté dorsal, entouré d'une zone hyaline étroite; stries médianes dorsales 9, ventrales 11 en 1 c.d.m. Longueur 2 1/2 c.d.m.

Eaux douces. — Anvers, Bruxelles, Louvain.

C. leptoceras Kütz. (Bac. Pl. 6 fig. 14. — Atl. Pl. III fig. 24 — in Type N° 211.)

Valves assez largement lancéolées, courtes, à extrémités atténuées, obtusiuscules ; dos très-arqué, bord ventral fortement gibbeux ; raphé presque droit, un peu flexueux, entouré sur toute sa longueur d'une zone hyaline assez large ; stries bien marquées, env. 8 en 1 c.d.m. Longueur moyenne 2 à 3 c.d.m.

Eaux douces. — Bruxelles, Anvers, etc.

Var. β. elongata (*C. leptoceras* Atl. Pl. fig. 18 suppl. fig. 2 — in Type 211).

Notablement plus long que le précédent à extrémités plus longuement rostrées à bord ventral presque droit, et fortement gibbeux. Longueur 3 1/2 à 4 c.d.m.

Eaux douces. — Louvain, Bruxelles, Anvers, etc.

C. microcephala Grun. (Atl. Pl. VIII fig. 36-39 — in Type N° 211.)
Valves assez étroitement lanceolées, à peine cymbiformes, à extrémités fortement rostrées-capitées ; raphé faiblement arqué ; stries délicates, 24 dans les grandes formes, 28 à 30 dans les petites formes. Longueur : 1 1/2 à 2 1/3 c.d.m.
Eaux douces. - Bruxelles (Delogne).

II. Bords ventral et dorsal courbés dans la même direction; raphé, à concavité dirigé vers le bord ventral.

a. Nodules terminaux non longuement prolongés.

b. *Striation non interrompue par un large espace hyalin du côté ventral de la valve.*

C. gastroides Kütz. (Bac. p. 79 T. 6 f. IV. b. Atl. Pl. 2 fig. 8—Type 20.)
Valve largement cymbiforme, à extrémités obtuses, arrondies; bord dorsal arqué, à partie médiane à peine plus fortement renflée ; bord ventral très légèrement concave, à partie médiane un peu proéminente ; raphé faiblement arqué, entouré d'une très-large zone hyaline, très-faiblement dilatée autour du nodule médian ; nodule médian allongé; nodules terminaux très-robustes ; stries très-robustes 8 en 1 c.d.m. composées de grosses perles distantes. Longueur environ 15 c.d.m.
Eaux douces. — Assez commun.

β. **minor** (Atl. Pl. II fig. 9.)
Court, très-large, à raphé fortement arqué. Longueur 7 à 8 c.d.m.
Eaux douces. —Moins commun que le type.

C. lanceolata Ehr. (*Cocconema lanceolatum Ehr.* Inf. p. 224. T. XIX fig. 6. — Atl. Pl. 2 fig. 7. — Type N° 18.)
Valve cymbiforme à bord dorsal fortement, convexe, à bord ventral concave, renflé à la partie médiane; extrémités obtuses ; raphé très-arqué, entouré d'une zone hyaline très-étroite, à peine dilatée près du nodule médian ; nodule médian assez grand, allongé; nodules terminaux médiocres ; stries environ 7 à 8 en 1 c.d.m., nettement perlées, à granules petits, rapprochés. Frustule stipité à l'état vivant. Longueur 8 à 15 c.d.m.
Eaux douces. — Très-commun.

C. cymbiformis Ehr. (*Cocconema cymbiforme Ehr.* Abh. 1835. Inf. p. 225 T. XIX. Atl. Pl. 2 fig. 11 a.b.c. — Type N° 22.)
Valves à bord dorsal faiblement arqué, à bord ventral faiblement concave, un peu renflé au milieu ; extrémités obtuses-arrondies, quelquefois un peu diminuées. Raphé entouré d'une étroite zone hyaline à peine dilatée près du nodule médian et montrant là un point isolé, unilatéral, (oublié dans l'Atlas); raphé faiblement arqué, à convexité dirigée vers le bord dorsal jusqu'à près du nodule médian où il s'in-

fléchit brusquement vers le bord ventral ; stries environ 8 en 1 c.d.m. épaisses, très-finement divisées en travers. Frustule stipité. Longueur 5 à 10 c.d.m.

Eaux douces. — Peu commun ?

β. **parva** (*Cocconema parvum* W. Sm.) Atl. Pl. 2 fig. 14).— Type N° 23.)

Plus petit et souvent plus renflé, à extrémités généralement un peu diminuées-rostrées ; stries comme le type mais pas de point isolé près du nodule médian. Longueur 3 à 5 c.d.m.

Eaux douces. — Assez commun ?

bb. *Striation interrompue par un large espace hyalin du côté ventral de la valve.*

C. Cistula Hempr. (*Cocconema Cistula Ehr.* Inf. p. 224 T. XIX F. VII.— Atl. Pl. 2 fig. 12-13.— Type N° 24.— *var. curta*, Type N° 25.)

Valve à bord dorsal très-arqué, à partie médiane fortement gibbeuse, bord ventral un peu concave, à milieu renflé ; extrémités obtuses-arrondies ; raphé régulièrement courbé, entouré d'une zone hyaline assez large et fortement dilatée près du nodule médian du côté ventral ; dilatation montrant de 2 à 5 granules isolés ; stries 7 à 8 en 1 c.d.m., très-robustes, finement divisées en travers. Longueur 5 à 9 c.d.m. frustule stipité.

Eaux douces. — Assez commun.

β. **maculata.** (*C. maculata Kütz.* nec Breb.— Atl. Pl. 2 fig. 16-17.)

Trapu, à granules isolés généralement manquants.

C. tumida Bréb. (*Cocconema tumidum Breb.* ! in Kütz Spec. Alg, p. 60 n. 5. Atl. Pl. II fig. 10.— Type N° 21.)

Valves trapues, à bord dorsal très-arqué, à bord ventral concave, renflé au milieu, extrémités longuement diminuées-rostrées, tronquées ou arrondies. Raphé très-arqué, entouré d'une zone hyaline assez large, très-notablement dilatée autour du nodule médian, dilatation montrant parfois un ou deux granules isolés ; nodule médian généralement traversé au milieu par un petit sillon ; stries robustes, bien perlées, au nombre de 8 à 9 en 1 c.d.m. Longueur environ 6 c.d.m. frustule stipité.

Eaux douces ou un peu saumâtres. — Anvers, Louvain, Ostende, etc.

C. Helvetica Kütz. ! (Bac. p. 79 T. 6 fig. XIII. — Atl. Pl. 2 fig. 15. — Type N° 32.)

Valve longuement lanceolée, à bord dorsal assez convexe, à bord ventral très-faiblement concave, presque droit, brusquement renflé à la partie tout à fait médiane; raphé faiblement courbé, à courbure infléchie au milieu de la valve vers le bord ventral ; raphé entouré d'une zone hyaline étroite, un peu dilatée près du nodule médian; nodules terminaux très-longs, en forme de grosse virgule à direction renversée; stries assez marquées, divisées en travers, environ 8 à 9 en 1 c.d.m. Longueur moyenne environ 7 c.d.m.

Eaux douces.— Très répandu.

ENCYONEMA *KÜTZ* 1833.

Frustules généralement renfermés dans des tubes. Valve plus ou moins cymbiforme partagée en deux parties inégales par le raphé et le nodule médian excentriques. Raphé droit. Nodules terminaux notablement éloignés des extrémités. Endochrôme comme dans les *Amphora*.

ANALYSE DES ESPÈCES.

Raphé entouré d'une zone hyaline dilatée autour du nodule médian.	Extrémités largement obtuses-arrondies.	E. prostratum.
	Extrémités aiguës.	E. turgidum.
Zone hyaline non dilatée autour du nodule médian.	Partie ventrale de la valve assez large ; bord ventral assez fortement renflé au moins à la partie moyenne.	E. cæspitosum.
	Partie ventrale très étroite ; bord ventral droit ou concave, rarement un peu gibbeux.	E. ventricosum.

* Raphé entouré d'une zone hyaline dilatée autour du nodule médian.

E. prostratum Ralfs. ! (Ann. and. Mag. XVI. tab. III fig. 3. — Atl. Pl. III fig. 9, 10, 11.— Type N° 34.)

Valve grande, à côté dorsal notablement renflé, à côté ventral à courbure faible, à extrémités brusquement diminuées, obtuses, droites ou recourbées du côté ventral ; raphé droit, à extrémités médianes un peu arquées vers le bord dorsal, entouré d'une zone hyaline large et fortement dilatée autour du nodule médian ; nodules terminaux très-grands et longuement prolongés vers le bord dorsal, complètement entourés par des stries, sauf là où ils touchent le raphé ; stries 6 à 7 en 1 c.d.m., robustes (simulant des côtes) divisées en travers ; souvent, près du nodule médian, quelques unes moitié moins longues que les autres. Longueur : 6 à 9 c.d.m.

Eaux douces. — Çà et là, presque partout.

E. turgidum (Greg.) Grun. ! (*Cymbella turgida Greg.* — Micr. Journ. IV p. 5. T. 1 fig. 18. — Atl. Pl. 3 fig. 12.)

Valve cymbiforme à dos très-convexe, à ventre presque droit un peu renflé au milieu ; extrémités sub-aiguës ; raphé droit entouré d'une zone hyaline assez large, dilatée autour du nodule médian et s'étendant jusqu'à l'extrémité de la valve ; stries 7 à 8 en 1 c.d.m. ; faibles, finement divisées en travers, non entremêlées, près du nodule médian, de stries plus courtes. Longueur 5 à 6 c.d.m.

Eaux douces. — Non encore trouvé.

** Zone hyaline non dilatée autour du nodule médian.

E. cæspitosum Kütz. (Spec. Alg. p. 61. — Atl. Suppl. fig. 3. — Type N° 25.)

Valve très-largement cymbiforme, à extrémités droites, obtuses, à peine resserrées ; bord dorsal largement convexe, bord ventral régulièrement renflé ; raphé presque droit, entouré d'une zone hyaline étroite un peu dilatée au milieu ; stries robustes, divisées en travers, au nombre de 10 à 12 en 1 c.d.m. Longueur environ 3 c.d.m.

Eaux douces. — Çà et là en petite quantité presque partout. — Très variable, passe aux formes suivantes par tous les intermédiaires.

var. **Auerswaldii.** (*E. Auerswaldi Rabh.*— Atl. Pl. 3 fig. 14.)
Extrémités arrondies, diminuées-subrostrées.

var. **lata.** (Atl. Pl. 3 fig. 13.)
Valve très-largement lancéolée, sub-elliptique, extrémités; très-obtuses.

E. ventricosum Kütz. (Bac. p. 80.—Atl. Pl. 3 fig. 17.—Types Nos 36, 37, 38.)

Valve cymbiforme un peu allongée, à extrémités souvent un peu diminuées brusquement ; bord dorsal arrondi, bord ventral droit ou à peu près droit ; raphé droit, entouré d'une zone hyaline étroite non dilatée autour du nodule médian ; stries faibles, environ 12 à 16 en 1 c.d.m. au milieu de la valve, d'après la grandeur de celles-ci. Longueur très-variable de 1 1/4 à 2 1/2 c.d.m.

Eaux douces. — Assez commun.

Cette espèce est excessivement variable tant sous le rapport de la taille que sous le rapport de la forme ; les extrémités sont tantôt obtuses, nullement resserrées, d'autres fois assez longuement resserrées, d'autres fois enfin un peu prolongées en pointes au delà du bord ventral.

TRIBU II. — NAVICULÉES.

1	Frustules composés. Valves munies de logettes (cellules marginales).	**Mastogloia.**
	Frustules non ainsi.	**2**
2	Valves munies d'une bande siliceuse transversale, lisse, très-apparente (stauros) ; non ailées.	**Stauroneis.**
	Valves non ainsi.	**3**
3	Valves sigmoïdes ou arquées ; ou frustules ailés; ou raphé infléchi ou réfléchi.	**10**
	Valves et frustules non ainsi.	**4**
4	Valves ayant un nodule médian.	**5**
	Valves à nodule médian manquant ou dédoublé et à divisions écartées.	**9**
5	Valves ayant un raphé unique.	**6**
	Nodules médian et terminaux linéaires-allongés couchés entre les branches d'un double raphé.	**Vanheurckia.**
6	Valve à zone connective et à raphé droits.	**7**
	Valve à zone connective et à raphé sigmoïdes.	**Scoliopleura.**
7	Nodules terminaux notablement éloignés de l'extrémité des valves ; valves à structure un peu excentrique.	**Colletonema.**
	Valves non ainsi.	**8**
8	Frustules libres.	**Navicula.**
	Frustules renfermés dans des tubes qui simulent des algues supérieures ; diatomées marines faiblement siliceuses.	**Navicula sous-genre: Schizonema**

9	Valve à nodule médian manquant (ou obscur).	Amphipleura.
	Valve à nodule médian dédoublé, à divisions écartées.	Berkeleya.
10	Valves divisées symétriquement par le raphé sigmoïde. Frustule ni ailé, ni caréné, à face de suture rarement contractée.	Pleurosigma.
	Valves ou frustules non ainsi.	11
11	Frustule non caréné. Valve à bords inégaux, l'un renflé, l'autre presque droit ; raphé arqué.	Toxonidea.
	Frustule caréné.	12
12	Face frontale très-faiblement contractée ; valve divisée par la carène en deux parties très-inégales.	Plagiotropis.
	Face frontale très-fortement contractée, valve divisée par la carène en parties égales	13
13	Carène accompagnée latéralement de deux ailes ou replis.	Amphiprora.
	Carène non accompagnée d'ailes ou replis.	Donkinia.

STAURONEIS *EHR* 1843.

Frustules libres ou unis en petit nombre, différant des *Navicula* par le nodule médian dilaté transversalement en stauros. Endochrôme pareil à celui des *Navicula*.

ANALYSE DES ESPÈCES.

Valves à bords non ondulés.	Valves à extrémités non sensiblement atténuées-rostrées.	Stauros très-large.	Valve non terminée par un lumen ; raphé bifurqué.		S. Phœnicenteron.
			Valve terminée par un lumen.	Lumen très-grand ; raphé bifurqué. Frustules réunis par plusieurs.	S. acuta.
				Lumen petit, raphé simple. Frustules isolés.	S. Gregorii.
		Stauros étroit.	Valve très-longue, très-étroitement lancéolée.		S. spicula.
			Valve courte largement lancéolée.		S. salina.
	Valves à extrémités atténuées-rostrées.				S. anceps.
Valves à bords triondulés.	Valves courtes et larges ; lumen terminal très-grand.				S. Smithii.
	Valves longues et étroites ; lumen terminal très-petit				S. Legumen.

A. Valves à bords non ondulés.

a. Valves à extrémités non sensiblement atténuées-rostrées.

* *Stauros très-large, raphé bifurqué.*

S. Phœnicenteron Ehr. (Verb. 1843 T. II. V. fig. 1.— **Atl. Pl. 4 fig. 2.— Type N° 40.**)

Valve lancéolée insensiblement atténuée jusqu'aux extrémités obtuses-arrondies ; souvent un peu contractée ; raphé formé d'une double ligne sur la plus grande partie de sa longueur et entouré d'une large zone hyaline; stauros très-large généralement un peu dilaté vers les bords de la valve ; stries radiantes, environ 14 en 1 c.d.m., fines mais distinctement perlées. Longueur 10 à 17 c.d.m.

Eaux douces. — Assez commun partout.

S. acuta W. Sm. (Syn. 1 p. 59 T. XIX fig. 187. — Atl. Pl. IV fig. 3. — Type N° 42.)

Valves lancéolées à bords formant une faible concavité à partir de la partie médiane jusqu'aux extrémités qui sont obtuses et montrent un lumen (formé par un épaississement du bord terminal interne) très-apparent ; raphé formé d'une double ligne sur la plus grande partie de sa longueur, entouré d'une zone hyaline très-large ; stauros très-large, dilaté vers les bords de la valve ; stries faiblement radiantes ; environ 12 en 1 c.d.m., formées de ponctuations un peu distantes. Frustules réunis en bandes de 3 à 6 individus, à face frontale tabulaire, montrant l'épaississement des extrémités internes des valves, à zone connective plisséé-pontuée. Longueur 8 à 15 c.d.m.

Eaux douces. — Partout mais moins fréquent que le précédent.

S. Gregorii Ralfs. (in Pritch. p. 913. — *S. amphioxys* Greg. T. M. IV p. 48 pl. 5 fig. 23. — Atl. Suppl. fig. 4. — in Types N° 74 et 389.)

Valve lancéolée à extrémités sub-rostrées, plus ou moins obtuses et montrant un lumen assez petit ; raphé simple ; stauros très-large ; stries finement granulées, un peu radiantes, délicates, environ 18 à 20 en 1 c.d.m. Longueur : environ 8 c.d.m.

Eaux saumâtres. — Blankenberghe (rare ?).

*** Stauros très-étroit raphé simple.*

S. Spicula W. J. Hickie. (Monthly Mic. Jour. vol. XII p. 290 — Atl. Pl. IV. fig. 9. — in Type N° 9.

Valve très-étroitement lancéolée, insensiblement atténuée jusqu'aux extrémités subaiguës ; stauros très-étroit non dilaté à ses extrémités ; raphé simple entouré d'une étroite, zone hyaline ; stries délicates à peine radiantes, 28 en 1 c.d.m. Longueur 5 à 8 c.d.m.

Eaux saumâtres. — Très rare ? Anvers; Blankenberghe.

S. salina W. Sm. (Syn. vol. I p. 60 ; Pl. 19 fig. 188. — Atl Pl. X fig. 16. — Type N° 44.)

Valve assez largement lancéolée, à extrémités parfois faiblement diminuées-rostrées ; stauros étroit, non ou très-peu élargi aux extrémités ; stries délicates, finement ponctuées, à peine radiantes, au nombre d'environ 18 en 1 c.d.m. Longueur env. 5 à 6 c.d.m., largeur 1/2 c.d.m.

Marin. — Blankenberghe, Anvers.

b. Valves à extrémités rostrées ou rostrées-capitées.

S. anceps Ehr. (Ehr. Verb. p. 134 T. II, I. 18. — Atl. Pl. IV. fig. 4-5. Type N° 43.)

Valve elliptique ou elliptique-lancéolée, à extrémités rostrées-capitées ; stauros large, dilaté vers ses extrémités ; raphé simple, entouré d'une large zone hyaline ; stries délicates, fortement radiantes, environ 20 en 1 c.d.m. Longueur 3 1/2 à 5 c.d.m.

Eaux douces.— Partout (mais peu abondant ?).

var. linearis. (*S. linearis Kütz.* — Atl. Pl. IV. fig. 8.)
Valve à bords parallèles ; extrémités brusquement atténuées-rostrées.

var. amphicephala. (*S. amphicephala Kütz.* — Atl. Pl. IV fig. 6 et 7. — in Type N° 67.)
Valve à bords parallèles, extrémités brusquement atténuées-rostrées-capitées.
Ces deux variétés se rencontrent mêlées au type et y passent complètement.

B. Valves à bords triondulés.

S. Smithii Grun. (Ueber neue etc. 1860 p. 564. *S. linearis W. Sm.* Syn. T XIX fig. 193. — Atl. Pl. IV. fig. 10. — Type N° 45.)

Valve oblongue lancéolée-triondulée, à extrémités apiculées, acutiusculées, montrant un lumen ; stauros assez étroit, faiblement dilaté à ses extrémités; raphé entouré d'une étroite zone hyaline ; stries délicates environ 30 en 1 c.d.m. Frustules réunis en bandes par quelques individus. Longueur 2 à 3 c.d.m.

Eaux douces. — Çà et là, toujours en petite quantité.

S. Legumen Ehr. (Mikr. T. XXXIX, III fig. 104. — Atl. Pl. IV fig. 11.)

Valve linéaire à trois ondulations égales, à extrémités rostrées un peu capitées, montrant un lumen ; stauros assez large non dilaté aux extrémités ; raphé entouré d'une étroite zone hyaline ; stries très-délicates, environ 28 en 1 c.d.m. Frustules en bandes de quelques individus. Longueur environ 3 c.d.m.

Eaux douces. — Anvers. Rare.

MASTOGLOIA *THWAITES* 1848.

Frustules naviculiformes renfermés le plus souvent dans un thalle gelatineux, à valves munies de logettes ou cellules marginales formées par des plaques siliceuses placées entre la membrane connective et la valve à laquelle elles paraissent être le plus souvent adhérentes.

ANALYSE DES ESPÈCES.

Valves à stries non interrompues par des sillons dont l'ensemble figure une lyre.	Valve lancéolée à logettes disposées en ligne arquée.	Plus de cinq logettes à contour non arrondi.	Stries radiantes jusqu'à l'extrémité des valves.	**M. Smithii.**
			Stries à peu près parallèles au milieu de la valve, convergentes aux extrémités.	**M. lanceolata.**
		3 à 5 logettes a contour arrondi.		**M. exigua.**
	Valve linéaire-elliptique à logettes disposées en ligne droite.	Extrémités brusquement atténuées ; stries finement ponctuées ; marin ou saumâtre.		**M. Dansei.**
		Extrémités cunéiformes ; stries à grosses ponctuations ; eau douce.		**M. Grevillei.**
Valves à stries interrompues par des sillons dont l'ensemble figure une lyre.				**M. Braunii.**

A. Valves à stries non interrompues par des sillons ou espaces hyalins dont l'ensemble figure une lyre.

1. Valve lancéo'ée à logettes disposées en ligne arquée.

M. Smithii Thwaites. (in Sm. Synop. T. LIV fig. 341. — **Atl. Pl. 4 fig. 13. — Type N° 46.**)

Valves elliptiques à extrémités souvent un peu diminuées-rostrées ; plaques marginales larges, atténuées aux extrémités; montrant de 6 à 18 logettes, nodule médian un peu étendu latéralement ; stries robustes, manifestement ponctuées, radiantes jusqu'à l'extrémité des valves, au nombre de 15 à 17 en 1 c.d.m. Longueur de 3 à 4 1/2 c.d.m.

Eaux douces et saumâtres. — Bergh, Brabant (Delogne), Anvers (P. G.), Blankenberghe (H.V.H.).

var. **lacustris** Grun.— (**Atl. Pl. IV. fig. 14. — Type N° 47.**)

Diffère du type par sa forme plus étroite et par le nodule beaucoup plus élargi latéralement.

Mêlé au type à Bergh.

M. lanceolata Thwaites. (W. Sm. Synop. T. LIV fig. 340. — **Atl. Pl. IV. fig. 15, 16, 17.**)

Valves lancéolées insensiblement atténuées jusqu'aux extrémités subobtuses; logettes généralement nombreuses ; nodule non élargi latéralement ; stries environ 20 en 1 c.d.m. faiblement radiantes jusque près des extrémités où elles deviennent convergentes. Longueur environ 5 c.d.m.

Eaux saumâtres. — Non encore signalé.

M. exigua Lewis. (Note ou New and rare Spec. 1861 Pl. II fig. 5.—**Atl. Pl. IV. fig. 25-26. — Type N° 50.**)

Valves lancéolées parfois un peu diminuées sub-rostrées ; logettes en très petit nombre (souvent 3 seulement), à contour arrondi ; stries faiblement radiantes, au nombre de 20 en 1 c.d.m. Longueur 2 1/2 à 3 1/2 c.d. m.

Eaux saumâtres. — Rare ? Blankenberghe, Anvers (Escaut, cale sèche) H.V. H.

2. Valve linéaire-elliptique à logettes disposées en ligne droite.

M. Dansei Thwaites ! (W. Sm. T. LXII. fig. 338. — **Atl. Pl. IV fig. 18- — in Types Nos 46 et 47.— *Var. elliptica* in Types Nos 103 et 106.**)

Valve linéaire-elliptique, à extrémités un peu diminuées, largement arrondies ; logettes au nombre de 8 à 20, en ligne droite; nodule médian entouré d'une aire hyaline notable ; stries courbes, radiantes, finement ponctuées, au nombre de 15 en 1 c.d.m. ; les médianes un peu plus écartées. Longueur 3 à 5 c.d.m.

Eaux douces et saumâtres. — Blankenberghe (H.V.H.) Heyst (Deby), Bergh (Del.).

M. Grevillei W. Sm. (W. Sm. T. LXII fig. 389. — **Atl. Pl. IV fig. 20. — Type N° 48.**)

Valve linéaire, à extrémités cunéiformes, obtuses ; logettes au nombre de 15 à 20 ; nodule médian entouré d'une aire hyaline; stries environ 10 en 1 c.d.m., radiantes, robustes et à fortes ponctuations, les médianes plus écartées. Longueur 3 1/2 à 5 c.d.m.

Eaux douces. — Non encore signalé.

B. Valve ayant des espaces hyalins (sillons) dont l'ensemble figure une lyre.

M. Braunii Grun. ! (Verhand. Wien 1863 T. 13 fig. 2. — **Atl. Pl. IV fig. 21-22.— Type N° 49.**)

Valves lancéolées à extrémités obtuses un peu rétrécies ; logettes nombreuses, celles du milieu notablement plus grandes que les autres ; nodule médian prolongé latéralement ; stries environ 18 en 1 c.d.m. finement ponctuées, interrompues de chaque côté du raphé par une longue ligne hyaline se joignant au nodule médian. Longueur 5 c.d.m.

Eaux saumâtres. — Heyst (Deby.)

var. pumila Grun. ! (Atl. Pl. 4 fig. 23). Petit, grêle, à espaces hyalins à double courbure; stries 23 à 24 en 1 c.d.m. Longueur environ 3 c.d.m.

Non encore trouvé.

NAVICULA *BORY* 1822.

Frustules libres ou renfermés dans des tubes, rarement réunis en bande. Valve ayant trois nodules en ligne droite ; raphé droit.

Endochrôme divisé en deux lames reposant sur chacun des côtés de la zone avec deux lignes de séparation sur les valves.

A Navicules vraies. Frustules libres non renfermés dans des frondes mucoso-gélatineuses.

SOUS-GENRE I. — NAVICULA.

ANALYSE DES GROUPES.

I. Valves sans ponctuations distinctes, munies de côtes (canalicules) ou de stries robustes ayant l'apparence de côtes; jamais de forme didyme.

Côtes réelles, non résolubles en perles . . . . **1 Pinnulariées.**
Stries robustes ayant l'apparence de côtes mais résolubles en perles ; stries radiantes, atteignant ou à peu près le raphé . . . . **2 Radiosées.**

II. Valves munies de ponctuations bien distinctes ou de stries fines n'ayant pas l'apparence de côtes; ou de côtes alternant avec des rangées de perles.

a. *Valves à stries interrompues par deux sillons rapprochés du raphé.*

- Sillons étroits.
  - Sillons non en forme de lyre.
    - Valves plus ou moins contractées à la partie médiane. . . . . 3 **Didymées.**
    - Valves nullement contractées à la partie médiane. . . . . . 4 **Ellipticées.**
  - Sillons figurant une lyre. . . . . 5 **Lyrées.**
- Sillons très-larges et occupant la plus grande partie de la valve. . . . . 6 **Hennedyées.**

b. *Valves plus ou moins lancéolées, ou elliptiques, ou lancéolées-linéaires, dépourvues de tout sillon.*

- Valve présentant l'apparence d'un stauros, soit par l'absence des stries, soit par leur écartement.
  - Valves présentant l'aspect d'une râpe, à très-grosses perles allongées. . . . . 7 **Aspérées.**
  - Valves à stries fines. . . . . 8 **Stauronéidées.**
- Valves sans apparence de stauros.
  - Valves à ponctuations ne formant pas des lignes longitudinales en zigzag.
    - Stries à perles ne formant pas des lignes longitudinales.
      - Stries laissant un espace hyalin considérable autour du raphé et du nodule médian.
        - Espaces hyalin très-allongé et insensiblement diminué. . . . 9 **Palpébrales.**
        - Espace hyalin arrondi et brusquement diminué. 10 **Abbréviées.**
      - Perles s'étendant sur toute la valve. . . . 11 **Perstriées.**
    - Stries à perles formant des lignes longitudinales et transversales.
      - Valve très allongée à peu-près linéaire. . . 12 **Johnsoniées.**
      - Valve lancéolée. . . . . 13 **Crassinerviées.**
  - Valves à ponctuations formant des lignes longitudinales en zigzag.
    - Zigzags interrompus par des endroits pâles ou la valve est déprimée . . . . 14 **Sculptées.**
    - Lignes en zigzag, régulières non interrompues. . . . . 15 **Seriantées.**

c. *Valves ayant un ou plusieurs sillons étroits et marginaux ou submarginaux.*

- Valves non linéaires.
  - Valves lancéolée, grandes, stries radiautes fines, laissant un grand espace blanc autour du nodule médian. . . . . 16 **Formosées.**
  - Valves allongées, généralement plus ou moins triondulées; sillon marginal souvent peu visible; raphé entouré d'un espace hyalin lancéolé, étroit; stries radiantes. . 17 **Limosées.**
  - Stries subparallèles, souvent un peu obliques par rapport à l'axe longitudinal de la valve; sillon large très-visible. . . . . 18 **Affinées.**
- Valves linéaires; stries fines, subparallèles; sillon très-visible, nodules terminaux allongés, contournés. . . . . 19 **Lineariées.**

d. *Valves plus ou moins linéaires, dépourvues de tout sillon.*

- Stries radiantes n'occupant que le bord des valves. . . . . 20 **Américanées.**
- Stries généralement courbées atteignant le raphé; valves à extrémités lisses, épaissies. . . . 21 **Bacillées.**

e. *Navicules très-petites, à structure difficilement visible.* . . . 22 **Minutissimées.**

I. PINNULARIÉES.

* **majeures.** Valves régulièrement linéaires-elliptiques, souvent un peu renflées à la partie moyenne et aux extrémités. — Taille ord. grande; côtes ordinairement larges et robustes.

ANALYSE DES ESPÈCES.

Face frontale non contractée; espèces d'eau douce.	Valve ne montrant pas de bande hyaline formant un faux stauros.	Côtes très-distantes du raphé; taille très-considérable.		**N. nobilis.**
		Côtes assez rapprochées du raphé; taille moyenne.	Valve renflée à la partie moyenne.	**N. major.**
			Valve non renflée à la partie moyenne.	**N. viridis.**
	Valve montrant une bande hyaline sous forme de faux stauros.			**N. cardinalis.**
Face frontale fortement contractée; espèces marines.	Valve sans faux stauros.	Raphé courbé en accolade, face frontale montrant des espaces hyalins longitudinaux.		**N. Trevelyana.**
		Raphé droit au milieu de la valve; face front. sans espaces hyalins		**N. rectangulata.**
	Valve montrant un faux stauros; stries très-obliques touchant partout le raphé.			**N. cruciformis.**

N. nobilis Ehr. (Abh. 1840 p. 20. — Atl. Pl. V. fig. 2. — Type N° 52.)

Valve linéaire-elliptique, renflée à la partie médiane et aux extrémités, à grosses côtes notablement distantes du raphé. — Face frontale linéaire à angles arrondis. 5 à 6 côtes radiantes, très-robustes, en 1 c.d.m. Longueur 20 à 40 c.d.m.

Eaux douces. — Anvers; n'est probablement pas très-rare.

var. Dactylus. (*N. Dactylus Ehr.* - Atl. Pl. V. fig. 1. — Type N° 51.)

Plus robuste que le précédent, à renflements nuls ou à peine prononcés, à côtes généralement moins longues et plus robustes, environ 4 1/2 en 1 c.d.m.

Eaux douces. — Heyst (J. Deby.)

N. major Kütz. (Bac. T. IV. fig. 19. -- Atl. Pl. V. fig. 3-4. —Type N° 54.)

Valve linéaire-elliptique, plus ou moins renflée à la partie médiane, à extrémités non renflées, un peu coniques. Côtes robustes, au nombre de 5 à 7 en 1 c.d.m., faiblement radiantes, assez rapprochées du raphé et laissant un espace hyalin oblong autour du nodule médian. Longueur 18 à 30 c.d.m.

Eaux douces. — Partout.

Le *Navicula major* passe insensiblement au suivant.

N. viridis Kütz. (Bac. T. 4 fig. 18. — Atl. Pl. V. fig. 5. — Type N° 56.)

Valve linéaire-elliptique sans renflements, à extrémités arrondies. Côtes au nombre de 7 env. en 1 c.d.m. assez rapprochées du raphé et ne laissant guère d'espace hyalin notable autour du nodule médian; radiantes au milieu de la valve, convergentes vers l'extrémité. Longueur très-variable, de 5 à 20 c.d.m.

Eaux douces. — Partout.

var. commutata Grun. (*Nav. hemiptera auct nec Kütz.* — Atl. Pl. V. fig. 6. — Type N° 57.)

Valve elliptique-linéaire, notablement diminuée aux extrémités; côtes grêles, diminuées autour du nodule médian, environ 11 en 1 c.d.m.

Les deux valves sont dissemblables : l'une d'elles a des stries couvrant toute la valve, dans l'autre les stries sont interrompues (voir la figure de l'Atlas) unilatéralement près du nodule médian. Longueur environ 4 à 6 c.d.m.

Eaux douces. — Manage (P. Gautier).

N. cardinalis Ehr. (Americ. I. 1.[1] 11[1].21. — Suppl. fig. 5.—Type N° 60.)

Valve linéaire-elliptique, parfois faiblement renflée à la partie médiane, à extrémités largement arrondies, parfois un peu renflées. Raphé entouré d'une large zone hyaline, dilatée autour du nodule médian; côtes robustes, manquant au milieu de la valve, où leur absence forme un faux stauros large, légèrement radiantes près du nodule médian, convergentes à l'extrémité des valves, au nombre de 5 env. en 1 c.d.m. Longueur 15 à 20 c.d.m.

Eaux douces.— Jardin Botanique de Bruxelles (Delogne).

N. Trevelyana Donk. (Q. Mic. J. N. S. vol. 1 p. 8; pl. 1 fig. 2.—Atl. Suppl. fig. 5 et 6. — Type N° 72.)

Valve linéaire, légèrement renflée à la partie médiane et aux extrémités qui sont largement arrondies. Raphé courbé en accolade, entouré d'une étroite zone hyaline, largement dilatée autour du nodule médian; côtes bien marquées, au nombre de 11 en 1 c.d.m., très-radiantes à la partie médiane, très-convergentes à l'extrémité de la valve.

Face connective large, très-contractée à la partie moyenne, à extrémités tronquées. Stries interrompues entre le nodule et l'extrémité de la valve par un espace lisse parallèle à la membrane connective; espaces lisses très-visibles dans la face frontale, faiblement visibles, aux bords de la valve, dans la face valvaire. Longueur: 10 à 13 c.d.m.

Marin. — Blankenberghe: lavage du sable de la plage.

N. rectangulata Greg. (Diat. of Cl. p. 7. Pl. 1 fig. 7. — Atl. Suppl. fig. 7. — Type N° 74.)

Valve linéaire à extrémités largement arrondies, renflée à la partie médiane et aux extrémités. Raphé bordé d'une étroite zone hyaline un peu dilatée autour du nodule médian. Stries distantes, 8 à 9 en 1 c.d.m., très-radiantes à la partie moyenne, très-convergentes vers l'extrémité de la valve.

Face frontale oblongue, contractée à la partie moyenne, à extrémités tronquées. Longueur env. 6 à 7 c.d.m.

Marin.— Blankenberghe, dans le sable de la plage.

N. cruciformis Donk. (Q. M. J.; N. S. 1 p. 10; pl. 1 fig. 7.— Atl. Suppl. fig. 8. — in Type N° 74.)

Valve linéaire à extrémités arrondies non renflées, à partie moyenne parfois très-légèrement renflée. Raphé non bordé d'une zone hyaline, nodule médian entouré d'un pseudo-stauros large, cunéiforme; stries flexueuses, 12 à 13 en 1 c.d.m., très-radiantes près du nodule médian; très-convergentes à l'extrémité de la valve.

Face frontale à partie médiane contractée, à extrémités tronquées. Longueur: 5 à 12 c.d.m.

Marin: Blankenberghe, dans le sable de la plage.

** **mineures.** Frustules de taille moyenne ou petite, à valves de formes variables, rarement régulièrement linéaires, souvent à partie médiane renflée et à extrémités diminuées; côtes moyennes ou étroites.

I. Nodules terminaux non dilatés latéralement en hameçon.

a. Valves ni ondulées, ni contractées au milieu.

- Côtes très-robustes et très-distantes.
  - Pas d'espace stauronéiforme.
    - Valve un peu renflée au milieu, côtes très-robustes, distantes du raphé . . . . **N. lata.**
    - Valve non renflée au milieu; côtes assez robustes, atteignant presque le raphé . . . . **N. borealis.**
  - Côtes laissant un espace stauronéiforme au milieu de la valve . . . . . **N. costulata.** *
- Côtes rapprochées.
  - Côtes rapprochées du raphé et non insensiblement écourtées vers le nodule médian.
    - Valve sans blanc stauronéiforme.
      - Valve un peu renflée à la partie moyenne; côtes très-fines; espèce d'eau douce . . . . **N. sublinearis.**
      - Valve linéaire, non renflée, côtes assez robustes; espèce marine . . . . **N. retusa.**
    - Valve à blanc stauronéiforme, à extrémités rostrées-capitées . **N. Hilseana.**
  - Côtes souvent écartées du raphé et insensiblement écourtées vers le nodule médian.
    - Valves peu ou point renflées à la partie moyenne.
      - Extrémités non rostrées-capitées.
        - Extrémités un peu diminuées . . . **N. Brebissonii.**
        - Extrémités renflées.
          - Valves à peine renflées au milieu . . . . . . **N. stauroptera.**
          - Valves notablement renflées à la partie médiane.
            - Renflement médian brusquement diminué . . . . **N. Tabellara.**
            - Renfl. médian diminuant insensiblement jusqu'aux extrémités . . . **N. gibba.**
      - Extrémités plus ou moins rostrées-capitées.
        - Valve tout-à-fait linéaire; extrémités fortement rostrées-capitées; pas de pseudo-stauros . . . . **N. bicapitata.**
        - Valve un peu renflée, à extrémités sub-capitées; côtes assez distantes; un faux stauros . . . . **N. subcapitata.**
        - Valve un peu renflée, extrémités sub-capitées; côtes rapprochées; un faux stauros . . . . **N. appendiculata.**
    - Valves notablement renflées à la partie moyenne.
      - Valve linéaire-oblongue à extrémités largement rostrées-capitées . . . . **N. globiceps.**
      - Valve linéaire-lancéolée à extrémités moyennement rostrées-capitées . . . . **N. Braunii.**

b. Valves ondulées ou contractées.

- Valve assez large à renflement médian non beaucoup plus grand que les terminaux.
  - Extrémités fortement rostrées-capitées . . . . . . **N. mesolepta.**
  - Extrémités à peine diminuées-rostrées . . . . . . **N. Legumen.**
- Renflement médian beaucoup plus grand que les renflements terminaux; valve très-étroite . . . **N. mesolyta.**

II. Nodules terminaux dilatés latéralement en hameçon.

Valve très-renflée à la partie moyenne, extrémités sub-capitées; côtes très-robustes . . . . **N. humilis.** *

* Nous laissons, pour la facilité des déterminations, dans le tableau des Pinnulariées, les *N. costulata* et *N. humilis* qui sont des radiosées, mais fort difficiles à résoudre en perles. Voir ces espèces dans les radiosées.

I. Valves ni ondulées, ni contractées au milieu.

A. Côtes très-distantes et très robustes.

N. lata Bréb. ! (W. Sm. Brit. Diat. p. 55. (*sub. Pinnularia.* — **Atl. Pl. VI. fig. 1 et 2. — Type N° 61.**)

Valve linéaire à partie moyenne un peu renflée, à extrémités obtuses largement arrondies. Côtes très-robustes, distantes, au nombre de 4-5 en 1 c.d.m., n'atteignant pas le raphé et laissant un espace hyalin dilaté autour du nodule médian ; côtes faiblement radiantes au milieu de la valve et changeant insensiblement de direction vers l'extrémité. Longueur environ 6 à 11 c.d.m.

Eaux douces des régions montagneuses; non encore signalé.

N. borealis Ehr. (Verb. T. I, II fig. 6. — **Atl. Pl. VI. fig. 3. — Type N° 62.**)

Valves linéaires-elliptiques, parfois faiblement rétrécies aux extrémités qui sont arrondies ou subtronquées. Côtes assez robustes, distantes, environ 5 à 6 en 1 c.d.m. et atteignant presque le raphé, sauf celles du milieu qui sont plus courtes; côtes radiantes à la partie médiane de la valve devenant insensiblement convergentes vers les extrémités. Longueur 3 à 6 c.d.m.

Eaux douces. — Anvers ; Frahan (Del.); n'est probablement pas rare. Cette diatomée se trouve très-souvent dans les mousses croissant sur les rochers ou les murs humides.

Ce type est lié au précédent par diverses formes intermédiaires telles que : *N. lata var. minor Greg.*; *N. Rabenhorstii Grun.* etc. Ces formes se trouvent dans le Type n° 63, récolte de M. Delogne à Frahan.

B. Côtes rapprochées.

a. Côtes atteignant partout le raphé et non insensiblement écourtées vers le nodule médian.

N. sublinearis Grun ! (**Atl. Pl. VI. fig. 25 et 26.**)

Valve étroite, linéaire, quelquefois un peu renflée à la partie médiane, à extrémités arrondies. Côtes atteignant le raphé, celles autour du nodule médian légèrement écourtées ; côtes fines, radiantes au milieu de la valve, devenant insensiblement convergentes vers les extrémités ; au nombre de 21 à 24 en 1 c.d.m. Longueur 2 à 3 c.d.m.

Eaux douces. — A rechercher.

N. retusa Bréb. (Diat. Cherb. p. 16 fig. 6. — **Atl. Suppl. fig. 9.— in Type N° 168.**)

Valve linéaire-oblongue à extrémités arrondies. Raphé bordé d'une étroite zone hyaline un peu dilatée autour du nodule médian. Côtes robustes, distantes, à extrémités un peu capitées, faiblement radiantes, au nombre de 8 en 1 c.d.m. Face frontale contractée, extrémités tronquées. Longueur : env. 7 c.d.m.

Marin. — A rechercher.

var. **subretusa.** (*N. subretusa Grun* ! in type 74.— Atl. suppl. fig. 10. —in Type N° 74.)

Valves étroites ; 6 stries en 1 c.d.m., à extrémités non capitées. Long. env. 7 c.d.m.

Marin. — Blankenberghe, dans le sable de la plage.

N. Hilseana Janisch (in Schmidt Atl. Pl. 45 fig. 65 etc. — Atl. Suppl. fig. 11. — in Types N° 39 et 347.)

Valve linéaire à extrémités rostrées-capitées. Raphé sans zone hyaline; nodule médian entouré d'un pseudo-stauros assez large, subcunéiforme. Stries assez faibles, 10 en 1 c.d.m.; radiantes au milieu, convergentes à l'extrémité de la valve. Longueur : env. 4 c.d.m.

Eaux douces. — Paliseul (Delogne).

aa. Côtes n'atteignant pas partout le raphé, celles du milieu de la valve notablement écourtées ou manquantes.

b. *Valves peu ou point renflées à la partie médiane.*

N. Brebissonii Kütz. ! (Bac. p. 93 T. III fig. 49. — Atl. Pl. V. fig. 7. — Type N° 58.)

Valve linéaire-elliptique, à extrémités arrondies un peu diminuées, Raphé entouré d'une zone hyaline, étroite vers les extrémités, insensiblement dilatée vers la partie médiane. Côtes bien marquées, écourtées vers la partie médiane et manquantes au milieu de la valve où leur absence forme un faux stauros; côtes assez fortement radiantes jusqu'à vers le tiers extrême de la valve où elles deviennent tout à coup fortement convergentes ; au nombre de 11 env. en 1 c.d.m. Longueur 4 à 5 c.d.m.

Eaux douces. — Commun.

var. **subproducta.** (Atl. Pl. V. fig. 9.)

Plus large et plus courte, à extrémités un peu diminuées sub-rostrées.

Parc près de Louvain.

var. **diminuta.** — (Atl. Pl. V. fig. 8.)

Grèle, très-petite, extrémités insensiblement diminuées.

Frahan (Delogne).

N. stauroptera Grun. (Ueber neue etc. fam. Naviculac p. 517. — Atl. Pl. VI. fig. 7.)

Valve linéaire-allongée, à peine renflée à la partie médiane, à extrémités arrondies, renflées. Côtes radiantes à la partie moyenne de la valve, fortement convergentes aux extrémités ; robustes, laissant partout un espace hyalin notable autour du raphé, diminuant de longueur en approchant du nodule médian autour duquel elles manquent complètement en produisant un pseudo-stauros ; environ 10 à 12 en 1 c.d.m. Longueur de la valve : environ 10 c.d.m.

Eaux douces. — Eegenhoven près Louvain (P. Gaut.) etc.

var. **parva.** (*Stauroptera parva Ehr.* — Atl. Pl. VI. fig. 6.)

Se distingue du précédent par sa taille plus petite (environ 6 à 7 c.d.m.) et sa partie médiane plus renflée.

Fossés près Nieuport (Westendorp et Wallays selon Rabenhorst Fl. Eur. Alg. p. 222).

N. Tabellaria Ehr. (Verb. p. 134 T. II, 1 fig. 26., Kütz. Bac. p. 98. T. 28 fig. 79.— Atl. Pl. VI. fig. 8.)

Diffère du précédent par les renflements terminaux et médian beaucoup plus marqués, par les côtes occupant toute ou presque toute la valve, mais presque réduites à des points à la partie tout à fait médiane, leur nombre plus considérable, 12 à 15 en 1 c.d.m. et enfin par sa taille plus considérable qui atteint jusqu'à 14 c.d.m.

Les côtes terminales ont été dessinées, par erreur, radiantes, elles sont convergentes comme dans l'espèce précédente.

Eaux douces. — Eegenhoven près Louvain (P. Gaut.).

Mêlé au précédent et au suivant.

var. **stauroneiformis.** — Stries médianes tout à fait absentes.

N. gibba Kütz. (Bacill. XXVIII, 70.— Atl. Suppl. fig. 12.—Type N° 64.)

Diffère des précédents par le renflement médian qui se prolonge en diminuant insensiblement jusqu'aux renflements terminaux. Côtes environ 12 en 1 c.d.m., manquant parfois à la partie médiane. Longueur 5 à 7 c.d.m.

Eaux douces. — Eegenhoven (P. Gaut.).

var. **brevistriata.** (Atl. Pl. VI. fig. 5.) Côtes très-courtes n'occupant que les bords de la valve.

Mêlé au type.

N. bicapitata Lagersted (Diat. from Spitsb. n. 6 p. 23. — Atl. Pl. VI. fig. 14.)

Valve étroite, linéaire, à extrémités rétrécies, rostrées-capitées ; côtes assez fines, au nombre de 9 à 10 environ en 1 c.d.m., radiantes au milieu de la valve, convergentes aux extrémités, laissant autour du raphé une étroite zone hyaline qui se dilate en une aire sub-quadrangulaire autour du nodule médian. Longueur environ 6 c.d.m.

Eaux douces. — Non encore signalé.

N. subcapitata Greg. (Quat. Mic. Journ. 1856 p. 9. Pl. 1 fig. 30. — Atl. Pl. VI. fig. 22.)

Valve très-étroite, linéaire, un peu rétrécie à la partie moyenne, à extrémités rostrées légèrement sub-capitées ; côtes assez distantes, environ 11 à 12 en 1 c.d.m., n'atteignant pas le raphé et absentes au milieu de la valve ; nodules terminaux très-grands. Longueur environ 2 1/2 à 3 1/2 c.d.m.

Eaux douces. — Noire-fontaine (Delogne). Manage (P. Gaut.).

var. **paucistriata** (Atl. Pl. VI. fig. 23.)

Stries courtes, diminuant insensiblement de longueur et absentes sur toute la partie moyenne de la valve.

N. appendiculata Kütz. (Bacc. p. 93. T. III Fig. 18 T. IV. fig. 1.2 T. V. fig. 5. — Atl. Pl. VI. fig. 18 et 20.)

Valve étroite, linéaire, très-faiblement rétrécie à la partie moyenne, à extrémités faiblement rostrées-subcapitées ; côtes délicates, au nombre de 16 à 17 en 1 c.d.m., ne touchant pas le raphé, radiantes à la partie moyenne de la valve où elles s'écourtent insensiblement et laissant un large espace hyalin stauronéiforme, convergentes aux extrémités. Longueur 2 1/2 à 3 1/2 c.d.m.

Eaux douces. — Bruxelles, Jardin Bot. (Del.)

bb. *Valves notablement renflées à la partie moyenne.*

N. globiceps Greg. ! (Micr. Journ. IV, p. 10 T. 1 fig. 34. — Atl. Suppl. fig. 13. — in Type N° 284.)

Petit, linéaire-oblong, très renflé à la partie médiane, à extrémités largement rostrées-capitées. Côtes n'atteignant pas le raphé, laissant une grande aire hyaline autour du nodule médian; au nombre de 16 à 18 en 1 c.d.m.; les médianes fort radiantes, les terminales convergentes; nodule median grand. Longueur 3 à 4 c.d.m.

Eaux douces. — Rare ? Anvers dans le *Schyn* etc.

N. Braunii Grun.! (Atl. Pl. VI. fig. 21.)

Linéaire-lancéolé à extrémités moyennement rostrées-capitées. Côtes n'atteignant pas le raphé, au nombre de 10 à 11 en 1 c.d.m.; les médianes fort radiantes, les terminales convergentes, insensiblement écourtées jusque vers le milieu de la valve où elles laissent un large espace hyalin stauronéiforme; nodule médian étroit. Longueur 4 c.d.m.

Eaux douces. — Liresse (Delogne).

2. Valves bi-ondulées ou tri-ondulées ou manifestement contractées à la partie moyenne.

N. mesolepta Ehr. (Am. IV, II 4'. — Atl. Pl. VI. fig. 10 et 11. — Type N° 68.)

Valve linéaire-oblongue, triondulée, à extrémités rostrées-capitées; stries insensiblement écourtées vers le nodule médian, les médianes très-radiantes, les terminales convergentes, au nombre de 10 à 14 en 1 c.d.m. Longueur 3 à 6 c.d.m.

Eaux douces. — Presque partout.

var. Termes. (*N. Termes Ehr.* — Atl. Pl. VI. fig. 12, 13.)

Valve à renflement médian remplacé par une légère contraction: stries absentes au milieu de la valve et formant ainsi un pseudo-stauros.

Eaux douces. — Anvers, Louvain, etc.

N. Legumen Ehr. (Mikrog. fig. diverses. — Atl. Pl. VI. fig. 16. — Type N° 69.)

Valve linéaire, légèrement tri-ondulée, à ondulations parfois à peine marquées, à extrémités diminuées-rostrées, à peine capitées ; raphé entouré d'une large aire hyaline notablement dilatée autour du nodule médian ; stries environ 11 en 1 c.d.m., très-radiantes à la partie moyenne, très-convergentes vers les extrémités de la valve. Longueur 8 à 10 c.d.m.

Eaux douces. — Liresse (Delogne).)

N. polyonca Bréb. ! (in Kütz. Sp. Alg. p. 85. — Atl. Suppl. fig. 14.)

Valve linéaire-étroite, tri-ondulée, à renflement médian beaucoup plus fort que les autres ; à extrémités fortement renflées-capitées; raphé entouré d'une large zone hyaline qui se dilate en faux stauros à la partie moyenne ; stries environ 12 en 1 c.d.m., écourtées à la partie moyenne où elles sont radiantes, devenant fort convergentes aux extrémités. Longueur 6 à 8 c.d.m.

Eaux douces. — Rare, Liresse (Delogne.)

2. *RADIOSÉES.*

A. Nodules terminaux rapprochés de l'extrémité des valves.

I. Stries médianes radiantes, stries terminales convergentes.

a. *Stries rapprochées.*

- Stries terminales à direction brisée. . . . . **N. oblonga.**
- Stries à direction continue.
  - Stries médianes alternativement longues et courtes.
    - Valve largement lancéolée, non rostrée-capitée. . . . . . **N. peregrina.**
    - Valve largement lancéolée rostrée-capitée. . . . . . . **N. salinarum.**
    - Valve lancéolée très-étroite. . . . . **N. cincta.**
  - Stries médianes non alternativement longues et courtes.
    - Stries médianes également écourtées formant un pseudo-stauros; stries voisines du nodule médian presque droites. . . . . **N. gracilis.**
    - Pas de faux stauros.
      - Extrémités non rostrées-capitées.
        - Nodule entouré d'une aire hyaline notable; valve largement lancéolée.
          - Extrémités non visiblement diminuées-rostrées. **N. vulpina.**
          - Extrémités visiblement dimin.-rostrées. . . . **N. viridula.**
        - Aire hyaline très-petite ; valve étroitement lancéolée ; stries médianes très-radiantes. . . . . **N. radiosa.**
      - Extrémités rostrées-capitées.
        - Stries robustes.
          - Aire hyaline dilatée transversalement, extrémités très-obtuses. **N. cryptocephala.**
          - Aire hyaline arrondie, extrémités sub-obtuses . . . . **N. rhynchocephala.**
        - Stries à peine visibles. . . . . **N. gregaria.**

b. Stries très-écartées et très-robustes; formes très-petites à nodules terminaux en hameçon.

- Valve à extrémités aiguës ; partie médiane munie d'un large pseudo-stauros. . . . N. **costulata**.
- Extrémités capitées; pas de pseudo-stauros. . . . . N. **humilis**.

II. Stries médianes radiantes, stries terminales perpendiculaires au raphé (droites).

- Stries médianes non alternativement longues et courtes. . . . . N. **Cancellata**.
- Stries médianes alternativement longues et courtes.
  - Valve assez étroitement lancéolée, à extrémités sub-obtuses; aire hyaline non stauronéiforme; stries à ponctuations très-délicates. . . . . N. **digito-radiata**.
  - Valve largement lancéolée ou elliptique, à extrémités très-obtuses; aire hyaline stauronéiforme; stries à ponctuations fortes . . . . N. **Reinharti**.

III. Stries radiantes jusqu'aux extrémités de la valve.

- Valve non linéaire.
  - Valve très-grande, à stries très robustes et très écartées. . . . . . . N. **distans**.
  - Valve non ainsi.
    - Valve lancéolée sub-elliptique.
      - Extrémités non capitées. . . . . . . N. **Gastrum**.
      - Extrémités capitées. . . . . N. **Anglica**.
    - Valve étroitement lancéolée. . . . . N. **lanceolata**.
- Valve linéaire-étroite, à extrémités fortement capitées. . . . . N. **dicephala**.

B. Nodules terminaux éloignés des extrémités ; valves à côtés un peu inégaux. . . . . N. **Cesatii**.

A. Nodules terminaux rapprochés de l'extrémité des valves

I. Stries médianes radiantes, stries terminales convergentes.

A. Stries rapprochées.

a. Stries terminales à direction brisée.

N. oblonga Kütz. (Bac. p. 97. T. IV. fig. 21. — Atl. Pl. VII. fig. 1. Type N° 76.)

Valve linéaire-elliptique, sensiblement renflée à la partie médiane, à extrémités très-légèrement renflées-capitées. Raphé entouré d'une zone hyaline apparente, dilatée circulairement autour des nodules médian et terminaux. Côtes robustes finement striées en travers, très-espacées autour du nodule médian (5 en 1 c.d.m.), puis plus serrées (7 en 1 c.d.m.), radiantes, flexueuses, enfin les terminales encore plus serrées (8 en 1 c.d.m.), à direction brusquement brisée à leur milieu, radiantes du côté du raphé, convergentes du côté des bords. Nodules terminaux très-robustes. Longueur 15 à 18 c.d.m.

Eaux douces. — Assez commun.

b. Stries à direction continue.

a. Stries médianes alternativement longues et courtes.

N. peregrina (Ehr. ?) Kutz. (Bac. p. 97. T. XXVIII. fig. 52.—Atl. Pl. VII. fig. 2.— Type N° 77.)

Valve largement lancéolée, à extrémités obtuses très-faiblement diminuées-rostrées. Raphé entouré d'une étroite zone hyaline dilatée autour du nodule médian où l'espace blanc forme plus ou moins un carré allongé transversalement. Côtes divisées finement en travers, très-robustes ; espacées autour du nodule médian (5 à 6 en 1 c.d.m.), où les stries longues sont fréquemment mêlées d'une ou deux stries plus courtes ; côtes médianes très-radiantes, (6 à 7 en 1 c.d.m.), les terminales très-convergentes, au nombre de 8 environ en 1 c.d.m. Nodules terminaux assez robustes. Longueur 8 à 11 c.d.m.

Eaux saumâtres. — Escaut à Anvers.

var. meniscus Schum.—(Atl. Pl. VIII. fig. 19.)

Plus petit, plus largement lancéolé, à extrémités diminuées plus brusquement. Longueur 4 à 7 c.d.m. Stries 7 à 8 en 1 c.d.m.

Eaux saumâtres.

var. menisculus Schum. (Atl. Pl. VIII. fig. 20, 21 et 22. — in Type N° 190.)

Très-petit, lancéolé-elliptique, insensiblement atténué jusqu'aux extrémités, ou diminué-rostré. Espace hyalin autour du nodule médian, quelque fois presque nul. Stries 8 à 12 en 1 c.d.m. Longueur 2 1/2 à 3 c.d.m.

Eaux douces. — Louvain (P. G.)

id. forma Upsaliensis Grun. (Atl. Pl. VIII. fig. 23-24.)

Plus étroitement lancéolé, à extrémités plus ou moins diminuées-rostrées. Stries délicates de 8 à 12 en 1 c.d.m. Longueur 3 à 4 c.d.m.

Eaux douces. — Louvain (P. G.)

N. cincta (Ehr. !) Kutz. (Mikrog. Pl. X, II. fig. 6.—Atl. Pl. VII fig. 13-14. — Type N° 82.)

Valve lancéolée, très-étroite, à extrémités arrondies, obtuses ; nodule médian entouré d'une aire hyaline un peu étendue transversalement; stries délicates, environ 12 en 1 c.d.m., celles autour du nodule médian beaucoup plus distantes. Longueur environ 4 c.d.m.

Eaux douces et saumâtres. A rechercher.

forma minuta. — Très-petit. — Ostende.

var. Houfleri Grun. — (Atl. Pl. VII. fig. 12 et 15.)

Plus petit, à espace hyalin médian rond, à stries plus robustes et plus distantes, env. 10 en 1 c.d.m. Long. environ 2 à 2 1/2 c.d.m.

Eaux un peu saumâtres. — Austruweel près d'Anvers (P. G.)

var. leptocephala Bréb.—(Atl. Pl. VII, fig. 16. — Type N° 84.)

Comme la variété précédente, mais encore un peu plus petit. Valve à partie médiane un peu renflée, à extrémités légèrement diminuées-subrostrées.

Austruweel près d'Anvers (H.V.H.).

N. salinarum Grun. (Arct. Diat. p. 33 pl. II. fig. 34.—Atl. Pl. VIII. fig. 9. — Type N° 95.)

Valve largement lancéolée-sub-elliptique, à extrémités fortement rostrées et plus ou moins capitées. Nodule médian entouré d'une aire hyaline très-allongée longitudinalement. Stries assez fortement divisées en travers de 14 à 16 en 1 c.d.m., les médianes radiantes, les terminales faiblement convergentes. Longueur 2 1/2 à 3 1/2 c.d.m. Larger 1 à 1 1/2 c.d.m.

Eaux saumâtres. — Heyst (selon M. Deby). — Anvers (Escaut, H.V.H.).

bb. Stries médianes non alternativement longues et courtes.

a' Stries médianes également écourtées, formant un pseudo-stauros ; les stries voisines du nodule médian presque droites.

N. gracilis Kütz. (Bac. p. 91. Pl. III. fig. 48. — Atl. Pl. VII. fig. 7-8. — Type N° 81.)

Valve allongée, étroitement lancéolée, à partie tout à fait terminale parfois très-légèrement diminuée, un peu aiguë ; stries robustes, les 2 ou 3 qui avoisinent le nodule médian également écourtées, les médianes à peine radiantes, presque droites ; les terminales convergentes; en moyenne au nombre de 10 en 1 c.d.m., toutes atteignant le raphé. Longueur 4 à 8 c.d.m.

Eaux douces. — Anvers, etc.

var. Schizonemoides H. Van Heurck. (*S. neglectum Thwaites.* — Atl. Pl. VII. fig. 9-10.)

Valve généralement un peu plus étroite vers les extrémités; stries médianes plus longues et d'inégale longueur. Frustules rassemblés dans des tubes muqueux.

Eaux douces.— Louvain (P. G.), etc.

a' a'. Pas de faux Stauros.

* *Extrémités non rostrées-capitées.*

N. vulpina Kütz. (Bac. p. 92 T. 3 fig. 43 (?) — (Atl. Pl. VII. fig. 18. — in Type N° 132.)

Grande, valve largement lancéolée, à extrémités légèrement diminuées-rostrées. Nodule médian entouré d'une large aire hyaline, subquadrangulaire-arrondie. Stries atteignant le raphé, robustes, les médianes courbées, radiantes, les terminales convergentes, en moyenne au nombre de 10 en 1 c.d.m. Longueur environ 9 c.d.m.

Eaux douces. — A rechercher ?

N. radiosa Kütz. (Bac. p. 91, T. IV. 23. — Atl. Pl. VII. fig. 20. — Type N° 85.)

Valve lancéolée, étroite, insensiblement atténuée, à extrémités très-légèrement sub-capitées. Nodule médian entouré d'une très-petite aire hyaline. Stries médianes courbées, très-radiantes, les terminales convergentes ; environ 11 à 12 stries en 1 c.d.m. Frustule à face connective étroite, à extrémités diminuées. Longueur 4 1/2 à 6 c.d.m.

Eaux douces. — Assez répandu.

var. acuta. (*Pinnularia acuta W. Sm.* — Atl. Pl. VII. fig. 19. — Type N° 86.)

Plus allongé, plus étroitement lancéolé et à extrémités plus aiguës. Longueur environ 8 à 9 c.d.m.

Eaux douces, comme le précédent auquel il est souvent mêlé.

var. tenella. (*Nav. tenella Bréb.*—Pl. VII. fig. 21 et 22. — in Type N° 107.)
Diffère du type par sa taille beaucoup moindre, ses extrémités plus aiguës et ses stries plus délicates et plus rapprochées, au nombre de 15 à 18 en 1 c.d.m.
Eaux douces.— Bruxelles, etc.

N. viridula Kütz. (Bac. Pl. XXX. fig. 47. — Atl. Pl. VII fig. 25. — in Type N° 36.)
Valve largement lancéolée, à extrémités diminuées-rostrées obtuses. Nodule médian entouré d'une large aire hyaline arrondie. Stries robustes, atteignant le raphé, les médianes radiantes, env. 8 en 1 c.d.m.; les terminales convergentes, au nombre de 10 env. en 1 c.d.m. ; nodules terminaux robustes. Longueur env. 7 c.d.m.
Eaux douces. — Bruxelles. (Delogne.)

forma minor. — (Atl. Pl. VII. fig. 26.)
Plus petit, à extrémités plus rostrées.

var. avenacea. (*N. avenacea Bréb.* — Atl. Pl. VII. fig. 27. —Type N° 88.)
Plus lancéolé ; extrémités plus étroitement rostrées. Longueur env. 5 c.d.m.
Eaux douces. — Bruxelles (Del.), etc.

var. Slesvicensis. — (*N. slesvicensis Grun.* !— Atl. Pl. VII. fig. 28 et 29.—Type N° 89.)
Petit, assez largement lancéolée, extrémités très-visiblement rostrées, à rostre large. Striation comme dans le type, 8 à 9 stries en 1 c.d.m. Longueur 3 à 5 c.d.m.
Eaux douces et saumâtres.— Assez répandu : Anvers (Escaut), Louvain (P. G.), etc.

** *Extrémités fortement rostrées ou rostrées-capitées.*

N. rhynchocephala Kütz. (Atl. Pl. VII. fig. 31. — Type N° 90.)
Valve largement lancéolée, à extrémités fortement acuminées-capitées. Nodule médian entouré d'une aire hyaline arrondie. Stries robustes, manifestement divisées en travers, insensiblement écourtées autour du nodule médian, les médianes radiantes, les terminales faiblement convergentes, environ 9 à 12 en 1 c.d.m. Longueur env. 5 à 6 c.d.m.
Eaux saumâtres. — Anvers.

var. amphiceros. (Atl. Pl. VII. fig. 30.)
Plus courtement lancéolée à extrémités fortement rostrées, faiblement capitées. Stries 8 à 10 en 1 c.d.m.
Eaux saumâtres. — Anvers.

var. rostellata. (*N. rostellata Kütz.*?—(Atl. Pl. VII. fig. 23 et 24.— Type N° 87.)
Largement lancéolée; extrémités étroitement rostrées ; aire hyaline entourant le nodule médian étroite. — Stries assez robustes, environ 10 à 11 en 1 c.d.m. Longueur 4 à 6 c.d.m.
Eaux saumâtres. — Anvers.

N. cryptocephala Kütz. ! (Bacill. Pl. 3 fig. 26. — Atl. Pl. VIII. fig. 1 et 5. — in Type N° 25 ; *var. intermedia*: Type N° 92; *var. exilis* : Type N° 93.)
Valve lancéolée, allongée, à extrémités rostrées faiblement capitées. Nodule médian entouré d'une aire hyaline arrondie. Stries assez

robustes à divisions transversales très-faibles, radiantes à la partie médiane de la valve, à peine convergentes aux extrémités, environ 16 en 1 c.d.m. Longueur 2 1/2 à 3 1/2 c.d.m. Largeur environ 1/2 c.d.m.

Eaux douces. — Anvers.

var. Veneta. (*Navicula Veneta Kütz.* ! —Atl. Pl. VIII. fig. 3 et 4.)

Plus petit que le type, à extrémités à peine rostrées-capitées, à stries distantes, environ 14 en 1 c.d.m. Longueur environ 2 1/2 c.d.m. Largeur environ 1/2 c.d.m.

var. exilis. (Atl. Pl. VIII. fig. . — Type N° 93.)

Très court; rostre à peine marqué.

Eaux douces : Bruxelles.

Etablit le passage à l'espèce suivante.

N. gregaria Donkin. (Micr. Journal 1861 p. 10. — T. I. fig. 10. — *N. cryptocephala W. Sm.*—(Atl. Pl. VIII fig. 12, 13, 14 et 15. — Type N° 94.)

Diffère de l'espèce précédente, dont c'est peut-être une simple variété, par ses stries excessivement faibles, parfois à peine visibles et à peine radiantes, presque droites, au nombre d'environ 18 en 1 c.d.m. Longueur environ 2 1/2 c.d.m.

Eaux saumâtres. — Commun : Anvers (Austruweel), Blankenberghe.

Les extrémités sont tantôt simplement rostrées à peine capitées (Blankenberghe), tantôt fortement capitées, (Anvers).

AA. Stries très-écartées et très-robustes, formes très-petites, a nodule terminal en hameçon.

N. costulata Grun ! (Arct. D. p. 27.—Atl. Suppl. fig. 15.— Type N° 71.

Petit, lancéolé-rhomboïdal. Côtes atteignant le raphé, très-robustes, très-distantes (7 à 8 en 1 c.d.m.), fortement radiantes à la partie médiane, convergentes vers les extrémités, au nombre de 5 à 7 sur chaque quart de la valve ; absentes à la partie moyenne où elles laissent un espace hyalin stauronéiforme très-large. Nodules terminaux en hameçon. Longueur 1 1/4 à 1 1/2 c.d.m.

Eaux douces. — Rouge-cloître (Delogne).

N. humilis Donk. (Brit. Diat. p. 67. Pl. X fig. 7. — Atl. Pl. XI. fig. 23. — Type N° 70.)

Valve linéaire très-renflée à la partie moyenne, à extrémités rostrées-capitées, tronquées-arrondies. Raphé entouré d'une très-faible aire hyaline un peu agrandie autour du nodule médian. Côtes très-robustes, 8 en 1 c.d.m., radiantes à la partie moyenne, convergentes aux extrémités. Nodules terminaux en hameçon. Longueur 1 1/2 à 2 c.d.m.

Eaux douces. — Commun. — Anvers, Bruxelles, etc.

Ces deux formes qui se tiennent très-étroitement ont été jusqu'ici confondues parmi les pinnulariées ; leur étude dans le médium jaune de H. L. Smith, nous a démontré que ce sont évidemment des radiosées, mais dont les stries sont très-difficiles à résoudre en perles.

II. Stries médianes radiantes, les terminales perpendiculaires au raphé (droites).

N. cancellata Donk. (Brit. Diat. p. 55. Pl. VIII. fig. 4a et 4b. — Atl. Suppl. fig. 16. — Type N° 73.)

Valve étroite, linéaire ou linéaire-lancéolée, à extrémités coniques, aiguës ou sub-aiguës. Raphé entouré d'une zone hyaline étroite, un peu agrandie près du nodule médian. Stries très-écartées 6 à 7 en 1 c.d.m., faiblement divisées en travers, radiantes à la partie moyenne de la valve, perpendiculaires vers les extrémités. Face frontale à partie médiane contractée. Longueur 5 1/2 à 7 c.d.m.

Marin. — Non encore trouvé.

var. **ammophila** Grun. (Oest. Foss. Diat. p. 14 ; pl. 2 fig. 66. 67.)

Petit, étroit, striation rapprochée, 10 à 11 en 1 c.d.m. à la partie moyenne, 12 à 13 aux extrémités. Longueur 1.75 à 3 c.d.m.

Marin et saumâtre. — Non encore signalé.

var. **Scaldensis** H. V. H. (Atl. Suppl. fig. 17. —in Type N° 11.)

Etroitement lancéolé, à extrémités atténuées-subrostrées. Stries 9 à 11 en 1 c.d.m. à la partie moyenne de la valve. Longueur : 4, 5 à 5, 5 c.d.m.

Saumâtre. — Anvers.

Le *N. Cancellata* n'est pas une vraie Radiosée, elle mériterait de former avec les formes qui lui sont affines un groupe spécial intermédiaire entre les Pinnulariées et les Radiosées. On peut en dire autant des *N. humilis* et *costulata*.

N. digito-radiata Greg. (Q. M. Journ. 1856 p. 9. Pl. 1 fig. 32. — Atl. Pl. VII. fig. 4. — in Types 103, 260 et 261.)

Valve étroitement lancéolée, à extrémités obtuses-arrondies ; stries très-délicatement ponctuées, écourtées autour du nodule médian, les longues alternant avec d'autres plus courtes, les médianes radiantes au nombre de 8 en 1 c.d.m., les terminales à peu près droites, un peu plus serrées. Longueur 6 à 7 c.d.m., largeur un peu plus d'un c.d.m.

Eaux saumâtres. — Anvers, Blankenberghe.

var. **Cyprinus.** (*N. Cyprinus W. Smith.*— Atl. Pl. VII. fig. 3.)

Diffère du type par le renflement de la partie médiane. Longueur 6 à 8 c.d.m. Largeur à la partie médiane 1 1/2 à 2 3/4 c.d.m.

Marin. — Ostende (Deby), Blankenberghe (H.V.H.).

N. Reinhardti Grun. ! (*Stauroneis Reinhardti Grun.* Nav. p. 566 T. IV. fig. 19. — Atl. Pl. VII. fig. 5 et 6. — Type N° 79.)

Valve courte, elliptique ou lancéolée, à extrémités fort obtuses-arrondies, à partie médiane brusquement renflée. Raphé entouré d'une étroite zone hyaline dilatée en forme de stauros autour du nodule médian. Stries entourant le nodule alternativement longues et courtes; les médianes radiantes, les terminales à peu près droites, toutes très-fortement ponctuées et au nombre d'environ 9 en 1 c.d.m., sauf celles environnant le nodule qui sont plus écartées. Longueur : 3 1/2 à 6 c.d.m. Largeur env. 1 1/2 c.d.m.

Eaux douces. — Assez répandu : Anvers, Louvain, Bruxelles.
Les deux formes sont généralement mêlées.

var. **gracilior** Grun. (in Types du Synop n° 71. *N. digito-radiata var. striolata Grun.* in Arct. Diat. — Type N° 80.)

Très-semblable au *N. digito-radiata* dont on ne peut même le distinguer à un faible grossissement, mais dont on le différencie par son habitat des eaux douces et par la forte ponctuation de ses stries.
Eaux douces : Rouge-Cloître (Delogne).

III. Stries radiantes jusqu'à l'extrémité des valves.

N. distans (W. Sm.). (*Pinnularia distans W. Sm.* T. I. p. 56 ; Pl. XVIII fig. 169. — Atl. Suppl. fig. 18.)

Valve lancéolée, à extrémités sub-aiguës. Raphé placé dans un sillon infléchi de chaque côté du nodule médian et formant autour du raphé une large zone hyaline. Nodule median entouré (au délà du sillon) d'une zone hyaline arrondie. Stries très-robustes et distantes, environ 4 en 1 c.d.m., radiantes jusqu'aux extrémités de la valve. Longueur 9 à 13 c.d.m.
Marin. — Très-rare : Blankenberghe.

N. Gastrum (Ehr.) Donkin. (Brit. Diat. p. 22. — Atl. Pl. VIII. fig. 25, 27 et 32.)

Valve largement elliptique, à extrémités obtuses, largement arrondies, très-légèrement contractées-subrostrées. Nodule médian entouré d'une aire hyaline ronde ou allongée transversalement. Stries entourant le nodule alternativement longues et courtes. Stries finement divisées en travers, radiantes jusqu'à l'extrémité de la valve au nombre de 8 à 10 en 1 c.d.m. dans les grandes formes, 12 à 14 dans les petites. Longueur : 2 1/2 à 4 1/2 c.d.m. Largeur médiane 1 1/4 à 1 3/4 c.d.m.
Eaux douces. — Anvers et probablement ailleurs.

var. **Placentula** (*N. Placentula Ehr.* Atl. Pl. VIII. fig. 26 et 28.)
Extrémités un peu plus rétrécies, stries de 6 à 9 en 1 c.d.m., celles entourant le nodule médian non alternativement longues et courtes.
Eaux saumâtres. — Anvers, assez commun.

N. Anglica Ralfs. (in Pritch. Inf. p. 900. *N. tumida W. Sm.* — Atl. Pl. VIII. fig. 29. — in Type N° 59.)

Ne diffère essentiellement de l'espèce précédente, à laquelle il est intimement lié, que par ses extrémités rostrées-capitées. Stries 10 à 12 en 1 c.d.m.

var. **subsalina** Grun. (Atl. Pl. VIII. fig. 31.)
Extrémités rostrées, à peine un peu capitées.

N. dicephala W. Sm. (Syn. Brit. Diat. vol. 1 p. 53 Pl. XVII fig. 157. — Atl. Pl. VIII. fig. 33 et 34).

Valve étroite, linéaire, à extrémités rostrées-capitées ; stries fort écourtées autour du nodule médian, radiantes jusqu'aux extrémités de la valve et au nombre d'environ 9 à 11 en 1 c.d.m. Longueur 2 1/2 à 4 c.d.m. Largeur 1 à 1 1/4 c.d.m.

Ne diffère de la forme précédente (*N. Anglica Ralfs*) que par la forme linéaire de la valve.

Eaux douces. — Non encore signalé.

N. lanceolata Kütz. ! (Bacill. p. 94.T. 30 fig. 48. — Atl. Pl. VIII fig. 16. —Type N° 96.)

Valve lancéolée, à extrémités légèrement diminuées-rostrées ; stries écourtées autour du nodule médian, radiantes jusqu'aux extrémités de la valve, environ 12 en 1 c.d.m. au milieu de la valve, 15 à 16 aux extrémités. Longueur environ 3 à 5 c.d.m. Largeur env. 1 c.d.m.

Eaux douces. — Louvain à Parck (P. G.).

forma curta (Atl. Pl. VII. fig. 17).

Mêlé au précédent.

var. phyllepta. (*N. phyllepta Kütz.*—Atl. Pl. VIII. fig. 40. —Type N° 100.)

Plus petit que le type, à stries plus délicates et beaucoup plus serrées, environ 18 en 1 c.d.m.

Eaux saumâtres. —Blankenberghe.

var. arenaria. (*Nav. arenaria Donk.* — Atl. Pl. VIII. fig. 18. — Type N° 97.)

Beaucoup plus grand et plus insensiblement atténué que le type. Environ 10 stries en 1 c.d.m.

Marin.— Non encore trouvé.

B. Nodules terminaux éloignés des extrémités de la valve ; valve à structure un peu excentrique.

N. Cesatii Rab. (Süssw. Diat. p. 39,T. VI fig. 89.—*Cymbella* ?—Atl. Pl. VIII. fig. 35. — in Types N° 47, 484 etc.)

Cette diatomée, qui est peut-être une cymbelle, a des valves très-étroitement lancéolées et des nodules terminaux notablement éloignés des extrémités de la valve.

Eaux douces. — Berg. (Delogne).

3. *DIDYMÉES.*

A. Valve ayant à la fois des perles et des côtes.

Valve munie de côtes robustes ; perles intercostales minuscules, difficiles à voir.	Côtes médianes allant jusqu'au bord de la valve ; deux rangées de perles entre les côtes.	**N. Crabro.**
	Côtes médianes n'allant pas jusqu'au bord de la valve, une seule rangée de perles entre les côtes.	**N. interrupta.**

AA. Valve n'ayant que des perles seules.

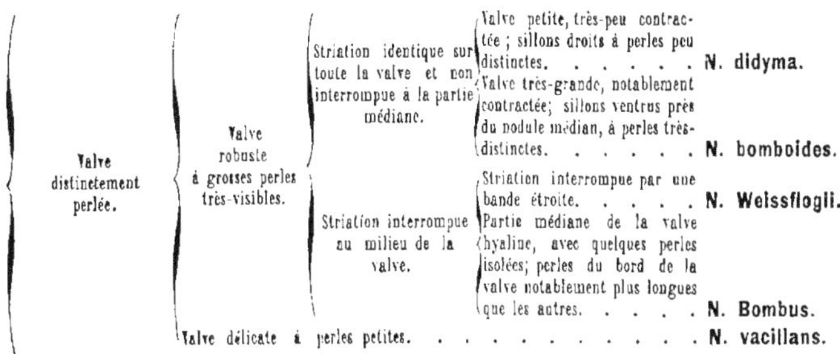

- Valve distinctement perlée.
  - Valve robuste à grosses perles très-visibles.
    - Striation identique sur toute la valve et non interrompue à la partie médiane.
      - Valve petite, très-peu contractée ; sillons droits à perles peu distinctes. . . . . . **N. didyma.**
      - Valve très-grande, notablement contractée; sillons ventrus près du nodule médian, à perles très-distinctes. . . . . . **N. bomboides.**
    - Striation interrompue au milieu de la valve.
      - Striation interrompue par une bande étroite. . . . . **N. Weissflogii.**
      - Partie médiane de la valve hyaline, avec quelques perles isolées; perles du bord de la valve notablement plus longues que les autres. . . . . **N. Bombus.**
  - Valve délicate à perles petites. . . . . **N. vacillans.**

A. Valve munie de côtes robustes.

a. Deux rangées de petites perles entre les côtes.

N. Crabro Ehr. (Mikrog. T. XIX fig. 29. — Atl. Pl. IX. fig. 1-2. — Type N° 101.)

Valve sub-elliptique, contractée à la partie moyenne. Raphé entouré d'une étroite zone hyaline; nodule médian carré, très-robuste. Sillons étroits, très-rapprochés du raphé, presque droits, un peu infléchis au milieu et aux extrémités. Côtes convergentes à la partie médiane, radiantes aux extrémités, au nombre d'environ 3 1/2 à 4 en 1 c.d.m. et entre chacune desquelles se trouvent deux rangées de petites perles. Longueur 8 à 12 c.d.m.

Marin. — Ostende (Deby), Blankenberghe (H. V. H.).

aa. Une seule rangée de perles visible entre les côtes

N. interrupta Kütz. (Bacill. p. 100 T. XXIX fig. 93. — Atl. Pl. IX fig. 7 et 8. — Type N° 103.)

Valve profondement contractée, à lobes suborbiculaires. Raphé entouré d'une zone hyaline assez large. Sillons plus écartés du raphé, presque droits. Côtes n'atteignant pas le bord de la valve à la partie contractée, au nombre d'environ 4 1/2 en 1 c.d.m., droites à la partie médiane de chaque lobe, convergentes à la partie moyenne des valves, radiantes aux extrémités. Une seule rangée de perles, difficilement visible, entre les côtes. Longueur 7 à 8 c.d.m.

Marin. — Ostende (Deby), Anvers (Escaut).

AA. Valve distinctement perlée.

N. bomboides A. Schm. (N. S. Diat. page 85; Pl. 1. fig. 2. — Atl. Suppl. fig. 19.—in Type N° 74 etc.)

Valve elliptique, légèrement contractée à la partie moyenne. Raphé entouré d'une aire hyaline étroite. Sillons larges, brusquement dilatés à la partie moyenne. Stries droites à la partie contractée, puis devenant insensiblement de plus en plus radiantes, au nombre de 4 à 5 en 1 c.d.m. formées de perles très-grandes, subquadrangulaires et se touchant presque, de façon que l'ensemble de la surface de la valve ressemble assez au pavage d'une rue. Longueur env. 11 c.d.m.

Marin. — Argile des polders d'Ostende. (Deby), Blankenberghe (H. V. H.).

Le *N. splendida Greg.* (Atl. Pl. V. fig. 14. — in Type N° 104.) diffère essentiellement de l'espèce précédente par ses sillons non ventrus à la partie moyenne. Cette espèce n'a pas encore été trouvée en Belgique.

N. didyma Ehr. (Kütz. Bacc. p. 100. T. IV. fig. 7.—Atl. Pl. IX. fig. 5 et 6. — Suppl. fig. 20, autre mise à point. — Type N° 102.)

Petit, constriction médiane à peine prononcée ; sillons droits, stries rapprochées, environ 8 en 1 c.d.m. Longueur environ 5 1/2 c.d.m.

Marin. — Anvers (Escaut), Ostende, Blankenberghe. — Assez commun.

N. Weissflogii A. Schm. (Ueber *N. Weissflogii* und *N. Grundleri* in Giebel's Zeitschr. 1873. — Atl. Suppl. fig. 21.)

Cette jolie espèce, très-semblable au *N. Didyma*, en diffère essentiellement par sa constriction plus forte, par la bande non perlée du milieu de la valve et par la disposition des perles environnant cette bande et dont l'ensemble forme une Croix de St-André. Stries env. 7 en 1 c.d.m. Longueur 4 1/2 à 5 c.d.m. env.

Marin. — Blankenberghe ; assez rare.

N. Bombus Ehr. (Abh. 1844. — Atl. Suppl. fig. 22. — in Type N° 104.)

Assez grand. Valve profondement contractée, à lobes subcordés; raphé entouré d'une large zone hyaline, à sillons montrant des petites perles en rangée irrégulièrement courbée. Stries 6 en 1 c.d.m., à grosses perles ; celles du bord de la valve allongées et beaucoup plus grandes que les autres. Partie médiane de la valve hyaline ne montrant que quelques grandes perles isolées. Longueur env. 8 c.d.m.

Marin. — Blankenberghe. — Rare.

N. vacillans A. Schmidt. (Atl. der Diat. Pl. 8 fig. 61.— Atl. Pl. IX fig. 9.)

Très-petit, valve étroitement elliptique, légèrement retrécie à la partie moyenne. Nodule médian grand; raphé, entouré d'une étroite zone hyaline. Sillons rapprochés du raphé presque droits, se courbant faiblement vers l'extérieur autour du nodule médian. Stries ponctuées finement en travers, faiblement radiantes, au nombre d'environ 16 en 1 c.d.m. Face frontale contractée au milieu. Longueur env. 2 c.d.m.

Marin. — Ostende, très-rare.

4. ELLIPTICÉES.

Valve munie de côtes.	Valve plus ou moins elliptique ou suborbiculaire.	Deux rangées de petites perles entre les côtes.	N. Smithii.
		Une seule rangée de perles entre les côtes.	N. fusca.
Valve perlée, non munie de côtes.	Nodule très-allongé.		N. littoralis.
	Nodule quadrangulaire ou arrondi.	Sillons brusquement courbés en dehors autour du nodule médian. .	N. elliptica.
		Sillons droits ou courbés en dedans près du nodule médian ; valve longuement elliptique.	N. oculata.

A. *Valve munie de côtes.*

N. Smithii Bréb. (in W. Sm. Synop. vol. II. page 92. — Atl. Pl. IX. fig. 12. — Supp. fig. 23. — Type N° 104.)

Valve oblongue ou linéaire-elliptique, parfois un peu rétrécie au milieu, à extrémités largement arrondies, un peu subcunéiformes. Nodule médian grand, quadrangulaire ; nodules terminaux n'atteignant pas l'extrémité de la valve; raphé entouré d'une zone hyaline assez large. Sillons élargis au milieu de la valve, diminuant insensiblement en forme de coin vers les extrémités. Côtes faibles, au nombre de 5 en 1 c.d.m., séparées par deux rangées de petites perles. Longueur environ 9 à 10 c.d.m.

Marin.— Anvers (Escaut). Blankenberghe.

Ce *Navicula* affecte des formes très-diverses, celle décrite ci-dessus est celle que l'on trouve le plus fréquemment à Blankenberghe et à Anvers, où il est rare. Beaucoup moins fréquente, est une forme elliptique que nous représentons dans le supplément fig. 23.

Le caractère le plus essentiel du *N. Smithii* est la double rangée de perles qu se trouve entre les côtes.

var. **Scutellum.** (*N. Scutellum O'Meara*, in Atlas, Pl. IX. fig. 11.)

Très-petit ; valve suborbiculaire-elliptique ; stries environ 8 en 1 c.d.m., perpendiculaires au raphé à la partie médiane, puis devenant de plus en plus radiantes. Longueur : environ 3 c.d.m. Largeur : 2,5 c.d.m.

Marin. Blankenberghe. Très-rare.

Observ. Lorsque nous dessinâmes la figure citée de l'Atlas, on n'avait pas encore les excellents objectifs homogènes qui ont été inventés depuis et nous n'avions pu reconnaître la vraie nature de la striation. Depuis lors, nous avons trouvé qu'il existe réellement deux rangées de perles excessivement délicates entre les stries et en conséquence nous rapportons cette forme qui semble bien être le *N. Scutellum* de *O'Meara* au *N. Smithii*.

N. fusca Greg. (*N. Smithii var. fusca Greg.* Diat. of the Clyde p. 14 pl. 1 fig. 15. — Atl. Suppl. fig. 24. —Type N° 105.)

Cette diatomée se distingue du *N. Smithii* par sa taille généralement un peu plus grande et parce qu'elle n'a qu'un seul rang de perles, assez grosses, entre les côtes.

Marin. — Blankenberghe. Rare.

AA. Valve perlée, non munie de côtes.

N. littoralis Donk. (Brit. Diat. p. 5. Pl. 1 fig. 2. — Atl. Suppl. fig. 25. — in Type N° 104.)

Valve ovale. Nodule très-allongé. Raphé non entouré d'une aire hyaline. Sillons complètement droits et tout à fait rapprochés du raphé. Stries 14 en 1 c.d.m., perpendiculaires au raphé à la partie médiane, devenant de plus en plus radiantes vers les extrémités. Longueur env. 4 à 5 c.d.m.

Marin. — Blankenberghe. — Très-rare.

N. oculata Bréb. ! (in Desm. éd. 1854 n° 110. — Atl. Pl. IX. fig. 10.)

Valve linéaire-oblongue à extrémités largement arrondies. Nodule médian subquadrangulaire ; raphé entouré d'une étroite zone hyaline ; sillons rapprochés du raphé, droits, légèrement incurvés près du nodule médian ; stries finement ponctuées, droites à la partie médiane, puis devenant peu à peu radiantes, au nombre de 17 en 1 c.d.m. Longueur 2 à 2 1/2 c.d.m. Largeur. env. 75 mill. de m.

Eaux douces. — Bruxelles (Jardin Botanique, Delogne).

N. elliptica Kütz. (Bacil. p. 98 T. XXX fig. 55. — Atl. Pl. X. fig. 10. — Type N° 107.)

Valve ovale-elliptique ou oblongue-elliptique. Raphé robuste, entouré d'une aire hyaline assez étroite, brusquement élargie autour du nodule médian ; sillons très-rapprochés du raphé, suivant les contours de la zone hyaline ; stries formées de grosses ponctuations, droites au milieu de la valve et devenant peu à peu radiantes vers les extrémités, au nombre de 11 env. en 1 c.d.m. Longueur 2 1/2 à 3 1/2 c.d.m. Largeur 1 1/3 à 1 1/2 c.d.m.

Eaux douces et saumâtres. — Assez commun.

var. oblongella Naeg. (Atl. Pl. X. fig. 12. — in Type N° 108.)

Petite, très-allongée, environ 16 stries en 1 c.d.m. Longueur 2 c.d.m. Largeur 3/4 de c.d.m. (0,75).

var. minima. (Atl. Pl. X. fig. 11.)

Très-petite, n'ayant qu'un peu plus d'un c.d.m. de longueur.

5. HENNEDYÉES.

Bords de la valve à grosses perles ; sillons à grosses perles éparses.	**N. Praetexta.**
Bords de la valve à fines perles ; sillons lisses ou finement mouchetés.	**N. Hennedyi.**

N. Praetexta Ehr. (Acad. Berlin 1840 p. 20. — Atl. Pl. IX. fig. 13.)

Valve largement elliptique. Raphé entouré d'une très-étroite zone hyaline, élargie en forme de stauros près du nodule médian. Striation normale sous forme de deux bandes : l'une au bord de la valve, l'autre le long du raphé, formée de gros granules, à espace intermédiaire occupé par une large dépression dont le fond est irrégulièrement granulé ; stries normales droites au milieu de la valve, puis peu à peu radiantes, au nombre de 6 à 7 en 1 c.d.m. Face frontale quadrangulaire-oblongue, profondement contractée au nodule médian ; zone connective montrant six lignes longitudinales de fins granules, dont les quatre intérieures sont disposées par paires. Longueur 7 à 9 c.d.m. Largeur 5 1/2 c.d. m.

Marin. — Blankenberghe, Escaut à Anvers. — Rare.

N. Hennedyi W. Sm. (Syn. Brit. Diat. vol. II. page 93. — **Atl. Pl. IX. fig. 14. Type N° 109.**)

Valve ovale ; raphé entouré d'une zone hyaline très-étroite, élargie en stauros près du nodule médian ; stries finement granulées, 10 en 1 c.d.m., peu à peu radiantes à partir du milieu de la valve, interrompues de chaque côté par une dépression dont le fond est lisse ou très-finement moucheté. Longueur environ 6 à 7 c.d.m. Largeur env. 4 c.d.m.

Marin. — Très-rare.— Blankenberghe.

var. clavata. (*Nav. clavata Greg.* Trans. mic. Soc. vol. IV. p. 46. — **Pl. V. fig. 17.**)
Diffère du type par les extrémités légèrement subrostrées et par la dépression qui est très étroite.

Marin. — Blankenberghe.— Très-rare.

6. LYRÉES.

Valve à grosses ponctuations; sillons plus ou moins divergents.			**N. Lyra.**
Valve à ponctuations fines; sillons fortement convergents.	Blanc entourant le raphé à extrémités médiaues claviformes.		**N. forcipata.**
	Blanc entourant le raphé à extrémités médianes non claviformes.	Nodule médian entouré d'une aire hyaline étroite ; sillons n'allant pas jusqu'à l'extrémité de la valve.	**N. abrupta.**
		Nodule médian entouré d'une large aire hyaline ; sillons atteignant à peu près les extrémités. . .	**N. pygmaea.**

a. Stries formées de gros granules.

N. Lyra Ehr. (Kütz. Bac. p. 94 T. XXVIII fig. 55. — **Atl. Pl. X. fig. 1 et 2. — Type N° 110.**)

Valve largement elliptique, à extrémités souvent un peu diminuées-subrostrées. Raphé entouré d'une étroite zone hyaline dilatée en stauros autour du nodule médian. Stries formées de grosses ponctuations au nombre d'environ 7 à 9 en 1 c.d.m., de plus en plus radiantes à partir de la partie moyenne et interrompues de chaque côté du raphé par un sillon dont le fond est généralement lisse, mais où les stries continuent parfois plus faiblement, incurvé au milieu où il rejoint

l'espace hyalin stauronéiforme, de façon que l'ensemble des espaces lisses simule une lyre. Longueur 11 à 12 c.d.m. Largeur env. 5 c.d.m.
Marin. — Blankenberghe. — Rare.

aa. Valves à stries finement ponctuées.

N. abrupta Grég. (*Nav. Lyra var. abrupta Greg.* Diat. of Clyde p. 14 Pl. 1 fig. 14. — Atl. Pl. X. fig. 4. — in Type N° 104.)
Diffère du précédent par les valves régulièrement ovales, à extrémités jamais diminuées et par les sillons toujours recourbés du côté du raphé, brusquement terminés à une certaine distance des extrémités. Stries env. 10 en un c.d.m. dans notre échantillon qui paraît être plus petit que d'ordinaire. La valve vue à sec est incolore.
Marin. — Très-rare. Lavage de moules. (Deby.)

N. forcipata Grev. (Quart. Mic. Journ. vol. VII p. 83. Pl. VI fig. 10 et 11.— Atl. Pl. X. fig. 3. — in Type N° 104.)
Diffère du *N. Lyra* par sa taille plus petite, ses stries rapprochées et finement granulées et surtout par l'agrandissement claviforme, qui est caractéristique, des extrémités médianes du raphé. Stries fines au nombre d'environ 15 en 1 c.d.m. Valve sèche brune.
Marin. — Escaut à Anvers, Blankenberghe. —Assez fréquent.

N. pygmaea Kütz. (Spec. Alg. p. 77. — *N. minutula W. Sm.* — Atl. Pl. X. fig. 7. — in Type N° 192.)
Petit, valve étroitement elliptique. Raphé entouré d'une zone hyaline, étroite, très-fortement élargie tout autour du nodule médian. Stries très-fines, environ 26 en 1 c.d.m. devenant peu à peu radiantes à partir du milieu de la valve, interrompues de chaque côté du raphé par un sillon fortement incurvé à la partie médiane et dont les extrémités rejoignent le raphé un peu avant d'arriver à l'extrémité de la valve. Longueur 2 1/4 à 4 1/2 c.d.m. Largeur 1 à 1 1/4 c.d.m.
Eaux saumâtres. — Anvers, Blankenberghe.
Eaux douces. — Louvain (P. G.)

7. ASPÉRÉES.

Une seule espèce; ponctuations donnant à la valve l'aspect d'une râpe. . . . . N. aspera.

N. aspera Ehr. (*Stauroptera aspera Ehr.* Amer. p. 134. 1. I, I. fig. 12 etc. *Stauroneis pulchella Sm.* — Atl. Pl. X. fig. 13 et Suppl. fig. 27. — in Type N° 101 etc.)

Valve linéaire-lancéolée ou elliptique-lancéolée, à extrémités obtuses ou subaigues. Raphé entouré d'une étroite zone hyaline dilatée en bande cunéiforme hyaline, n'atteignant pas les bords de la valve, autour du nodule median qui est rond, très-grand, mais difficilement visible. Valve paraissant couverte de grosses ponctuations, mais avec les

meilleurs objectifs on y voit des stries assez fines, interrompues dans leur longueur, finement divisées en travers, régulièrement radiantes jusqu'à l'extrémité de la valve au nombre de 9 à 10 en 1 c.d.m. Face connective large, allongée, à extrémités tronquées, arrondies, à partie médiane contractée. Longueur, 10 à 18 c.d.m. Largeur, env. 2 1/2 c.d.m.
Marin. — Anvers (très-rare), Blankenberghe, Ostende.

8. STAURONÉIDÉES.

Aspect stauronéiforme formé par un espace hyalin.	Extrémités capitées ; ponctuations interrompues çà et là. . . .	N. Tuscula.
	Extrémités non capitées ; espace stauronéiforme montrant une perle isolée.	N. mutica.
Aspect stauronéiforme formé par les stries médianes plus écartées.	Valve ni rostrée, ni ondulée.	N. Crucicula.
	Valve triondulée à extrémités apiculées-rostrées	N. integra.

A. Aspect stauronéiforme occasionné par un espace hyalin.

*** Ponctuations formant des lignes longitudinales irrégulières.**

N. Tuscula Ehr. (*Stauroneis punctata Kütz.* Bacc. p. 106 T. XXI fig. 9. — Atl. Pl. X. fig. 14. — Type N° 111.)

Valves elliptiques, à extrémités fortement rostrées-capitées. Raphé entouré d'une étroite zone hyaline dilatée autour du nodule médian en un pseudo-stauros irrégulièrement subdivisé. Stries au nombre de 7 à 8 en 1 c.d.m., devenant radiantes à partir du milieu de la valve, finement divisées en travers et à interruptions fréquentes dont l'ensemble forme des lignes longitudinales irrégulières. Longueur env. 8 c.d.m. Largeur 2 1/2 c.d.m.
Eaux douces et saumâtres. — Anvers (H. V. H.), Orval (Del.).

**** Ponctuations ne formant pas des lignes longitudinales.**

N. mutica Kütz. ! (*Stauroneis Cohnii Hilse.* — Atl. Pl. X fig. 17. — Type N° 113.)

Valve elliptique ou elliptique-lancéolée. Raphé entouré d'une étroite zone hyaline, qui, autour du nodule médian, se dilate en un pseudo-stauros sur l'un des côtés duquel se voit une grosse perle isolée. Stries radiantes, à ponctuations bien marquées, au nombre d'environ 15 à 18 en 1 c.d.m. Longueur 1 à 2 c.d.m. Largeur env. 7 mill.d.m.
Eaux saumâtres. — Pilotis de l'Escaut à Anvers ; Ostende, etc.

var. Goeppertiana. — (Atl. Pl. X fig. 18. — Type N° 114.)
Valve régulièrement lancéolée.
Laeken près Bruxelles (Del.).

var. undulata (Atl. Pl. X. fig. 20 C. — in Type N° 148.)
Bords faiblement ondulés.
Non encore signalé.

var. quinquenodis. (Atl. Pl. X. fig. 21. — in Type N° 146.)

Valve présentant 3 forts renflements de chaque côté.
Groenendael. (Del.)

var. ventricosa. (Pl. IV. fig. 1 b. *Stauroneis ventricosa Kütz.*)
Valve à extrémités rostrées-capitées.
A rechercher.

AA. Aspect stauronéiforme occasionné par l'écartement des stries médianes.

N. Crucicula (W. Sm.). (*Stauroneis W. Sm.* Syn. vol. I. p. 60. Pl. 19 fig. 192. — Atl. Pl. X. fig. N° 15.)

Valve largement lancéolée ou lancéolée-elliptique, à extrémités obtuses, un peu contractées ; stries touchant presque le raphé, un peu abrégées près du nodule médian. Stries médianes droites, plus robustes et plus écartées et produisant, sous un grossissement insuffisant, l'aspect d'un stauros ; les autres, au nombre de 16 à 17 environ en 1 c.d.m., fines, serrées, délicatement ponctuées, de plus en plus radiantes à partir des médianes. Longueur environ 4 1/2 c.d.m. Largeur 1 1/2 c.d.m.

Eaux saumâtres. — Anvers (Escaut); Blankenberghe.

var. protracta Grun. (Arct. Diat. p. 35. Pl. II fig. 38. — Atl. Suppl. fig. 27. — in Type N° 196.)

Valve linéaire-lancéolée à extrémités largement rostrées. Stries 18 à 21 en 1 c.d.m. Longueur 2,25 à 3,5 c.d.m.

Saumâtre. — Austruweel près d'Anvers.

N. integra W. Sm. (Syn. Brit. Diat. vol. II p. 96. — Atl. Pl. XI fig. 22.)

Valve lancéolée-elliptique à bords 3-7 ondulés, à extrémités brusquement rostrées-apiculées. Raphé entouré d'une étroite zone hyaline; stries médianes droites, écartées, produisant un pseudo-stauros sous un faible grossissement, puis radiantes au nombre de 23 en 1 c.d.m. Longueur environ 3 c.d.m. Largeur env. 1 c.d.m.

Eaux légèrement saumâtres. — Anvers, Blankenberghe.

Pourrait bien, d'après M. Grunow. (Arc. Diat. p. 36), n'être qu'une simple variété du *N. Crucicula* qui est un protée analogue au *N. mutica*.

9. PALPÉBRALES.

Valves à zone hyaline très-allongée, lancéolée . . . . **N. palpebralis.**

N. palpebralis Bréb. (in W. Sm. Synopsis, p. 50, suppl. Pl. XXXI fig. 273. Atl. Pl. XI fig. 9. — Type N° 116.)

Valve largement elliptique-lancéolée, à extrémités aiguës, légèrement mucronées ; stries radiantes assez robustes, ponctuées, marginales, laissant autour du raphé un large espace hyalin de forme lancéolée.

Stries vigoureuses, env. 10 en 1 c.d.m. Longueur 4 1/2 à 5 c.d.m. Largeur 7 1/2 c.d.m.

Marin. — Ostende, Blankenberghe (H. V. H.), Embouchure de l'Escaut (Thomson).

var. obtusa. (Atl. Pl. XI. fig. 8.)
Extrémités un peu contractées, très-obtuses.
Marin. — Blankenberghe.

var. angulosa. (*N. angulosa Greg.*—Atl. Pl. XI fig. 10. — in Type N° 116.)
Aire hyaline plus petite, angulaire.
Marin. — Escaut à Anvers ; Blankenberghe.

var. minor Grun. (Atl. Pl. XI. fig. 11.)
Beaucoup plus petit que le type, à peine 2 1/2 c.d.m. de long., 10 à 11 stries en 1 c.d.m.
Marin. — Ostende.

var. Barklayana Greg ? (*N. Barklayana Greg.* ?— Atl. Pl. XI. fig. 12.)
Valve à bords presque droits, brusquement atténués.
Marin. — Blankenberghe.

10. ABRÉVIÉES.

Valve à espace hyalin considérable, arrondi, brusquement diminué. . . . . **N. brevis.**

N. brevis Greg. (Diat. of Clyde p. 6. — Pl. 1. fig. 4. — Atl. Pl. XI fig. 19.
Valve elliptique, à extrémités diminuées-rostrées, à rostre très-large. Raphé entouré d'une zone hyaline assez large, se dilatant autour du nodule médian en un espace hyalin considérable, arrondi, brusquement diminué. Stries radiantes, finement ponctuées, au nombre de 14 en 1 c.d.m.

Marin. — Lavage de moules (Deby). Forme très-rare.

var. elliptica. (Atl. Pl. XI. fig. 18.)
Cette forme à extrémités arrondies, non diminuées-rostrées, est beaucoup plus fréquente que le type, elle se rencontre dans les eaux saumâtres, mais n'a pas été trouvée jusqu'ici en Belgique.

11. PERSTRIÉES.

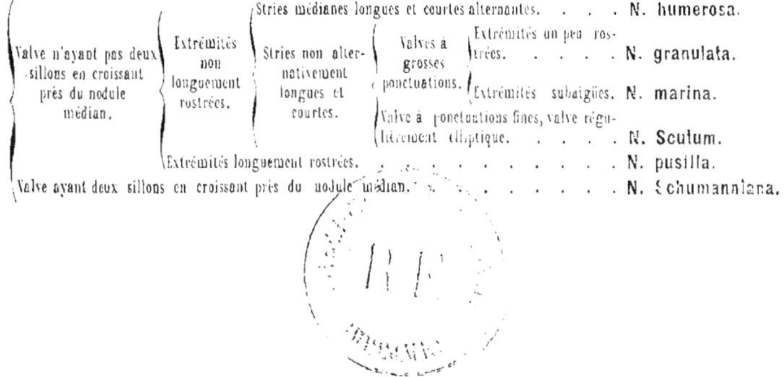

Valve n'ayant pas deux sillons en croissant près du nodule médian.	Extrémités non longuement rostrées.	Stries médianes longues et courtes alternantes. . . .			**N. humerosa.**
		Stries non alternativement longues et courtes.	Valves à grosses ponctuations.	Extrémités un peu rostrées.	**N. granulata.**
				Extrémités subaigües.	**N. marina.**
			Valve à ponctuations fines, valve régulièrement elliptique.		**N. Scutum.**
	Extrémités longuement rostrées.				**N. pusilla.**
Valve ayant deux sillons en croissant près du nodule médian.					**N. Schumanniana.**

I. Valve sans sillons en croissant près du nodule médian.

a. Extrémités non longuement rostrées.

a'. Stries médianes alternativement longues et courtes.

N. humerosa Bréb. (in W. Sm. vol. II. p. 93. — Atl. Pl. XI. fig. 20. Type N° 117.)

Valve linéaire-elliptique à extrémités un peu brusquement contractées-atténuées. Raphé entouré d'une étroite zone hyaline, un peu dilatée transversalement autour du nodule médian. Stries distinctement granulées, radiantes, les médianes inégalement longues, assez distantes, les autres serrées, au nombre d'environ 9 en 1 c.d.m. Longueur 5 à 7 c.d.m. Largeur 2 1/2 à 3 c.d.m.

Marin. — Blankenberghe (P. Petit).

Cette espèce, dit Donkin (Brit. Diat.), est très-variable sous le rapport de la grandeur et du contour extérieur. La valve sèche est incolore.

aa' Stries médianes non alternativement longues et courtes.

b. Valve à grosses ponctuations.

N. granulata Bréb. Ms. (Atl. Pl. XI. fig. 15.— in Types N°s 74, 116, 339, 526.)

Valve large, elliptique ou linéaire-elliptique, à partie moyenne parfois légèrement rétrécie, à extrémités brusquement atténuées, courtement rostrées. Raphé entouré d'une étroite zone hyaline, élargie transversalement autour du nodule médian. Stries radiantes, au nombre de 8 en 1 c.d.m., composées de très-grosses ponctuations. Valve sèche d'un bleu purpurin. Longueur 6 à 9 c.d.m. Largeur 2 1/2 à 4 1/2 c. d. m.

Marin : Ostende, Blankenberghe.

N. marina Ralfs. (in Pritch Inf. p. 903. — Atl. Pl. XI. fig. 16. — Type N° 118.)

Valve largement ovale, à extrémités subaiguës. Raphé entouré d'une zone hyaline étroite, irrégulière, un peu élargie autour du nodule médian. Stries radiantes, 10 à 11 en 1 c.d.m., formées de très-grosses ponctuations. Longueur 6 à 7 c.d.m. Largeur 2 1/2 à 3 1/2 c.d.m.

Marin ? (saumâtre selon Donkin). Très-rare : Lavage de moules. (Deby.)

b. Valve à ponctuations fines.

N. Scutum Schumann.? (Preuss. Diat. p. 188 fig. 45. — Atl. Pl. XI. fig. 14.)

Valve étroitement elliptique, à extrémités non rétrécies. Raphé entouré d'une zone hyaline assez large, irrégulière, élargie autour du nodule médian. Nodules terminaux robustes. Stries faiblement radiantes, finement granulées, au nombre de 16 en 1 c.d.m. Longueur 3 c.d.m. Largeur 1 c.d.m.

Eaux douces. — Très-rare? Manage (P. G.).

aa. Extrémités longuement rostrées.

N. pusilla W. Sm. ! (Syn. V. I. p. 52 pl. XVII fig. 145. — Atl. Pl. XI fig. 17. — Type N° 119.)

Valve variant de largement ovale à elliptique-lancéolée, à extrémités longuement rostrées, à rostre tronqué. Raphé entouré d'une petite zone hyaline élargie autour du nodule médian ; stries distinctement granulées, les médianes souvent d'inégale longueur, distantes, au nombre de 10 environ en 1 c.d.m., les suivantes plus serrées, moins robustes, environ 14 en 1 c.d.m., radiantes. Longueur 3 1/2 à 4 1/2 c.d.m. Largeur environ 2 c.d.m.

Eaux saumâtres. — Anvers.

2. Valve ayant deux sillons en croissant près du nodule médian.

N. Schumaniana Grun. (*N. Trochus* (*Ehr*) ??? *Schumann.* Preuss. Diat. p. 189. — T. 2 fig. 52 — Atl. Pl. XI fig. 21.)

Valve étroitement elliptique, à partie médiane fortement renflée; raphé entouré d'une faible zone hyaline, notablement élargie autour du nodule médian et montrant là, de chaque côté du nodule, dans le sens longitudinal, un sillon profond en forme de croissant ; stries radiantes, env. 16 à 17 en 1 c.d.m. Longueur env. 3 c.d.m. Largeur, au renflement médian, 1 c.d.m.

Eaux douces. — Rare. — Anvers (P. G.), Bruxelles (Delogne).

12. JOHNSONIÉES.

N. Johnsonii (W. Sm.) ! (*Pinnularia Johnsonii W. Sm.* Syn. vol. I. p. 58 pl. XIX fig. 179. — Atl. Suppl. fig. 28.)

Valve très-allongée, linéaire, à partie médiane et à extrémités légèrement renflées ; raphé non entouré d'une aire hyaline ; stries délicates, longitudinales et transversales, se coupant à angle droit, également distancées, environ 20 en 1 c.d.m. Longueur 13 à 14 c.d.m. Largeur à la partie médiane, 1 c.d.m.

Saumâtre. — Non encore trouvé.

var. Belgica H.V.H. — (Atl. Suppl. fig. 29.)

Beaucoup plus petit que le type et à renflements plus prononcés. 24 stries en 1 c.d.m. Longueur 6 à 7 c.d.m. Largeur au renfl. médian 0,75 c.d.m.

Saumâtre. — Ostende. (Charles Petit).

13. CRASSINERVIÉES.

Valve lancéolée à extrémités non rostrées-capitées.	**N. cuspidata.**
Valve à extrémités rostrées sub-capitées.	**N. ambigua.**
Valve rostrée-subcapitée présentant des épaississements transversaux.	**forma craticula.**

N. cuspidata Kütz. (Bac. p. 94 T. 11 fig. 24 et 37. — Atl. Pl. XII fig. 4.)

Valve largement lancéolée, à extrémités légèrement renflées non rostrées; stries transversales légèrement radiantes, presque perpendiculaires au raphé, fines, atteignant presque le raphé, au nombre de 14 en 1 c.d.m. Stries longitudinales fines et plus serrées. Longueur environ 9 c.d.m. Largeur 2 1/3 c.d.m.

Eaux douces. — Commun.

var. halophila Grun. (Atl. Suppl. fig. 30.— in Type N° 12.)

Etroit, très-petit : environ 5 c.d.m. ; stries délicates, 16 environ en 1 c.d.m., radiantes vers la partie moyenne, convergentes aux extrémités.

Saumâtre. — Blankenberghe.

N. ambigua Ehr. (Amer. 1843 p. 129 T. II 2. fig. 9.— Atl. Pl. XII. fig. 5.— Type N° 121)

Diffère du précédent, dont ce n'est peut-être qu'une variété, par sa taille plus petite et ses extrémités qui sont rostrées-capitées. Longueur 6 à 7 c.d.m. Largeur. 1 1/2 c.d.m.

Eaux douces. — Commun.

forma craticula (Atl. Pl. XII fig. 6. — Type N° 122.)

Valve présentant des épaississements transversaux.

On a présenté dans la fig. XII, à droite, des stries fines qui existent sur la surface de la valve, et à gauche des stries robustes, fortement rayonnantes, qui se montrent dans une couche plus profonde, probablement à la surface intérieure de la valve.

Mêlé au type mais rare. Louvain et Manage (P. G.)

Note. Les formes décrites ci-dessus avaient été comprises par feu notre excellent ami de Brébisson dans son genre *Van Heurckia*. Les études que nous en avons faites à l'aide d'objectifs meilleurs qu'il n'en existait à l'époque où M. de Brébisson publia son travail, nous ont démontré que le raphé étant simple, ces formes ne pouvaient plus être admises dans le genre susdit.

14. SCULPTÉES.

{ Valve à extrémités rostrées, pas de dépression médiane formant un pseudo-stauros . . . **N. sculpta.**
{ Valve à extrémités rostrées-capitées, à dépression médiane simulant un pseudo-stauros. . . **N. sphaerophora.**

N. sculpta Ehr. (Mikrog. Pl. X., 1 fig, 5. — Atl. Pl. XII. fig. 1.— Type N° 123.)

Valve elliptique, à extrémités diminuées, puis longuement rostrées, à rostre obtus. Raphé entouré d'une zone hyaline notable. Stries faiblement radiantes, au nombre de 15 à 16 en 1 c.d.m., formées de grosses ponctuations interrompues, près du raphé, par une large dépression de la valve, de façon à ne laisser contre celui-ci qu'une seule rangée de granules. La dépression continue aussi, mais moins forte, vers l'un des bords de la valve sous forme d'un pseudo-stauros unilatéral, peu visible. Longueur 7 à 8 c.d.m. Largeur 2 1/2 c.d.m.

Eaux douces et saumâtres ? — Rare. — Parck près Louvain (P. G.), Blankenberghe.

N. sphærophora Kütz. (Bac. p. 95 Pl. IV. fig. 17. — Atl. Pl. XII. fig. 2 et 3 — Type N° 124.)

Valve elliptique-lancéolée, à extrémités rostrées-capitées. Raphé entouré d'une aire hyaline notable. Stries au nombre de 16 en 1 c.d.m., légèrement radiantes, granulées, interrompues par des dépressions longitudinales étroites et par une large dépression transversale, formant un pseudo-stauros très-visible. Longueur 5 1/2 à 8 c.d.m. Largeur 1 3/4 à 2 c.d.m.

Eaux douces. — Peu commune. — Anvers. — Bruxelles (Delogne).

N'est peut-être qu'une variété du précédent.

15. SERIANTÉES.

Valve lancéolée, parfois subrhomboïdale, à extrémités subaiguës.	N. serians.
Valve lancéolée, étroite, à extrémités rostrées-capitées.	N. exilis.

N. serians Bréb. (in Kütz. Bac. p. 92 T. XXX fig. 23. — Atl. Pl. XII. fig. 7. — in Type N° 125.)

Valve lancéolée. Raphé entouré d'une zone hyaline assez large, un peu dilatée autour du nodule médian qui est gros et rond. Stries fines, environ 24 en 1 c.d.m., faiblement radiantes, formées de perles allongées qui, par leur disposition espacée, simulent des lignes longitudinales irrégulières. Longueur 6 à 8 c.d.m. Largeur 1 1/2 c.d.m.

Marais tourbeux. — Rare. — Calmpthout (Deby); Tête de Flandre à Anvers.

var. brachysira (*N. brachysira Bréb.* — Atl. Suppl. fig. 126. — Types N°s 126 et 127.)

Valve sub-rhomboïdale à extrémités sub-aiguës.

Eaux douces. — Cornimont, Bouillon (Del.).

N. exilis Grun. (in Atl. Pl. XII. fig. 11 et 12. — Type N° 128.)

Valve lancéolée, étroite, à extrémités rostrées-capitées. Striation comme structure et direction analogue à celle du *N. serians*, auquel il se relie par gradation insensible (Voir Atl. Pl. XII. fig. 10); environ 30 stries en 1 c.d.m. Longueur 2 1/3 à 3 c.d.m. Largeur environ 1/2 c.d.m.

A rechercher.

16. FORMOSÉES.

Stries partout marginales.			N. formosa.
Stries non marginales.	Raphé à zone hyaline non notablement dilatée autour du nodule médian.		N. Liburnica.
	Zone très-dilatée autour du nodule médian.	Dilatation sous forme d'aire arrondie.	N. permagna.
		Dilatation très-considérable, subquadrangulaire.	N. amphisbaena

N. formosa Greg. (Micr. Journ. 1856 p. 42. — Atl. Pl. XI. fig. 2. —in Type N° 105.)

Valve linéaire, elliptique, à extrémités un peu atténuées-obtuses. Raphé entouré d'une large zone hyaline, elliptique-lancéolée ; nodules terminaux robustes, nodule médian latéral. Stries marginales robustes, finement divisées en travers, un peu radiantes, traversées par un étroit sillon assez distant des bords, au nombre d'environ 10 en 1 c.d.m. Longueur environ 14 c.d.m. Largeur environ 3 c.d.m.

Marin et saumâtre. — Escaut à Anvers.

N. Liburnica Grun. (Atl. Pl. XI fig. 3. — Type N° 133.)

Diffère du précédent pas ses extrémités subaiguës, sa taille plus petite, la zone hyaline étroite et ses stries (12 en 1 c.d.m.) plus rapprochées. Longueur 9 à 10 c.d.m. Largeur 2 c.d.m.

Marin. — Blankenberghe.

N. permagna Bailey. (Smithson. Contrib. — 1850 Bail. Microscopical, Observations in Georgia, S. Carolina et Florida. p. 4 pl. II. fig. 28, 38. Trans. R. Mic. Soc. 1866 p. 127. pl. XII fig. 18 à 21 — Atl. Pl. XI. fig. 1. — Type N° 134.)

Valve largement lancéolée, à extrémités subaiguës. Nodule médian latéral, nodules terminaux robustes. Raphé entouré d'une large zone hyaline, dilatée en aire arrondie à la partie médiane. Stries fines, environ 12 en 1 c.d.m., radiantes, finement divisées en travers et interrompues près du bord de la valve par une dépression assez large dont les bords simulent un double sillon. Longueur environ 14 c.d.m. Largeur 4 c.d.m.

Eaux saumâtres. — Rare, Anvers.

N. amphisbaena Bory. (Encyclop. Meth. 1824. — Atl. Pl. XI. fig. 7. — Type N° 130.)

Valve largement elliptique, à extrémités fortement rostrées-capitées.— Nodule médian latéral, nodules terminaux robustes. Raphé entouré d'une zone hyaline notable, dilatée au milieu de la valve en un large espace lancéolé-subquadrangulaire.; Stries radiantes, environ 14 en 1 c.d.m., finement divisées en travers, interrompues par un sillon submarginal assez large. Longueur 6 à 7 c.d.m. Largeur 2.25 c.d.m.

Eaux douces ou un peu saumâtres. — Anvers, etc.

var. subsalina. (Atl. Pl. XI fig. 6. — Type N° 131.)

Extrémités légèrement acuminées, non rostrées-capitées.

Eaux saumâtres. — Bords de l'Escaut à Anvers.

forma major. (Atl. Pl. XI fig. 4.)

Beaucoup plus grand, valve lancéolée, insensiblement atténuée jusqu'aux extrémités qui sont très-légèrement acuminées. Longueur 10 c.d.m. — Largeur env. 3 c.d.m.

Eaux saumâtres. — Escaut à Anvers.

var. Fenzlii. (Atl. Pl. XI fig. 5.)

Valve plus large, à extrémités à peine acuminées.

17. *LIMOSÉES.*

Pas de pseudo-stauros, valve à trois renflements très-marqués. . . . . **N. limosa.**
Un pseudo-stauros. Valve à trois renflements peu marqués . . . . **N. ventricosa.**
Un pseudo-stauros. Valve linéaire sans renflements . . . . **N. fontinalis.**

N. limosa Kütz. (Bac. p. 101. — Atl. Pl. XII fig. 18. — Type N° 135.)

Valve étroite, linéaire, à trois ondulations égales, faibles, à extrémités arrondies. — Raphé entouré d'une zone hyaline lancéolée, un peu élargie à la partie médiane. Nodule médian un peu latéral ; nodules terminaux robustes. Stries 16 à 17 en 1 c.d.m., un peu convergentes à la partie moyenne, faiblement radiantes aux extrémités, traversées par un étroit sillon rapproché des bords de la valve, dont il suit les contours. Longueur 7 à 8 c.d.m. — Largeur environ 1 1/2 c.d.m.

Eaux douces. — Louvain (P. G.), Laviot (Del.), Anvers. — N'est probablement pas rare.

var. gibberula. (*N. gibberula Kütz.* — Atl. Pl. XII fig 19.)

Plus petit, valve à renflements plus marqués, à extrémités cunéiformes. Longueur 4 1/2 à 5 c.d.m.

N. ventricosa (Ehr. ?) Donkin. (Brit. Diat. p. 74. — Atl. Pl. XII fig. 24.)

Diffère du *N. limosa* par ses renflements à peine marqués, ses stries plus fines, de 18 à 20 en 1 c.d.m. et par l'aire hyaline stauronéiforme qui entoure le nodule médian. Longueur environ 6 c.d.m. Largeur 1 1/4 c.d.m.

Eaux douces. — Anvers, etc.

var. minuta. (Atl. Pl. XII. fig. 26.)

Très-petit (2 1/2 c.d.m. de long), à renflements plus marqués ; pseudo-stauros plus large et extrémités un peu cunéiformes 21 stries en 1 c.d.m.

Eaux douces. — Louvain (P. G.)

N. fontinalis Grun. (Atl. Pl. XII. fig. 33.)

Valve linéaire, à extrémités arrondies. Raphé entouré d'une zone hyaline lancéolée, élargie au milieu de la valve en un très-large pseudo-stauros. Stries faiblement radiantes, 24 à 26 en 1 c.d.m., traversées par un sillon presque marginal. Longueur environ 2 1/2 c.d.m. Largeur 1/2 c.d.m.

Eaux douces. — Bruxelles (Delogne).

18. *AFFINÉES.*

Raphé à extrémités médianes courbées en crochet; stries fines, subparallèles, à ponctuations allongées. interrompues près des bords par un sillon profond. . . . . **N. Iridis.**

N. Iridis Ehr. (Kütz. Bac. p. 92 T. XXVIII fig. 42. — *N. firma W. Sm.* — Atl. Pl. XIII fig. 1.)

Valve linéaire-elliptique, à extrémités arrondies. Raphé à extrémités médianes courbées en crochet, dirigées en sens opposé, entouré d'une zone hyaline dilatée transversalement autour du nodule médian qui est placé un peu obliquement; nodules terminaux robustes. Stries fines, à ponctuations allongées, environ 16 en 1 c.d.m. subparallèles, un peu obliques, interrompues près des bords par un profond sillon qui se termine à la partie antérieure des nodules terminaux. Longueur 10 à 17 c.d.m. Largeur 2 1/4 à 3 c.d.m.

Eaux douces. — Pleinevaux (Delogne).

var. amphigomphus Ehr. (Atl. Pl. XIII. fig. 2. — in Type N° 67.)

Plus petit, à extrémités cunéiformes.

Eaux douces.

var. amphirhynchus. Ehr. (Atl. Pl. XIII. fig. 5.)

Valve linéaire, étroite, à extrémités largement et longuement rostrées, à rostre à peine renflé à l'extrémité.

Eaux douces.

var dubia Ehr. (Atl. Suppl. fig. 32. — in Type N° 79.)

Valve linéaire, courte, assez large, à extrémités largement rostrées, à rostre non renflé. — 20 stries en 1 c.d.m. Longueur : 3,75 c.d.m. Largeur : env. 1 c.d.m.

Eaux douces. — La Hulpe (Del.).

var. undulata Grun. — (Atl. Pl. XIII. fig. 6.)

Diffère de *l'amphirhynchus* en ce que les bords sont triondulés.

Eaux douces. — Assez rare ? Anvers.

var. affinis. (Atl. Pl. XIII. fig. 4. — Type N° 136.)

Valve linéaire à extémités plus ou moins rostrées-capitées.

Eaux douces.

var. producta. (Pl. XIII. fig. 3.)

Valve elliptique, à extrémités fortement rostrées-capitées.

Eaux douces.

Plusieurs de ces formes se rencontrent souvent ensemble.

Le P. Gautier à observé que dans toutes ces formes, après la mort, l'endochrôme se partage en quatre masses ; durant la vie on peut déjà observer au milieu de l'endochrôme un commencement de division.

19. LINÉARIÉES.

Sillon très-visible ; nodules terminaux contournés en virgule. . . . . **N. Liber.**

N. Liber W. Smith. (Syn. vol. 1 p. 48. pl. XVI. fig. 133. Atl. Pl. XII. fig. 36. — Type N° 137.)

Valve linéaire-étroite, à extrémités arrondies. Raphé à zone hyaline à peine marquée. Nodule médian entouré d'une petite aire hyaline arrondie, nodules terminaux un peu éloignés des extrémités, contournés en virgule. Stries fines, parallèles, environ 18 en 1 c.d.m., traversées par un sillon longitudinal, courbé vers le bord à la partie médiane. Longueur environ 8 c.d.m. Largeur 1 1/2 c.d.m.

Marin. — Lavages de moules (Deby).

var. linearis. — (Atl. Pl. XII fig. 35.)

Beaucoup plus petit et plus étroit. Longueur 5 1/2 c.d.m. Largeur environ 1 c.d.m.

20. *AMÉRICANÉES.*

Stries partout marginales et très-écourtées à la partie moyenne de la valve. . . . . . **N. Americana.**

N. Americana Ehr. (Mikrog. T. II, II fig. 16. — Atl. Pl. XII, fig. 37. — Type N° 138.)

Valve linéaire-oblongue, à extrémités arrondies, faiblement rétrécie vers le milieu. Raphé robuste, entouré d'une zone hyaline occupant la moitié de la valve et encore dilatée autour du nodule médian qui est robuste et marqué de un à deux points vers son tiers inférieur. Stries marginales faiblement radiantes, finement ponctuées et au nombre de 16 en 1 c.d.m. Longueur environ 9 1/2 c.d.m. Largeur à la constriction médiane 2 1/2 c.d.m., aux parties les plus larges 2 3/4 c.d.m.

Eaux douces. — Très-rare. — Anvers (Bellcroche !).

21. *BACILLÉES.*

- Valve linéaire, sans renflements.
  - Nodules terminaux non prolongés latéralement.
    - Nodules terminaux non prolongés, entourés d'une aire hyaline. **N. Bacillum.**
    - Nodules terminaux prolongés en virgule ; pas d'aire hyaline. . **N. subhamulata.**
  - Nodules terminaux prolongés latéralement en hameçon. . . . . . **N. pseudo-Bacillum.**
- Valve renflée au milieu et aux extrémités, nodules terminaux prolongés latéralement en hameçon. **N. Pupula.**

N. Bacillum Ehr. (Mikrog. Pl. XV. A. fig. 33. — Atl. Pl. XIII. fig. 8. — in Type N° 548.)

Valve linéaire, à extrémités arrondies, épaissies, lisses. Raphé entouré d'une zone hyaline très-étroite, un peu élargie autour du nodule médian et aux extrémités de la valve. Stries faiblement radiantes, finement granulées, au nombre de 14 à la partie moyenne de la valve et d'environ 17 aux extrémités. Longueur 5 1/2 c.d.m. Largeur 1 1/2 c.d.m.

Eaux douces.

forma minor. — (Atl. Pl. XIII. fig. 10.)

Plus petit et plus étroit, dimensions n'atteignant qu'environ la moitié du précédent. Stries plus fines, 16 au milieu, 20 aux extrémités de la valve.

Eaux douces. — Bruxelles, Jardin Botanique (Delogne).

N. pseudo-Bacillum Grun. ! (Atl. Pl. XIII. fig. 9.)

Diffère du *N. Bacillum* par son aire hyaline plus grande, ses nodules terminaux prolongés latéralement en hameçon de chaque côté et par ses stries plus fines au nombre de 21 au milieu et 24 aux extrémités de la valve, en 1 c.d.m. Longueur environ 4 1/2 c.d.m., largeur environ 1 1/2 c.d.m.

Eaux douces. — Louvain (P. G.).

N. subhamulata Grun ! (Atl. Pl. XIII fig. 14.)

Valve linéaire, un peu renflée à la partie médiane, à extrémités arrondies. Raphé entouré d'une très-faible zone hyaline un peu dilatée autour du nodule médian. Nodules terminaux en forme de crochet. Stries un peu radiantes, très-faibles, environ 26 en 1 c.d.m. Face connective à bords ondulés. Longueur : 2 c.d.m. Largeur : un peu plus d'un 1/2 c.d.m.

Eaux douces. — Bruxelles (Delogne).

N. Pupula Kütz. ! (Bac. p. 93. T. 30 fig. 40. — Atl. Pl. XIII. fig. 15-16.)

Valve linéaire, renflée à la partie médiane et aux extrémités qui sont arrondies. Raphé entouré d'une étroite zone hyaline brusquement élargie en pseudo-stauros autour du nodule médian. Nodules terminaux prolongés latéralement. Stries radiantes, fines, au nombre de 21 à 24 en 1 c.d.m. Longueur de 1 et 2/3 à 3 et 2/3 c.d.m. Largeur de 1/2 à 1 c.d.m.

Eaux douces. — Louvain (P. G.). — Anvers.

22. *MINUTISSIMÉES.*

I. Frustules non réunis en bandes.

Valve à grosses stries simulant des côtes.					N. incerta.
Stries délicates.	Valve ayant un pseudo-stauros.	Valve un peu renflée à la partie médiane.			N. Seminulum.
		Valve non renflée.	Valve linéaire-elliptique.		N. minima.
			Valve elliptique.		N. atomoides.
	Valve sans pseudo-stauros.	Valve lancéolée.	Valve assez large, à stries radiantes ; extrémités subrostrées.		N. Falaisensis.
			Valve très-étroite, à stries parallèles ; extrémités non subrostrées.		N. Bulnheimii.
		Valve non lancéolée.	Valve profondément contractée à la partie moyenne.		N. binodis.
			Valve non contractée.	Valve renflée à la partie moyenne.	N. perpusilla.
				Valve non renflée. Valve linéaire-allongée.	N. lepidula.
				Valve non renflée. Valve ellipt. sublancéolée	N. exilissima.
				Valve non renflée. Valve elliptique suborbiculaire.	N. Atomus.

II. Frustules réunis en bandes.

Valve à parties médiane et terminales renflées.		N. contenta.
Valve non ainsi.	Valve linéaire-elliptique, à bord muni de grosses perles espacées.	N. Gallica.
	Valve linéaire, renflée au milieu, sans grosses perles au bord.	N. Flotowiana.

I. Frustules non réunis en longues bandes.

a. Valve munie de côtes.

N. incerta Grun.! (Atl. Pl. XIV. fig. 43.)

Valve linéaire-lancéolée, à extrémités un peu diminuées ; stries en forme de côtes robustes, atteignant presque le raphé, un peu distantes, au nombre d'environ 15 en 1 c.d.m. Longueur 1 1/2 c.d.m. Largeur 0,6 c.d.m.

Marin. — Blankenberghe.

aa. Valves sans côtes.

b. Valve munie d'un pseudo-stauros.

N. Seminulum Grun. ! (Atl. Pl. XIV. fig. 9. — Type N° 143.)

Valve presque linéaire, à partie médiane renflée, à extrémités obtuses-arrondies ; stries radiantes, assez robustes, ponctuées, au nombre de 20 en 1 c.d.m., atteignant à peu près le raphé, très écourtées auprès du nodule médian où leur faible longueur produit un blanc stauronéiforme. Longueur environ 1 1/2 c.d.m. Largeur 0,4 c.d.m.

Eaux douces. — Bruxelles (Delogne).

N. minima Grun ! (Atl. Pl. XIV. fig. 15. — Type N° 142.)

Valve linéaire à extrémités arrondies ; stries radiantes, au nombre de 26 en en 1 c.d.m., atteignant le raphé, les médiantes très-écourtées et considérablement plus distantes. Longueur 1,5 c.d.m. Largeur 0,45 c.d.m.

Eaux douces. — Bruxelles, dans une carafe (Del.).

N. atomoides Grun. ! (Atl. Pl. XIV. fig. 11. — in Type N° 219.)

Valve elliptique ; stries fines, faiblement radiantes, au nombre de 27 à 30 en 1 c.d.m., atteignant presque le raphé, mais écourtées près du nodule médian où elles forment un pseudo-stauros plus ou moins long. Frustules souvent réunis par 3 ou 4. Longueur environ 0,8 c.d.m. Largeur environ 0.4 c.d.m.

Eaux douces. — Anvers, dans un aquarium où l'espèce se maintient déjà depuis plus de 3 ans.

bb. Valve sans pseudo-stauros.

N. Atomus Naegeli. (Atl. Pl. XIV. fig. 24. — Type N° 149.)

Valve elliptique, faiblement siliceuse. Raphé robuste. Stries fines, fortement radiantes, au nombre d'environ 30 en 1 c.d.m. Longueur 0,4 à 0,8 de c.d.m. Largeur 0.25 à 0,4 de c.d.m .

Endroits humides. — Bruxelles (Delogne), Anvers.

N. Falaisensis Grun ! (Atl. Pl. XIV. fig. 5. — in Type N°s 127 et 348.)

Valve étroitement lancéolée, à extrémités subrostrées ; stries assez robustes, environ 20 en 1 c.d.m, n'atteignant pas tout-à-fait le raphé et laissant autour du nodule médian une petite aire hyaline arrondie. Longueur environ 2 1/2 c.d.m.

Eaux douces. — Bouillon (Del.).

N. Bulnheimii Grun ! (Atl. Pl. XIV. fig. 6 a.)

Valve très-étroitement lancéolée, à extrémités subaiguës ; stries faibles, parallèles, environ 30 en 1 c.d.m. Les deux stries médianes plus vigoureuses que les autres. Longueur environ 2 c.d.m.

Marin ? — Non encore signalé.

var. **Belgica Grun.** —(in Type N° 113.)

Valves un peu plus obtuses, à face frontale plus large et dont la zone connective est finement striée en longueur.

Marin. — Ostende.

N. exilissima Grun ! (Atl. Pl. XIV. fig. 30. — in Type N° 141.)

Valve linéaire-subelliptique ; stries fines, radiantes, environ 40 en 1 c.d.m.; les médianes un peu plus écartées, détails peu visibles, même avec les objectifs homogènes et dans le médium jaune de H. L. Smith. Longueur de 1/2 à 1 c.d.m.

Eaux douces. — Groenendael (Delogne.)

N. binodis W. Sm. (Syn. B. D. p. 53, Pl. XVII fig. 59. Atl. suppl. fig. 33. — in Type N° 71.)

Valve oblongue, fortement contractée à la partie médiane, à extrémités rostrées-capitées ; stries atteignant à peu près le raphé, faiblement radiantes, très-délicates, au nombre d'environ 30 en 1 c.d.m. Longueur env. 2 1/2 c.d.m. Largeur à la constriction 1/2 c.d.m.

Eaux douces. — Manage (P. G.), Rouge-Cloître (Del.), Anvers, etc.

N. lepidula Grun ! (Atl. Pl. XIV. fig. 42.)

Valve étroitement linéaire, à extrémités arrondies. Nodule médian entouré d'une aire hyaline notable. Stries atteignant à peu près le raphé, parallèles, fines, au nombre de 27 à 30 en 1 c.d.m. Longueur environ 2 c.d.m. Largeur 0,6 c.d.m.

Eaux douces. — Groenendael (Delogne).

II. Frustules réunis en longues bandes (Diadesmis).

* Valve à bord muni de grosses perles espacées.

N. Gallica (W. Sm.) H. Van Heurck. (Atl. Pl. XIV. fig. 39. — Type N° 47.)

Valve linéaire-elliptique, ou linéaire, à partie médiane un peu renflée, à extrémités obtuses-arrondies, présentant tout le long du bord une apparence de grosses perles. Raphé entouré d'une faible zone hyaline, un peu dilatée près du nodule médian. Stries faiblement radiantes, très-fines, espacées, au nombre d'environ 28 en 1 c.d.m. Frustules à face connective quadrangulaire, réunis en longs filaments. Longueur 0.8 à 1,5 c.d.m. Largeur env. 0.3 de c.d.m.

Eaux douces. — Bruxelles (Delogne).

** Valve à bord non muni de grosses perles.

N. Flotowii Grun ! (Atl. Pl. XIV. fig. 41. — Type N° 48.)

Valve linéaire, à extrémités arrondies, à partie médiane renflée. Raphé entouré d'une zone hyaline notable et fortement dilatée à la partie médiane. Stries radiantes, fines, 35 en 1 c.d.m. Longueur : 1 1/2 c.d.m.

Eaux douces. — Frahan (Del.)

N. contenta Grun ! (in Type du Synopsis n° 146. — Atl. Pl. XIV. fig. 31. sub. n. *N. trinodis*.)

Valve linéaire, renflée à la partie médiane et aux extrémités. Raphé entouré d'une zone hyaline notable, à peine un peu dilatée près du nodule médian. Stries très-délicates, à peu près parallèles, environ 36 en 1 c.d.m. Longueur 0,7 à 1 c.d.m. Largeur 0,2 à 0,025 de c.d.m.

Endroits humides. — Dans une ardoisière à Rochehaut (Del.)

var. **biceps.** (Atl. Pl. XIV. fig. 31 b.)

Diffère du type par le renflement médian qui est nul ou très-faible.
Groenendael (Delogne).

SOUS-GENRE II. — SCHIZONEMA.

Frustules naviculacés, généralement faiblement siliceux, renfermés dans des tubes muqueux qui simulent des algues supérieures. Habitat marin.

Nous croyons, avec M. Grunow, qu'il est préférable de conserver à part les navicules appartenant à l'ancien genre *Schizonema*, à cause du caractère imprimé aux espèces, par la formation si abondante de coléoderme. Nous n'attacherons pas d'importance à la forme des frondes et nous suivons, pour la classification des espèces, le même ordre que pour les autres navicules. Les Schizonema de Belgique n'étant guère encore connus, nous ne décrivons que quelques types remarquables.

ANALYSE DES ESPÈCES.

Valve à côtes résolubles en perles.			S. Smithii.
Pas de côtes, valve striée.	Valve munie d'un pseudo-stauros apparent.		S. crucigerum.
	Pas de pseudo-stauros.	Valve à [illegible] ponctuations ne formant pas des lignes longitudinales.	S. Grevillei.
		Stries fines, à divisions formant des lignes longitudinales.	S. ramosissimum.

I. RADIOSÉES.

S. Smithii C. Agardh. (Atl. Pl. XV. fig. 33. — Type N° 154.)

Valve lancéolée, à extrémités un peu diminuées-rostrées. Raphé entouré d'une très-étroite zone hyaline dilatée autour du nodule médian en aire arrondie. Stries finement divisées en travers, inégalement longues autour du nodule médian ; les médianes radiantes, les terminales convergentes, au nombre de 13 env. en 1 c.d.m. Longueur environ 6 c.d.m. Largeur 1 1/3 c.d.m.

Marin. — Embouchure de l'Escaut (V. d. Bosch).

II. STAURONÉIDÉES.

S. crucigerum W. Sm.! (Syn. Vol. II. p. 74 pl. 56 fig. 354 et Pl. 57 fig. 356. —Atl. Pl. XVI. fig. 1. — Type N° 151.)

Valve lancéolée aiguë ; nodule médian prolongé jusqu'aux bords de la valve en un stauros qui est couvert de 2 stries plus robustes que les autres. Stries atteignant à peu près le raphé, au nombre de 24 en 1 c.d.m., à peu près parallèles, finement divisées en travers, à divisions simulant des stries longitudinales délicates. Longueur environ 7 à 8 c.d.m. Largeur environ 1 c.d.m.

Marin. — Escaut à Anvers, Blankenberghe.

La photographie n'a pas pu rendre le dessin du stauros tel qu'il se trouve sur la figure originale. Dans la pl. XVI la valve semble être dépourvue de stauros.

III. PERSTRIÉES.

S. Grevillei Agardh. (Consp. p. 19.—Atl. Pl. XVI. fig. 2.— Type N° 152.)

Valves assez largement lancéolées, à extrémités obtuses ; stries atteignant à peu près le raphé, fortement ponctuées en travers, les 3 ou 4 médianes droites, très-distantes, les autres rapprochées, au nombre d'environ 20 en 1 c.d.m., faiblement radiantes jusqu'à l'extrémité de la valve. Face de suture quadrangulaire, à extrémités arrondies, à partie médiane comprimée ; membrane connective à nombreuses stries longitudinales. Longueur 3 à 7 c.d.m. Largeur environ 1 1/2 c.d.m.

Marin. — Ostende (Westendorp n. 896 et 897), Blankenberghe.

Des recherches postérieures à la publication de l'Atlas nous ont démontré que le *Navicula Delognei* (Pl. XI, fig. 13) doit être considéré comme une forme du *S. Grevillei.*

S. ramosissimum C. Agardh. (Consp. p. 22. — Atl. Pl. XV. fig. 4. — Type N° 153.)

Valves lancéolées, à extrémités insensiblement diminuées, subobtuses ; stries environ 14 en 1 c.d.m. atteignant à peu près le raphé, faiblement radiantes, finement divisées en travers, à divisions simulant des stries longitudinales. Longueur environ 5 c.d.m.

Marin. — Blankenberghe.

var. setaceum Kütz.— (*S. setaceum Kütz.* — Atl. Pl. XV. fig. 13.)

Diffère du précédent par des valves plus courtes et des stries plus fortement radiantes. Longueur environ 2 1/2 c.d.m.

Marin. — Blankenberghe.

COLLETONEMA (Bréb. 1849) H. Van Heurck.

Valve à structure un peu excentrique ; nodules terminaux notablement éloignés de l'extrémité des valves dont ils sont séparés par des stries très-radiantes. Frustules renfermés dans des tubes. Genre établissant le passage des *Encyonema* aux *Navicula*.

Une seule espèce :

C. lacustre (C. Agardh.) H. Van Heurck. (*Schizonema lacustre C. Agardh! Colletonema subcohaerens Thwaites.*—Atl. Pl. XV. fig. 40. — Type N° 155.)

Valves lancéolées, insensiblement atténuées, à extrémités obtuses, parfois trés-légèrement rostrées, l'un des côtés de la valve souvent plus étroit que l'autre. Stries robustes, finement divisées en travers, très-radiantes à la partie moyenne de la valve, puis convergentes et devenant de rechef très-radiantes aux extrémités, au nombre de 9 en 1 c.d.m., plus écartées et plus courtes ou manquantes autour du nodule médian. Longueur 3 à 6 c.d.m.

Eaux douces. — A rechercher.

SCOLIOPLEURA Grun. 1860.

Frustules libres, à valves naviculacées, très-convexes, un peu tordus en spirale, de façon à rendre le raphé et la zone connective plus ou moins obliques-sigmoïdes.

ANALYSE DES ESPÈCES.

Valve à côtes robustes entre lesquelles se trouvent deux rangées de fins granules. . . .	**S. latestriata.**
Valve à stries distinctement perlées.	**S. tumida.**

S. latestriata (Bréb.) Grun ! (*Amphiprora latestriata Bréb. Scoliopleura convexa Grun.* — Atl. Pl. XVII. fig. 12. - Type N° 202.)

Valve linéaire étroite à extrémités cunéiformes. Raphé entouré d'une zone hyaline assez notable, un peu dilatée autour du nodule médian. Côtes robustes, environ 7 en 1 c.d.m. interrompues près du raphé par un sillon parallèle à la zone hyaline. Entre les côtes se trouvent deux rangées de granules délicats, alternes, difficilement visibles. Longueur environ 10 à 15 c.d.m. Largeur 2 1/2 c.d.m.

Marin. — Ostende (Deby).

S. tumida (Bréb.) Rabenh. (Fl. Eur. Alg. p. 229. — Atl. Pl. XVII fig. 11 et 13. — Type N° 201.)

Valve lancéolée, insensiblement atténuée, à extrémités subaiguës. Raphé entouré d'une petite zone hyaline, notablement dilatée à la partie médiane. Stries environ 10 en 1 c.d.m. ; les médianes souvent inégalement longues, radiantes, courbes, finement ponctuées. Longueur 10 à 16 c.d.m.

Marin. — Anvers (Escaut), Ostende, Blankenberghe. — Commun.

VANHEURCKIA Bréb. 1868. Char. emend.

Frustules naviculés, libres, ou, très-rarement, renfermés en série simple, dans un tube membraneux. Valves à stries fines, parallèles, rarement un peu radiantes à la partie moyenne de la valve. Nodules médian et terminaux linéaires-allongés, couchés entre les deux branches d'un double raphé.

ANALYSE DES ESPÈCES.

Stries toutes parallèles, raphé continu sur toute la valve.	Valve rhomboïdale-lancéolée ; endochrôme jaunâtre	**V. rhomboides.**
	Valve lancéolée-allongée ; endochrôme verdâtre	**V. viridula.**
Stries médianes un peu radiantes ; raphé interrompu près du nodule médian		**V. vulgaris.**

I. Stries toutes parallèles : Eu-Vanheurckia.

V. rhomboides Bréb. ! (Monogr. genre *Vanheurckia* p. 204 in An. Soc. Phyt. et Mic. de Belg. — Atl. Pl. XVII fig. 1 et 2. — Type N° 160.)

Valves rhomboïdales-lancéolées, atténuées et légèrement resserrées vers les extrémités. Raphé double, à filets rapprochés, continus. Stries transversales fines, atteignant les raphés, au nombre d'environ 28 en 1 c.d.m., finement perlées. Endochrôme jaunâtre. Longueur 7 à 8 c.d.m.

Eaux douces, tourbières. — Calmpthout (Deby).

var. **crassinervis.** (*N. crassinervia Bréb.* — *N. Saxonica Rab.* — Atl. Pl. XVII fig. 4 et 5. — Type N° 162.)

Taille plus petite, environ 5 c.d.m. Valves à extrémités plus rostrées ; stries très-fines et très-difficiles à résoudre, de 34 à 35 en 1 c.d.m.

V. viridula Bréb. (Soc. cit. p. 203. — Atl. Pl. XVII fig. 3. — Type N° 163.)

Valves rhomboïdales-allongées, atténuées régulièrement jusqu'aux extremités obtuses. Raphé à filets rapprochés, continus. Stries fines, 28 à 30 en 1 c.d.m., parallèles, finement perlées. Endochrôme verdâtre. Frustules parfois renfermés dans des tubes. Longueur 10 à 11 c.d.m.

Eaux douces. — A rechercher.

II. Stries moyennes un peu radiantes : Pseudo-Vanheurckia.

V. vulgaris (Thwaites) H. Van Heurck. (*Colletonema vulgaris Thw.* Atl. Pl. XVII. fig. 6. — Type N° 164.)

Valves elliptiques-lancéolées, à extrémités obtuses, un peu contractées-rostrées. Raphé double, à filets écartés, puis rapprochés et interrompus près du nodule médian qui est entouré d'une petite aire hyaline. Stries fines, délicates, les moyennes faiblement radiantes, les terminales parallèles, environ 34 en 1.c.d.m. ; les stries médianes plus fortes, plus écartées, 24 en 1 c.d.m. et plus radiantes. Frustules renfermés dans des tubes généralement non ramifiés. Longueur environ 5 c.d.m. Largeur environ 1 c.d.m.

Eaux douces. — Anvers, Rochehaut (Delogne).

AMPHIPLEURA Kütz. 1844.

Frustules fusiformes. Valves étroitement lancéolées, munies près de chaque bord d'une carène marginale. Nodule médian rudimentaire ; deux nodules terminaux très-allongés.

A. pellucida Kütz. (Bac. p. 103 T. III fig. 52 et T. XXX fig. 84. — Atl. Pl. XVII. fig. 14. 15 et A. — Type N° 165.)

Valves étroitement lancéolées à extrémités aiguës. Raphé non interrompu à la partie médiane de la valve. Nodule médian très rudimentaire ; nodules terminaux très-allongés. Stries transversales très-difficilement visibles, au nombre moyen de 37 en 1 c.d.m. Longueur 8 à 14 c.d.m.

Eaux douces. — Anvers, Louvain, Bruxelles. Probablement assez commun.

Observation. En Novembre 1884 nous sommes parvenus à résoudre et à photographier cette diatomée sous l'aspect perlé. Les stries longitudinales si difficiles à resoudre ne sont cependant pas plus rapprochées que les transversales.

BERKELEYA (Grev. 1827.) H. Van Heurck, emend.

Valves à nodule médian dédoublé, à divisions plus ou moins longuement séparées. Raphé manquant entre les divisions du nodule. Frustules naviculacés renfermés dans des tubes muqueux comme les *Schizonema*.

ANALYSE DES ESPÈCES.

{Valves sublinéaires, étroites ; stries toutes parallèles . . . . B. micans.
{Valves elliptiques-lancéolées, stries médianes parallèles, les terminales radiantes . . . . B. Dillwynii.

B. micans (Lyng.) H.V.H. (Atl. Pl. XVI. fig. 11. — Type N° 156.)

Valves linéaires, étroites et très-allongées ; subdivisions du nodule médian assez éloignées ; stries parallèles, délicates, au nombre de 26 en 1 c.d.m. Longueur 8 à 9 c.d.m. Largeur 0,4 de c.d.m.

Marin. — Non encore signalé en Belgique, mais trouvé en France et en Hollande.

B. Dillwynii (Agardh) H.V.H. (Atl. Pl. XVI. fig. 15. — Type N° 157.)

Valves elliptiques-lancéolées, étroites, à divisions du nodule médian plus ou moins éloignées. Stries médianes parallèles, les terminales radiantes, délicates, au nombre d'environ 30 en 1 c.d.m. Longueur 1 1/2 à 3 1/2 c.d.m. Largeur 0,4 à 0,6 de c.d.m.

Marin. — Ostende (West. 895 sub. *Schizonema rutilans.*) Ostende leg. (Grunow).

TOXONIDEA Donkin. 1858.

Valves allongées, convexes, à côtés non symétriques ; à stries décussées. Raphé arqué, à convexité dirigée vers le côté convexe de la valve. Frustules libres.

T. insignis Donkin. (Mic. Journ. VI. fig. 21 T. III fig. 2. — Atl. Pl. XVII fig. 10. — Type N° 168.)

Valve à bord dorsal fortement convexe, à bord ventral droit, à extrémités fortement rostrées-diminuées du côté dorsal. Raphé fortement arqué. Stries décussées, atteignant le raphé, au nombre de 22 en 1 c.d.m. Longueur env. 10 c.d.m.

Marin. — RR. — Lavage de moules (Deby.) Blankenberghe !

PLEUROSIGMA W. Sm. 1853.

Frustules naviculacés allongés, à valves convexes plus ou moins sigmoïdes. Raphé plus ou moins sigmoïde. Stries décussées ou rectangulaires, atteignant à peu près le raphé. Frustules à zone connective droite, généralement libres, rarement renfermés dans des tubes muqueux.

L'endochrôme des Pleurosigma offre une disposition particulière ; nous en avons déjà parlé dans l'Introduction.

ANALYSE DES ESPÈCES.

- Stries décussées (se coupant obliquement dans trois directions)
  - Stries toutes à peu-près également délicates.
    - Nodule médian non allongé transversalement. Stries obliques partout également distantes.
      - Stries obliques médianes non flexueuses.
        - Raphé et valve notablement sigmoïdes. **Pl. angulatum.**
        - Raphé et valve à peine sigmoïdes, valve très-étroite . . . . **Pl. intermedium.**
      - Stries obliques médianes, flexueuses. . . . . . **Pl. affine.**
    - Nodule médian allongé transversalement ; stries obliques médianes plus écartées que les terminales . . . . **Pl. naviculaceum.**
  - Strie transver. délicates, stries obliq. robustes.
    - Valve très-grande, étroitement lancéolée, à extrémités subobtuses . **Pl. formosum.**
    - Valve assez grande, très-étroitement lancéolée, à extrémités aiguës . **Pl. decorum.**
- Stries rectangulaires (stries longitud. et transversales se coupant à angle droit.)
  - Frustules non renfermés dans des tubes muqueux
    - Stries longitud. plus espacées et par suite plus visibles que les transvers.
      - Eau saumâtre ; valve courte lancéolée . . . . **Pl. Hippocampus.**
      - Eau douce ; valve allongée, plus étroitement lancéolée. . . . . **Pl. attenuatum.**
    - Stries longitud. et transversales également espacées.
      - Marin ; valve linéaire très-allongée. . . . . **Pl. Balticum.**
      - Eaux douces ; valves lancéolées-sigmoïdes . . . **Pl. acuminatum.**
    - Stries longitudinales plus rapprochées et moins visibles que les transversales.
      - Extrémités non rostrées ; valve très-étroite, linéaire, linéaire-lancéolée, ou lancéolée. . . . . . **Pl. Spencerii.**
      - Extrémités diminuées-rostrées.
        - Eau douce ; valve largement lancéolée ; rostre assez large. . . . . . **Pl. Parkeri.**
        - Marin, rostre très-étroit.
          - Valve étroitement lancéolée ; extrémités longuement rostrées . **Pl. Fasciola.**
          - Valve très-étroitement lancéolée ; extrémités très-longuement rostrées . . . . **Pl. macrum.**
  - Frustules renfermés dans des tubes muqueux.
    - Valve courte, très-obtuse ; raphé paraissant fort-sigmoïde **Pl. eximium.**
  - Valves courtes, trapues.
    - Valve courte, obtuse ; raphé paraissant faiblement sigmoïde **Pl. scalproides.**

I. Stries décussées (se coupant sous trois directions).

A. Stries toutes à peu près également délicates.

Pl. angulatum W. Sm. (Syn. Br. Diat. vol. I p. 65. fig. 205. — Atl. Pl. XVIII fig. 2. 3. et 4. — Type N° 169.)

Valve largement lancéolée, faiblement courbée, sigmoide, à partie médiane un peu anguleuse. Raphé faiblement sigmoide. Stries décussées, ayant la même direction sur toute la surface de la valve, au nombre de 18 à 20 en 1 c.d.m., les transversales un peu plus rapprochées que les autres. Longueur env. 15 c.d.m.

Marin.— Commun. — Anvers (Escaut), Blankenberghe, Ostende.

var. **Aestuarii**. (*Pl. Aestuarii W. Sm. !* Atl. Pl. XVIII. fig. 8. — Type N° 172.)
Diffère du précédent, auquel il est souvent mêlé, par sa taille un peu plus faible et ses extrémités un peu diminuées-rostrées.

var. **quadratum**. (*Pl. quadratum W. Sm. !* Atl. Pl. XVIII. fig. 1.— Type N° 171.)
Diffère du type par sa plus grande largeur et sa forme plus quadrangulaire.

var. **major**. (Atl. Pl. XVIII fig. 5.)
Diffère du type par sa taille beaucoup plus considérable et atteignant 22 c.d.m.
Blankenberghe.

var. **delicatulum**. (*Pl. delicatulum W. Sm. !* — in Types N°s 74 et 172.)
Valve très-étroite et insensiblement atténuée. Stries 24 à 25 en 1 c.d.m. Longueur 16 à 18 c.d.m., Largeur env. 2 c.d.m.
Blankenberghe. — Rare.

var. **strigosum**. (*Pl. strigosum W. Sm. !* Atl. Pl. XIX. fig. 2. — Type N° 170.)
Taille très-considérable (plus de 30 c.d.m.) à côtés insensiblement sigmoïdes, non anguleux, à extrémités subobtuses.
Cette forme n'a pas encore été trouvée.

var. **elongatum**. (*Pl. elongatum W. Sm. !* Atl. Pl. XVIII fig. 7. — Type N° 173.)
Valve très-longue et très-étroitement lancéolée, à stries se croisant sous un angle d'environ 68 degrés, soit environ un angle plus aigu de 8 degrés, que dans le type.
Anvers (Escaut, où il est assez fréquent) ; Blankenberghe.

Pl. affine Grun. ! (Atl. Pl. XVIII fig. 9. — Type N° 175.)

Valves lancéolées, à contours insensiblement courbés, à peine sigmoïdes, à extrémités subobtuses. Raphé faiblement sigmoïde. Stries au nombre de 18 à 20 en 1 c.d.m ; les médianes se coupant à angle droit en formant des lignes un peu flexueuses, les terminales se croisant sous un angle aigu. Longueur 10 à 22 c.d.m.

Marin. — Peu rare. — Lavage de moules (Deby), Blankenberghe.

var. **Nicobarica**. (*Pl. Nicobaricum Grun.* Novara. Atl. Suppl. fig. 34.)
Se distingue du précédent par un raphé complètement droit et des valves non sigmoïdes.
Marin. — Ostende (d'après M. Kitton) ; Blankenberghe (observé assez fréquemment dans une récolte de boue du 2e bassin, faite en Avril 1884).

M. Kitton croit que le *Pl. affine* et sa *var. Nicobarica* sont des formes du *Pl. rigidum W. Sm*; nous croyons cependant que la direction flexueuse si caractérisée des stries médianes permêt de faire un type particulier du *Pl. affine.*

Pl. naviculaceum Bréb. (Diat Cherb. p. 17 fig. 7. — *Pl. transversale W. Sm.* — Atl. Suppl. fig. 35. — in Type N° 320.)

Valves lancéolées à côtés symétriques, à extrémités parfois très-légèrement dirigées en sens inverse. — Raphé très-courbé, à extrémités fortement excentriques. Nodule médian très-dilaté transversalement. Stries transversales 18 à 19 en 1 c.d.m. ; stries obliques médianes, un peu flexueuses, 13 à 14 en 1 c.d.m. ; stries obliques terminales 16 à 17 en 1 c.d.m. Longueur 8 à 12. c.d.m.

Marin. — Blankenberghe. — Très rare.

Pl. intermedium W. Sm. (Syn. Brit. Diat. P. 64. Pl. XXI. fig. 20J. — Atl. Pl. XVIII fig. 6. — Type N° 174.)

Valve lancéolée, étroite, à bords presque droits ; raphé à peine sigmoïde ; Stries transversales 21 à 23, stries obliques 20 à 22 en 1 c.d.m. Longueur de 15 à 30 c.d.m.

M. Grunow fait remarquer que les individus courts sont plus distinctement sigmoïdes que ceux de taille allongée.

Marin. — Cette espèce n'a pas encore été trouvée en Belgique. Elle est voisine du *Pl. delicatulum* et peut être aussi considerée comme une forme du *Pl. angulatum.*

AA. Stries transversales délicates, stries obliques robustes ; raphé fortement sigmoïde.

Pl. formosum W. Sm. ! (Syn. Br. Diat. I p. 63. fig. 195. — Atl. Pl. XIX. fig. 4. — Type N° 177.)

Valve étroitement lancéolée, fortement sigmoïde, à extrémités subobtuses. Raphé fortement sigmoïde partageant les extrémités de la valve en deux parties excessivement inégales. Stries transversales assez délicates, au nombre de 14 à 17 en 1 c.d.m. ; stries obliques très-robustes, se coupant à angle droit, au nombre de 10 à 12 en 1 c.d.m. Longueur très-variable, mais en moyenne 35 à 45 c.d.m.

Marin. — Trouvé des fragments dans les lavages de moules.

Pl. decorum W. Sm. ! (Loc. cit. p. 63 fig. 196. — Atl. Pl. XIX fig. 1.)

Valve très-étroitement lancéolée, fortement sigmoïde, à extrémités aiguës. Raphé très-fortement sigmoïde, partageant les extrémités des valves en deux parties excessivement inégales. — Stries transversales délicates, au nombre d'environ 18 en 1 c.d.m. ; stries obliques robustes, au nombre de 13 à 14 en 1 c.d.m., se coupant presque à angle droit. Longueur environ 25 à 30 c.d.m.

Marin. — Lavages de moules ; plus fréquent que le précédent, dont, d'après M. Kitton, il ne serait qu'une simple variété.

II. Stries rectangulaires (ne se coupant que sous deux directions : stries longitudinales et transversales.)

* **Frustules non renfermés dans des tubes gélatineux.**

a. Stries longitudinales plus espacées (et par suite plus distinctes) que les stries transversales.

Pl. Hippocampus W. Sm. (Syn. Br. Diat. p. 68 fig. 215. — **Atl. Pl. XX fig. 3. — Type N° 179.**)

Valve courte, assez largement lancéolée, à extrémités obtuses, brusquement sigmoïdes ; stries longitudinales au nombre de 10 à 11 en 1 c.d.m., stries transversales au nombre de 15 à 16 en 1 c.d.m. les médianes un peu radiantes. Longueur 13 à 16 c.d.m.

Eaux saumâtres. — Anvers. (Escaut), Blankenberghe.

Pl. attenuatum W. Sm. (Syn. Br. Diat. p. 68 fig. 216. — **Atl. Pl. XXI fig. 11. — Type N° 182.**)

Ne diffère du précédent que par sa forme un peu plus grèle (A. Grunow) et son habitat des eaux douces. Longueur 19 à 25 c.d.m.

Eaux douces. — Commun.

aa. Stries longitudinales et transversales également espacées.

Pl. Balticum W. Sm. (Syn. Br. Diat. p. 66. fig. 14. — **Atl. Pl. XX fig. 1. — Type N° 180.**)

Valve linéaire-atténuée, à extrémités sigmoïdes-obtuses. Raphé tantôt un peu plus, tantôt un peu moins sigmoïde. Stries longitudinales et transversales également espacées (parfois les transversales un peu moins serrées que les longitudinales), au nombre moyen d'environ 15 en 1 c.d.m. Longueur très-variable de 21 à 36 c.d.m.

Marin. — Commun. — Blankenberghe ; Ostende ; Anvers (Escaut).

var. Brebissonii. (*Pl. Scalprum. Bréb.* — **Atl. Pl. XXI fig. 6. — Types N°s 188 et 189.**)

Beaucoup plus petit et plus délicat que le type, un peu plus sigmoïde, à raphé partageant symétriquement la valve dans toute sa longueur. Stries environ 22 à 23 en 1 c.d.m. Longueur 8 à 10 c.d.m.

Marin. — Ostende ; Blankenberghe (bassin), mêlé au type et abondant ; Anvers (Escaut).

Pl. acuminatum (Kütz.) Grun. ! (Neue o. ung. gek. alg. P. 561. T. 4. fig. 6. — *Pl. lacustre W. Sm.* — **Atl. Pl. XXI fig. 12. — Type N° 181.**)

Valve lancéolée-aiguë, notablement sigmoïde. Stries longitudinales et transversales au nombre de 17 à 18 en 1 c.d.m. Valve sèche jaunâtre. Longueur 13 à 17 c.d.m.

Eaux douces. — Commun.

aaa. Stries longitudinales plus rapprochées que les transversales.

a. Valves à extrémités non diminuées-rostrées.

Pl. Spencerii W. Sm. (Syn. Br. Diat. *partim*).

Valve étroite, linéaire-lancéolée ou lancéolée, à extrémités plus ou moins sigmoïdes, obtuses ou subaiguës. Stries transversales 18 à 22, longitudinales 20 à 25 en 1 c.d.m. Longueur 8 à 13 c.d.m.

Eaux douces ou un peu saumâtres.

Constitue un vaste groupe de formes assez différentes, mais qui se lient entre elles par tous les intermédiaires ; on peut y distinguer comme variétés principales les formes suivantes :

var. Smithii Grun. ! (*Pl. Spencerii W. Sm.* in Syn. Br. Diat. p. 68 f. 218. — **Atl. Pl. XXI fig. 15. — Type N° 186.**)
Valves sigmoïdes-lancéolées. — Nodule médian petit, allongé. Stries transversales 18 1/2 ; longit. 21 1/2 en 1 c.d.m. Longueur 8 à 9 c.d.m. — Largeur 1,2 c.d.m.
Eaux douces et saumâtres. — Anvers ; Tête de Flandre (P. Gaut.). Mêlé en petite quantité dans une récolte de la *var. curvula.*

var. Kützingii Grun. ! (Neue etc., 1860. — **Atl. Pl. XXI fig. 14. — Type N° 187.**)
Plus allongé et plus large que le précédent ; nodule médian allongé, plus grand. Stries transversales 20 1/2, longitud. 22 1/2 en 1 c.d.m. Longueur 10 à 12 c.d.m. Largeur 1,3 à 1,5 c.d.m.
Eaux douces. — Bruxelles (Del.). Fréquent en Europe et aux Indes or. etc. (Grun.)

var. acutiuscula Grun. ! (Grun. **in Type du Syn. N° 183.**)
Forme et striation comme le précédent, mais un peu plus court et à extrémités plus aiguës. Longueur 8 à 10 c.d.m. Largeur 1,2 à 1,25 c.d.m.
Eaux douces. — Bruxelles (Del.).

var. nodifera Grun. ! (Arct. Diat. p. 59. — **Atl. XXI fig. 13. — Type N° 184.**)
Nodule médian allongé, avec une aire hyaline oblique ; stries longitudinales 22 à 23, transversales 17 à 20 en 1 c.d.m. ; les médianes un peu radiantes. Long. 6 à 10 c.d.m.
Eaux douces. — Bruxelles (Del.)

var. curvula Grun. ! (Arct. Diat. p. 60. **Atl. Pl. XXI fig. 3-4-5. — Type N° 185.**)
Étroit, linéaire, à peine lancéolé. Stries transversales 21 à 22 1/2 en 1 c.d.m. ; longitudinales 24 à 25 en 1 c.d.m. Long. 8 à 12 c.d.m., larg. 0,9 à 1, 1 c.d.m.
Saumâtre. — Tête de Flandre (Escaut) à Anvers (P. Gaut.).

aa. Valves à extrémités diminuées-rostrées.

Pl. Parkeri Harrison (Mic. Journ. 1860. p. 104. — **Atl. Pl. XXI fig. 10. — Type N° 190.**)

Valve assez largement lancéolée, à extrémités aiguës, longuement acuminées-rostrées, à rostre large. Raphé partageant les extrémités de la valve en deux moitiés inégales. Stries transversales env. 19 en 1 c.d.m. Stries longitudinales environ 22 en 1 c.d.m., formant vers le milieu de la valve des lignes courbes, produisant des ellipses par leur entre-croisement. Longueur env. 8 c.d.m.

Eaux douces. — Rare. — Étang du Parc à Anvers ; Canal à Hasselt (Van den Born).

Pl. Fasciola W. Sm. (Syn. B. Diat. p. 67 fig. 211. — Atl. Pl. XXI fig. 8. — Types N°s 191 et 192.)

Valve étroite, lancéolée, à extrémités longuement acuminées-rostrées, fortement sigmoïdes, à rostre très étroit. Raphé partageant la valve en deux moitiés égales. Stries assez facilement visibles, les longitudinales env. 23, les tranversales env. 21 en 1 c.d.m. Longeur : env. 10 c.d.m.

Marin. — Anvers (Escaut), Blankenberghe.

Pl. macrum W. Sm. ! (Syn. B. Diat. p. 67 fig. 276. — Atl. Pl. XXI fig. 9.)

Valve très-étroite, longuement lancéolée, à extrémités faiblement sigmoïdes, très-longuement acuminées-rostrées, à rostre très-étroit. Raphé partageant la valve en deux moitiés égales. Stries délicates difficilement visibles, les longitudinales 25 à 28, les transversales 25 à 27 en 1 c.d.m. Longueur 21 à 27 c.d.m.

Marin. — Rare. — Anvers (Escaut), Blankenberghe.

** Frustules renfermés dans des tubes gélatineux, valves courtes trapues.

Pl. eximium (Thwaites) H. Van Heurck. (*Colletonema eximium Thwaites.* — Ann. und mag. 1848. — Atl. Pl. XXI fig. 2. — Type N° 193.)

Valve courte, linéaire, à extrémités sigmoïdes, très-obtuses. Raphé paraissant fortement sigmoïde, partageant la valve en deux moitiés égales. Stries transversales environ 23 à 25, stries longitudinales 27 à 28 en 1 c.d.m. Longueur environ 5 1/2 c.d.m.

Marin. — Anvers (Escaut).

Pl. scalproides Rab. (Fl. Eur. Alg. p. 241. — Atl. Pl. XXI fig. 1.)

Valve courte, linéaire-lancéolée, faiblement sigmoïde, à extrémités très-obtuses. Raphé à peine sigmoïde. Stries longitudinales env. 29 en 1 c.d.m., stries transversales env. 22, un peu plus robustes que les longitudinales et les médianes un peu radiantes. Longueur 6 à 7 c.d.m.

Eaux douces. — Non encore signalé. N'est probablement qu'une forme du précédent.

DONKINIA Ralfs. 1860.

Valve carénée, à carène sigmoïde, interrompue à la partie médiane par le nodule médian. Carène non accompagnée latéralement par des lignes saillantes (ou ailes). Frustule fortement contracté à la partie médiane.

D. recta (Donkin) Grun. (*Pleurosigma rectum* Donk. Mic. journ. Trans. VI. p. 23 T. III. fig. 6. — Atl. Pl. XVII fig. 9. — Type N° 194.)

Valve largement linéaire, à extrémités atténuées, subcunéiformes-aiguës. Raphé fortement sigmoïde. Stries atteignant le raphé, rectangulaires, au nombre d'environ 21 en 1 c.d.m. Face frontale forte-

ment contractée à la partie médiane. Longueur environ 8 à 9 c.d.m.
Marin. — Lavage de moules.

AMPHIPRORA E. 1843.

Frustules naviculacés à face frontale contractée à la partie médiane. Valves convexes, carénées, à carène centrale droite ou sigmoïde (paraissant plus en moins bi-arquée vue de la face connective) accompagnée de deux lignes saillantes (ailes ou replis) placées entre les bords et la carène. Nodules central et terminaux généralement petits.

Endochrôme comme dans les navicules.

ANALYSE DES ESPÈCES.

Carène droite.	Un pseudo-stauros autour du nodule médian ; stries assez fortes		**A. maxima.**
	Pas de pseudo-stauros ; stries délicates		**A. lepidoptera.**
Carène sigmoïde.	Ailes non ondulées.	Carène à grosses ponctuations insensiblement diminuées et très-distinctes environ 4 en 1 c.d.m.	**A. alata.**
		Carène sans grosses ponctuations ; stries fines	**A. paludosa.**
	Ailes ondulées-festonnées		**A. ornata.**

I. Amphiprora. — *Valve à carène droite.*

A. lepidoptera Greg. (Diat. of Clyde p. 33 fig. 59. — Atl. Pl. XXII fig. 2-3. — Type N° 197.)

Valve lancéolée, à extrémités aiguës et un peu apiculées. Nodule médian robuste. Carène droite. Stries parallèles, fines, au nombre de 21 en 1 c.d.m. Frustule allongé-linéaire, oblong, contracté à la partie médiane, à extrémités arrondies, un peu renflées. Longueur 10 à 20 c.d.m.
Marin. — Lavage de moules (Deby).

var. pusilla. (*A. pusilla Greg.* Diat. Clyde p. 504. Pl. XII fig. 56 et 56 b. — in Type N° 74, très-rare.)
Diffère du type par la taille plus petite (4 à 6 c.d.m.) et ses stries (24 en 1 c d.m. selon Gregory) plus rapprochées.
Marin. — Rare. — Blankenberghe.

A. maxima Greg. (Diat. of Cl. p. 35 T. IV. fig. 61. — Atl. Pl. XXII fig. 4-5.)
Valve lancéolée, insensiblement atténuée jusqu'aux extrémités subaiguës, profondément déprimée à la partie médiane, présentant de chaque côté du raphé une aile arquée, robuste. Stries environ 14 en 1 c.d.m., laissant autour du nodule médian une aire stauronéiforme ; distinctement ponctuées, à ponctuations formant des lignes longitudinales. Frustule rectangulaire très-large, à extrémités arrondies, profondément contracté à la partie médiane. Longueur 11 à 16 c.d.m.
Marin. — Non encore signalé.

II. Amphitropis. — *Carène sigmoïde.*

A. alata Kütz. (Bac. p. 107 T. 3. fig. 63. — Atl. Pl. XXII. fig. 11 et 12. — Type N° 195.)

Valve linéaire-elliptique, à extrémités apiculées. Carène sigmoïde; munie de points allongés, au nombre d'environ 4 en 1 c.d.m. et ayant de chaque côté une aile sigmoïde très-saillante. Stries fines, ponctuées, au nombre d'environ 14 à 16 en 1 c.d.m. Frustule généralement tordu dans le sens longitudinal, oblong-elliptique, profondément contracté à la partie médiane, à extrémités arrondies, à zone connective présentant de nombreux plis longitudinaux. Longueur 5 à 13 c.d.m.

Marin et saumâtre. — Anvers, Blankenberghe, Heyst.

A. paludosa W. Sm. (Syn. B. Diat. p. 44. fig. 263. — Atl. Pl. XXII. fig. 10. — Type N° 196.)

Valve elliptique-lancéolée, à extrémités apiculées, à carène sigmoïde; Stries fines, 19 à 20 en 1 c.d.m. Frustule tordu, à face frontale profondément contractée à la partie médiane, à extrémités arrondies ou tronquées, à membrane connective, à plis fins, très-rapprochés. Ailes très-saillantes faisant, vers l'extrémité, un pli qui, vu du côté frontal, simule une inflexion ou ondulation. Longueur 4 à 8 c.d.m.

Saumâtre — Anvers, Blankenberghe.

Observation. — Il arrive parfois qu'un certain nombre de stries deviennent beaucoup plus vigoureuses que les autres comme on le voit dans la 1re des deux figures.

var. **duplex.** (*A. duplex. Donk.* T. M. VI p. 165 pl. 3 fig. 13. — Atl. Pl. XXII fig. 15 et 16. — in Type N° 416.)

Valve à carène plus sigmoïde, à ailes latérales à inflexion très-faible ou nulle. Longueur 4 à 6 c.d.m.

Marin. — Blankenberghe (2e bassin). Rare.

A. ornata Bailey. Micr. Observ. made in South Carolina, etc, p. 38. pl. 2. fig. 15 et 23. — Atl. Pl. XXII bis. fig. 5.)

Frustule tordu, profondément contracté à la partie médiane, à ailes finement ondulées et festonnées sur toute leur longueur. Stries radiantes, finement ponctuées, 20 à 22 en 1 c.d.m. Zone connective à nombreux (8 à 10) plis très-marqués. Longueur 4 1/2 à 8 c.d.m.

Eaux douces. — Cette belle et rare espèce a été trouvée une seule fois à Anvers par le P. Gautier.

PLAGIOTROPIS Pfitzer. 1871.

Valves convexes carénées, à carène partageant la valve en deux parties très-inégales. Carène droite, accompagnée d'une aile ou repli placé dans la partie large de la valve, entre le bord et la carène. Face frontale très-faiblement contractée.

Ce genre relie les Naviculées aux Nitzschiées.

{Repli latéral marqué sur toute la longueur de la valve . . . . Pl. elegans.
{Repli latéral seulement bien marqué sur le tiers terminal de la valve. . . . . . . Pl. Van Heurckii.

Pl. elegans (W. Sm.) Grun. (*Amphiprora elegans W. Sm.* — Br. Diat. II. p. 90. — Atl. Pl. XXII. fig. 1 et 6. — Type N° 199.)

Valve lancéolée, étroite, très-convexe. Repli latéral très-visible dans la face frontale sur toute la longueur de la valve. Stries environ 13 en 1 c.d.m., bien visibles, granulées, laissant une petite aire hyaline autour du nodule médian. Face frontale subquadrangulaire à extrémités arrondies. Longueur 20 à 30 c.d.m.

Marin. — Rare. — Lavage de moules (Deby).

Pl. Van Heurckii Grun. (in Atl. du Syn. Pl. XXII bis. fig. 6,7 et 8. — Type N° 198.)

Valve lancéolée, à extrémités fortement diminuées. Repli latéral brusquement arqué à partir du tiers de la valve et seulement bien visible (dans la face frontale) sur les tiers terminaux du frustule. — Stries trés-délicates, environ 22 en 1 c.d.m. Face frontale quadrangulaire, subelliptique, à partie médiane à peine contractée. Longueur env. 6 c.d.m.

Marin. — Nous avons fait une très-abondante récolte de cette intéressante espèce, au printemps et à l'automne de 1882, dans le bassin de retenue de Blankenberghe. Nous ne l'avions pas aperçue avant cette époque.

TRIBU. III. — GOMPHONÉMÉES.

{Frustules à face de suture courbée ; nodule placé sur la valve concave . . . . . Rhoicosphenia.
{Toutes autres formes. . . . . Gomphonema.

GOMPHONEMA Ag. 1824.

Valve naviculoïde, asymétrique, l'une des extrémités plus étroite que l'autre et cunéiforme. Frustules à face frontale cunéiforme. Vivant en parasites, sessiles ou stipités, parfois plongés dans une masse muqueuse.

Endochrôme formé par une seule lame, qui repose par son milieu sur l'un des côtés de la zone connective et recouvre les deux valves adjacentes et l'autre côté de la zone, sur le milieu duquel se trouve la ligne de séparation.

ANALYSE DES ESPÈCES.

* **Asymmetrica Grun.** Valve portant un point isolé, assez gros, près d'un des côtés du nodule médian.

- Stries médianes alternativement longues et courtes . . . . G. constrictum.
- Stries médianes non alternativement longues et courtes.
  - Valve n'ayant pas d'aire hyaline un peu stauronéiforme.
    - Valve non lancéolée rostrée.
      - Extrémité supérieure apiculée.
        - Valve renflée à la partie médiane. G. acuminatum.
        - Valve non renflée à la partie médiane . . . . G. Augur.
      - Extrémité supérieure non apiculée. . . G. montanum.
    - Valve lancéolée-rostrée. . . . . G. parvulum.
  - Valve ayant une aire hyaline plus ou moins stauronéiforme.
    - Au moins une des deux extrémités de a valve subaiguë.
      - Valve naviculoïde à deux extrémités presque semblables . . . . G. gracile.
      - Valve gomphonémoïde à deux extrémités dissemblables . . . . G. micropus.
    - Les deux extrémités presque également obtuses.
      - Valve étroite allongée 6 à 8 fois aussi longue que large . . . . G. intricatum.
      - Valve non très-allongée env. 4-5 fois aussi longue que large . . . . G. angustatum.

** **Symmetrica Grun.** Pas de point isolé ; les deux côtés de la valve semblables.

- Eaux douces. — Pseudo-stauros très-apparent ; stries radiantes. . . . . G. olivaceum.
- Marin. — Pas de pseudo-stauros ; stries subparallèles . . . . G. exiguum.

I. STRIES PLACÉES PRÈS DU NODULE ALTERNATIVEMENT LONGUES ET COURTES, AU MOINS SUR L'UN DES CÔTÉS DE LA VALVE.

G. constrictum Ehr. (Abh. 1830. — Atl. Pl. XXIII. fig. 6. — Type N° 205.)

Valve cunéiforme, fortement renflée à la partie médiane, à extrémité inférieure étroite, à bords presque parallèles, à peine cunéiforme, à extrémité supérieure large, profondément contractée au milieu de sa longueur et formant ainsi une extrémité largement capitée, tronquée, arrondie. Raphé entouré d'une zone hyaline un peu large. Nodules terminaux n'atteignant pas les extrémités. Stries radiantes, alternativement longues et courtes autour du nodule médian, robustes, finement divisées en travers, au nombre de 10 à 12 en 1 c.d.m. Longueur env. 4 à 6 c.d.m.

Eaux douces. — Assez commun.

var. capitatum. (*G. capitatum Ehr.* — Atl. Pl. XXIII. fig. 7.)

Diffère du précédent par la constriction nulle ou très-faible de la partie supérieure de la valve.

Eaux douces. - Moins commun que le précédent.

forma curta. (Atl. Pl. XXIII. fig. 8. — Type N° 206.)

Diffère du précédent par sa forme courte (2 à 3 c.d.m.), trapue, et la forme triangulaire de la partie inférieure de la valve.

Eaux douces. — Assez fréquent.

II. STRIES MÉDIANES NON ALTERNATIVEMENT LONGUES ET COURTES.

a. Valve n'ayant pas à la partie médiane une aire hyaline plus ou moins stauronéiforme.

b. Valve non lancéolée-rostrée.

c. Extrémité supérieure apiculée.

G. acuminatum Ehr. (Inf. p. 217, n. 308. T. XVIII fig. IV. — Atl. Pl. XXIII. fig. 16. — in Types N°s 10, 18, etc.)

Valve cunéiforme, renflée au milieu, à partie inférieure à bords presque parallèles, un peu contractés en dessous de la partie médiane ; extrémité supérieure dilatée, capitée, triangulaire, obtuse, apiculée. Raphé entouré d'une zone hyaline distincte. Strie médiane opposée au point unilatéral, très-écourtée, les autres toutes également longues, finement ponctuées, radiantes, au nombre, de 10 à 11 en 1 c.d.m. Longueur env. 3 à 7 c.d.m.

Eaux douces. — Assez commun.

var. coronatum. (*G. coronatum Ehr.* — Atl. Pl. XXIII. fig. 15. — in Type N° 220.)

Plus allongé (7 à 8 c.d.m.), plus large et à partie supérieure beaucoup plus contractée.

Eaux douces. — Un peu plus rare que le précédent.

G. Augur Ehr. (Abh. 1840 p. 17. — Atl. Pl. XXIII. fig. 29. — Type N° 208.

Valve cordée-cunéiforme, à extrémité supérieure obtuse-apiculée, à extrémité inférieure sensiblement atténuée un peu subrostrée. Raphé à zone hyaline distincte. Strie médiane opposée au nodule, très-écourtée, les autres également longues, radiantes jusqu'aux extrémités, au nombre d'environ 10 en 1 c.d.m. Longueur 3 à 5 c.d.m.

Eaux douces. — Assez fréquent.

var. Gautieri H. V. H. (Atl. Pl. XXIII. fig. 28.)

Taille moyenne beaucoup plus grande (environ 5 c.d.m). Valve plus large, à partie supérieure de la valve à bords presque parallèles, très légèrement contractés.

Rare. — Louvain (Gautier).

cc. Extrémité supérieure non apiculée.

G. montanum Schumann. (Hoh. Tatra. p. 67. T. III. fig. 35 b. — Atl. Pl. XXIII. fig. 33 et 36. — in Types N°s 196 et 348.)

Valve parfois à peine cunéiforme, plus ou moins triondulée, à extrémités très-faiblement diminuées-retrécies. Raphé à zone hyaline assez large. Strie médiane très-écourtée, les autres radiantes jusqu'aux extrémités, au nombre de 9 à 10 en 1 c.d.m. Longueur 4 à 8 c.d.m.

Eaux douces. — Rare. — Alle (Delogne).

var. subclavatum Grun. (Atl. Pl. XXIII. fig. 38. in type 196.)
Diffère du type par les ondulations faiblement prononcées ou nulles, la valve, souvent, est simplement un peu renflée à la partie médiane.
Eaux douces. — Rare. — Namur. (P. Gautier), Alle (Del.)

var. commutatum Grun. (Atl. Pl. XXIV. fig. 2. — Type N° 211.)
Diffère de la var. précédente, à laquelle elle passe insensiblement, par sa forme plus courte et faiblement lancéolée.
Eaux douces. — Bruxelles (Delogne).

bb. Valve lancéolée-rostrée.

G. parvulum Kütz. (Bac. p. 83 T. 30 fig. 63. — Atl. Pl. XXV. fig. 9. — in Types Nos 25, 206, 211, etc.)
Valve lancéolée-cunéiforme, à extrémités diminuées-rostrées. Stries atteignant presque le raphé, la médiane très-écourtée, les autres également longues, radiantes, au nombre de env. 14 en 1 c.d.m. Longueur 2 à 3 c.d.m.
Eaux douces. — Commun.

var. lanceolata. (Atl. Pl. XXV. fig. 10.)
Plus allongé et plus étroitement lancéolé.

var. subcapitata. (Atl. Pl. XXV. fig. 11.)
A rostre supérieur un peu capité.

aa. Valve ayant près du nodule médian une aire hyaline plus ou moins stauronéiforme.

b. Au moins une des extrémités de la valve subaiguë.

G. gracile Ehr. (Inf. p. 217. N° 307, T. XVIII fig. III. *G. naviculoïdes W. Sm.* — Atl. Pl. XXIV. fig. 12, 13, 14. — Type N° 212.)
Valve lancéolée-rhomboïdale-allongée, à extrémités à peine dissemblabless. Raphé entouré d'une aire distincte, dilatée en une espèce de pseudo-stauros à la partie médiane. Nodules un peu éloignés des extrémités. Stries faiblement radiantes, environ 9 à 10 en 1 c.d.m. Longueur de 3 1/2 à 9 c.d.m.
Eaux douces. — Mozaive (Delogne).

var. dichotomum. (*G. dichotomum W. Sm.!* — Atl. Pl. XXIV. fig. 19, 20, 21.)
Moins naviculoïde, extrémité supérieure de la valve plus obtuse et légèrement contractée ; stries plus fines. (12 à 13 en 1 c.d.m.) Longueur 3 à 4 1/2 c.d.m.

var. auritum. (*G. auritum A. Braun.* — Atl. Pl. XXIV. fig. 15, — in Type N° 212.)
Très-étroitement lancéolé et moins rhomboïdal ; muni à l'état vivant de deux cornes hyalines muqueuses (voir fig. 17 b.)
Eaux douces. — Frahan. (Delogne).

G. micropus Kütz. (Bac. T. 8. fig. XII. — Atl. Pl. XXV. fig. 4 et 5. — Pl. XXIV. fig. 46. — Type N° 219, forme passant au *parvulum*.)

Valve lancéolée, faiblement gomphonémoïde ; à moitié inférieure régulièrement atténuée jusqu'à l'extrémité plus ou moins subaiguë ; à moitié supérieure un peu renflée, à extrémité très-légèrement rostrée-capitée. Stries rapprochées du raphé, faiblement radiantes, au nombre de 10 en 1 c.d.m. Longueur 2 1/2 à 3 c.d.m.

Eaux douces. — Peu rare ?

bb. Les deux extrémités de la valve à peu près également obtuses.

G. intricatum Kütz. (Bac. p. 87. T. 9. fig. IV. — Atl. Pl. XXIV fig. 28 et 29. — Type N° 214 [forma].)

Valve étroite, presque linéaire, environ 6 à 8 fois aussi longue que large, un peu renflée à la partie médiane. Raphé entouré d'une zone hyaline notable ; nodules eloignés des extrémités. Stries faiblement radiantes, au nombre de 8 à 10 en 1 c.d.m. Longueur env. 4 à 6 c.d.m.

Eaux douces. — Non encore signalé.

G. angustatum Kütz. (Bac. p. 83. Pl. 8. fig. IV. *G. commune Rab.* — Atl. Pl. XXIV. fig. 48, 49, 50. — Type N° 215.)

Valve assez largement lancéolée, presque régulière, environ 4 à 5 fois aussi longue que large, à extrémités obtuses, faiblement rostrées-sub-capitées. Raphé entouré d'une zone hyaline distincte, à espace hyalin stauronéiforme assez large. — Stries faiblement radiantes, au nombre de 10 à 11 en 1 c.d.m.

Eaux douces.— Commun.

G. olivaceum Kütz. (Bac. p. 85 T. 7 fig. XIII et XV.— Atl. Pl. XXV. fig. 20 a et b. — Type N° 221.)

Valve lancéolée, faiblement gomphonémoïde, à extrémités un peu diminuées ou un peu claviforme. Raphé entouré d'une zone hyaline distincte, qui, au milieu de la valve, par l'abbréviation des stries médianes, forme un pseudo-stauros très-apparent. Stries radiantes, au nombre de 10 en 1 c.d.m. Longueur 2 1/2 à 3 1/2 c.d.m.

Eaux douces. — Assez fréquent, les deux formes souvent mêlées.

var. vulgaris Grun. (*Sphenella vulgaris Kütz.* Atl. Pl. XXV. fig. 21. — in Type N° 221.)

Plus petit et plus fortement claviforme. Longueur 2 à 2 1/4. c.d.m.

Eaux douces. — Commun.

G. exiguum Kütz. (Bac. p. 84. Pl. 30 fig. 58. — Atl. Pl. XXV. fig. 34. — in Type N° 356.)

Valves étroitement et régulièrement cunéiformes, à extrémité supérieure obtuse, un peu rétrécie. Raphé entouré d'une faible zone hyaline. Stries subparallèles, toutes également rapprochées du raphé, au nombre d'environ 18 en 1 c.d.m. Longueur env. 1 1/2 c.d.m.

Marin. — Ostende, mêlé à une récolte de Grammatophora Oceanica. (Westendorp).

var. minutissima. (Atl. Pl. XXV. fig. 38. — in Type N° 356.)
Beaucoup plus petit que le type.
Même récolte.

RHOICOSPHENIA Grun. 1860.

Valves cunéiformes dissemblables : la supérieure n'ayant qu'un pseudo-raphé et pas de nodules ; l'inférieure munie d'un vrai raphé et de nodules. Frustule à face suturale courbée.
Endochrôme comme dans les Gomphonema.

{Frustule de 2 à 5 c.d.m. Stries non marginales . . . . **R. curvata.**
{Frustule d'un centième de millimètre au plus. Stries submarginales dans la valve supérieure. . **R. Van Heurckii.**

R. curvata (Kütz.) Grun. (Novara p. 8. — Atl. Pl. XXVI. fig. 1. 2 et 3. — Type. N° 224.)
Valves cunéiformes, à extrémité supérieure un peu diminuée-obtuse, à moitié inférieure insensiblement atténuée en pointe subobtuse, montrant un lumen à chacune de leurs extrémités. Valve supérieure à stries parallèles, robustes, toutes atteignant le pseudo-raphé, au nombre de 10 en 1 c.d.m. Valve inférieure à stries radiantes, au nombre de 12 env. en 1 c.d.m. Raphé entouré d'une petite zone hyaline, dilatée autour du nodule médian. Longueur $1^1/_5$ à $4^1/_2$ c.d.m.
Eaux douces. — Commun.

var. marinum. (*G. marinum W. Sm.* — Atl. Pl. XXVI. fig. 4. — Type N° 225.)
Diffère du précédent par sa taille généralement plus grande et son habitat marin.

R. Van Heurckii Grun. (Atl. Pl. XXVI. fig. 5. 6. 7. 8 et 9.)
Très-petit. Valves largement lancéolées-subcunéiformes. Valve supérieure à stries radiantes, submarginales, au nombre de 14 à 15 en 1 c.d.m. Valve inférieure à stries atteignant presque le raphé, au nombre d'environ 18 en 1 c.d.m. Longueur un peu moins d'un c.d.m. (0,7 à 0,9 c.d.m.
Eaux douces. — Très-rare ? — Bruxelles, Jardin Botanique (Del.).

TRIBU IV. — ACHNANTHÉES.

{Valve à raphé droit . . . . **Achanthes.**
{Valve à raphé sigmoïde. . . . . **Achnanthidium.**

ACHNANTHIDIUM (Kütz.) Grun. 1880.

Valves elliptiques, fortement renflées à la partie médiane. Raphé sigmoïde. Valve supérieure n'ayant qu'un pseudo-raphé; valve inférieure munie d'un vrai raphé et de nodules. Frustules à face frontale pliée en genou, isolés ou souvent réunis par trois.

Ce genre, avec les caractères donnés ci-dessus, ne renferme plus qu'une seule espèce.

A. flexellum Bréb. (in Kütz. spec. Alg. p. 54.—Atl. Pl. XXVI fig. 29. 30. et 31)

Caractères du genre. — Stries radiantes, délicates, finement ponctuées, au nombre de 17 en 1 c.d.m., les médianes alternativement longues et courtes, plus espacées et mieux marquées. Longueur 4 à 5 c.d.m.

Eaux douces. — Rare. — Bergh (Delogne), env. de Louvain.

ACHNANTHES Bory. 1822.

Valves naviculoïdes dissemblables, à raphé droit. Valve supérieure n'ayant qu'un pseudo-raphé sans nodules, valve inférieure ayant un vrai raphé et des nodules médian et terminaux. Frustules à face frontale courbée en genou ; individus solitaires, géminés ou réunis en bandes. Endochrôme formé par une seule lame très-épaisse, placée sur la face interne de l'une des deux valves, tandis que la seconde reste indépendante.

ANALYSE DES ESPÈCES.

1. Valves munies de côtes entre lesquelles se trouvent deux rangées de petites perles ; . . . . **A. longipes.**

2. Valves perlées, sans côtes.

** Valve inférieure munie d'un stauros.*

Valve supérieure à raphé généralement centrique, courbé.	Valve à extrémités cunéiformes			**A. brevipes.**
	Valve à extrémités obtuses-arrondies.	Valve contractée au moins à la partie médiane.	Valve rétrécie seulement à la partie médiane, à extrémités insensiblement obtuses-arrondies. .	**A. subsessilis.**
			Valve rétrécie au milieu et avant les extrémités qui sont tronquées-arrondies	**A. coarctata.**
		Valve non contractée, régulièrement elliptique, très-petite . .		**A. parvula.**
Valve supérieure à raphé excentrique droit.	Valve linéaire-subelliptique ; stries moyennes écourtées			**A. Hungarica.**
	Valve linéaire-lancéolée ; stries toutes d'égale longueur			**A. affinis.**

*** Valve inférieure sans stauros.*

A. *Valve supérieure ne différant de l'inférieure que par l'absence du raphé et des nodules.*

Valves largement lancéolées ou lancéolées-elliptiques.	Extrémités subaiguës ; stries très-robustes.			**A. delicatula.**
	Extrémités obtuses ; stries délicates			**A. Biasolettiana.**
Valves étroitement lancéolées ou linéaires.	Valves à extrémités capitées.			**A. microcephala.**
	Valves à extrémités non capitées.	Nodule médian entouré d'une aire hyaline.		**A. exilis.**
		Nodule médian sans aire hyaline.	Stries parallèles ; extrémités obtuses. . .	**A. linearis.**
			Stries médianes un peu radiantes ; extrémités un peu rostrées	**A. minutissima.**

B. *Valve supérieure différant de l'inférieure par la présence, sur l'un de ses côtés d'un espace hyalin en forme de fer à cheval* . . . . **A. lanceolata.**

I. Valve munie de côtes entre lesquelles se trouvent deux rangées de petites perles.

A. longipes C. Ag. (Syst. p. 1. Consp. p. 58 n. 1. — Atl. Pl. XXVI fig. 13. 14. 15 et 16. — Type N° 229.)

Valves linéaires-elliptiques, contractées à la partie médiane, à extrémités plus ou moins obtuses, munies de fortes côtes transversales, env. 6 en 1 c.d.m., entre lesquelles se trouvent deux rangées de perles, tantôt opposées, tantôt alternantes ; valve supérieure sans raphé, ayant quelquefois à l'extrémité une petite aire hyaline (Grunow) ; valve inférieure munie d'un raphé entouré d'une faible zone hyaline. Nodule médian dilaté transversalement en un stauros étroit. Frustule à zone connective finement striée en travers, à stries interrompues par des plis longitudinaux. Longueur environ 5 à 18 c.d.m.

Marin. — Ostende.

II. Valve perlée, sans côtes.

* *Valve inférieure munie d'un stauros.*

a. Valve supérieure à raphé excentrique courbé.

A. brevipes C. Ag. (Syst. p. 1. Consp. p. 59. N° 3. — Atl. Pl. XXVI. fig. 10 11 et 12. — Type N° 227.)

Valves linéaires-lancéolées, à partie médiane contractée, à extrémités cunéiformes ; stries au nombre d'environ 7 en 1 c.d.m., composées de 2 à 7 grosses perles ; valve supérieure sans raphé ; valve inférieure à raphé entouré d'une aire hyaline distincte, s'élargissant vers la partie médiane. Nodule médian dilaté en un stauros assez large. Zone connective comme le précédent. Longueur 7 à 10 c.d.m.

Marin. Ostende.

A. subsessilis Ehr. (Inf. p. 228 T. XX fig. 3. — Atl. Pl. XXVI fig. 21. 22. 23 et 24. — Type N° 231.)

Diffère du précédent, à qui il est relié par tous les intermédiaires, par l'extrémité obtuse-arrondie des valves, sa taille plus petite et ses stries plus fines env. 10 en 1 c.d.m. formées de 4 à 7 perles. Longueur 3 à 5 c.d.m.

Marin. — Anvers, Ostende.

A. parvula Kütz. (Bac. p. 76. T. 21. — Atl. Pl. XXVI. fig. 25. 26. 27 et 28. — Type N° 233.)

Valves elliptiques-lancéolées, non contractées à la partie médiane, la supérieure ayant 11-13 stries nettement ponctuées en 1 c.d.m., l'inférieure à stauros assez large, à raphé entouré d'une petite zone hyaline, ayant 14-16 stries ponctuées en 1 c.d.m. Zone connective striée et plissée comme chez les précédents. Longueur 1 à 1 1/2 c.d.m.

Marin. — Ostende (Westendorp N° 795).

A. coarctata Bréb. (In Sm. Synop. II. p. 31. pl. LXI. fig. 379. — Atl. Pl. XXVI fig, 17. 18. 19 et 20. — Type N° 230.)

Valves linéaires-elliptiques, contractées à la partie médiane et un peu avant les extrémités qui sont subcapitées, subtronquées-arrondies ; valve supérieure à pseudo-raphé très-excentrique, à stries distinctement ponctuées, au nombre de 12 à 14 en 1 c.d.m., paraissant devenir obliques à partir de la partie médiane ; valve inférieure à stauros large, ayant de 13 à 15 stries en 1 c.d.m. Longueur 1 à 4 c.d.m.

Eaux douces. — Frahan (Delogne).

aa. Valve supérieure à raphé excentrique droit.

A. Hungarica Grun. (Arct. Diat. p. 20. — Atl. Pl. XXVII fig. 1 et 2.— in Type N° 196.)

Valves linéaires lancéolées,à extrémités arrondies-obtuses ou cunéiformes; valve supérieure à stries presque parallèles, les deux médianes écourtées ; valve inférieure à stries radiantes finement ponctuées, au nombre d'environ 21 en 1 c.d.m. Raphé entouré d'une aire hyaline étroite, un peu plus large vers le milieu de la valve. Longueur 2 à 3 c.d.m.

Eaux douces. — Anvers, Austruweel et Wilryck près d'Anvers. (Gaut).

A. affinis Grun. (Arct. Diat. p. 20. — Atl. Pl. XXVII fig. 39 et 40.)

Valves linéaires-lancéolées étroites, à extrémités obtuses-arrondies, ayant 27 à 30 stries en 1 c.d.m. Valve supérieure à stries presque parallèles ; valve inférieure à stries radiantes, à pseudo-stauros large. Longueur : 1,5 à 2,3 c.d.m.

Eaux douces. — Bruxelles (Delogne).

** *Valve inférieure sans stauros.*

a. Valve supérieure ne différant de l'inférieure que par l'absence du nodule et du raphé.

b. Valves largement lancéolées ou lancéolées-elliptiques.

A. delicatula Kütz. (Bac. p. 75 Pl. III fig. 21. — Atl. Pl. XXVII. fig. 3 et 4. — Type N° 234.)

Valves largement lancéolées, à extrémités très-souvent diminuées-rostrées-subaiguës, ayant environ 15 stries robustes, faiblement radiantes en 1 c.d.m. ; valve inférieure à strie médiane écourtée ; raphé entouré d'une étroite zone médiane un peu dilatée en aire arrondie autour du nodule médian. Longueur de 1 à 2 c.d.m.

Eaux saumâtres, non encore signalé.

A. Biasolettiana Grun. (Arct. Diat. p. 22. — Atl. Pl. XXVII. fig. 27 et 28. — Type N° 237.)

Valves lancéolées, à extrémités arrondies-obtuses, à partie médiane renflée, à stries fines, faiblement radiantes, au nombre de 22 à 28 en 1 c.d.m. ;

valve inférieure à nodule médian entouré d'une petite aire hyaline arrondie. Longueur env. 1 c.d.m.

Eaux douces. — Bruxelles (Delogne).

bb. Valves étroitement lancéolées ou linéaires.

A. microcephala Kütz. (Bac. p. 75 Pl. 3. fig. 13 et 19. — Atl. Pl. XXVII fig. 20. 21. 22 et 23.)

Valves très-étroitement lancéolées, à extrémités capitées, ayant 30 à 36 stries faiblement radiantes en 1 c.d.m. ; valve supérieure à stries toutes d'égale longueur sauf la médiane qui est un peu plus courte; valve inférieure à strie médiane très-écourtée, laissant une aire hyaline allongée près du nodule médian. Longueur 1 à 1,5 c.d.m. Largeur env. 0,3 de c.d.m.

Eaux douces. — Groenendael (Delogne).

A. exilis Kütz. (Alg. aq. dulc. 1833. N° 12 — Bac. p. 76. pl. 21 fig. 4. — Atl. Pl. XXVII fig. 16. 17. 18 et 19. — in Type N° 111.)

Valves étroitement lancéolées, à extrémités arrondies-subobtuses, à stries un peu radiantes, au nombre de 26 à 27 en 1 c.d.m. ; les médianes plus robustes, plus espacées (19 à 21 en 1 c.d.m.) et plus fortement radiantes, écourtées et laissant une aire hyaline allongée plus grande dans la valve inférieure que dans la supérieure. Longueur de 1 1/2 à env. 3 c.d.m.

Eaux douces. — Virton (Delogne).

A. minutissima Kütz. (Alg. aq. dulc. N° 75. — Bac. p. 75. pl. 13 fig. 2 c etc. Atl. Pl. XXVII. fig. 37 et 38. — in Types N°s 111 et 269.)

Valves très-étroitement lancéolées, à extrémités légèrement diminuées-rostrées, obtuses-arrondies ; stries délicates, faiblement radiantes, au nombre d'environ 25 en 1 c.d.m., la médiane écourtée. Longueur environ 1 1/2 à 2 c.d.m.

Eaux douces. — Bruxelles (Delogne).

A. linearis W. Sm. (Syn. Brit. Diat. p. 31. Pl. 61 fig. 381. — Atl. Pl. XXVII fig. 31 et 32.)

Diffère de l'espèce précédente, à laquelle il semble passer, par des valves plus linéaires, allongées, à peine un peu diminuées-rostrées, et ses stries un peu plus fortes et subparallèles au nombre de 24 à 27 en 1 c.d.m. Longueur 1 à 1,5 c.d.m.

Eaux douces. — Bruxelles (Delogne).

aa. Valve supérieure différant de l'inférieure par la présence, sur l'un de ses côtés, d'un espace hyalin en forme de fer à cheval.

A. lanceolata Bréb. (in Kütz. spec. Alg. p. 54. — Atl. Pl. XXVII. fig. 8. 9. 10 et 11. — Type N° 235.)

Valves elliptiques, ayant 12 à 13 stries en 1 c.d.m. ; la supérieure présentant d'un côté un espace hyalin en forme de fer à cheval ; l'inférieure à stries médianes très-écourtées et formant un pseudo-stauros. Longueur de 0,8 à 2 c.d.m.

Eaux douces. — Peu rare. — Anvers, Bruxelles.

var. dubia. (Atl. Pl. XXVII. fig. 12 et 13. — Type No 236.)

Diffère du type par ses stries un peu plus serrées, environ 13 à 14 en 1 c.d.m., par sa forme lancéolée à extrémités diminuées-rostrées et par son pseudo-stauros un peu plus court. Longueur env. 1,5 c.d.m.

Eaux douces. — Bruxelles (Delogne).

TRIBU V. — COCCONÉIDÉES.

Valves simples, dissemblables, la supérieure n'ayant qu'un pseudo-raphé, l'inférieure ayant des nodules et un vrai raphé. **Cocconeis.**

Valve inférieure composée de deux couches : la supérieure formée d'un chassis de côtes robustes, l'inférieure constituée par une valve normale. . . . . **Campylyoneis.**

COCCONEIS (Ehr. 1835) Grun. 1868.

Valves largement ovales, elliptiques ou discoïdes, dissemblables ; la supérieure n'ayant qu'un pseudo-raphé, l'inférieure munie de nodules et d'un véritable raphé. Frustules cintrés ou courbés en genou, vivant en parasite sur d'autres algues. Endochrôme comme dans les *Achnanthes.*

Valve supérieure à très-grosses ponctuations subquadrangulaires . . . . **C. Scutellum.**

Valves à stries finement ponctuées.
- Nodule dilaté latéralement en stauros aigu . . . . **C. dirupta.**
- Nodule médian non dilaté latéralement en stauros.
  - Valve dépourvue d'anneau marginal ponctué . **C. Pediculus.**
  - Valve munie d'un anneau marginal ponctué . **C. Placentula.**

a. Valve supérieure à très-grosses ponctuations subquadrangulaires.

C. Scutellum Ehr. (Inf. p. 95. pl. XIV fig. VIII. — Atl. Pl. XXIX fig. 1. 2 et 3. — Type Nos 245 et 246.)

Valves très-largement lancéolées ou elliptiques, entourées d'un anneau séparable. Valve supérieure marquée de très-grosses ponctuations subquadrangulaires disposées en lignes rayonnantes au nombre d'environ 7 à 8 en 1 c.d.m. ; chaque rangée de ponctuations terminée au bord de la valve par un espace subtriangulaire couvert de très-fines ponctuations ; pseudo-raphé droit, étroit. Valve inférieure à anneau muni d'une rangée submarginale de très-grosses ponctuations et de côtes courtes, séparé par une étroite zone hyaline de la partie interne qui est couverte de stries rayonnantes (au nombre d'environ 7 à 8 en 1 c.d.m.), composées de ponctuations beaucoup plus délicates que celles de la valve supérieure ; raphé droit ; nodule médian rond ou dilaté transversalement ; nodules terminaux très-petits. Longueur 4 1/2 à 6 c.d.m.

Marin. — Ostende (Westendorp !).

forma parva. (Atl. Pl. XXIX fig. 8 et 9.)
Très-petit, atteignant à peine 2 c.d.m.

aa. Valves à ponctuations délicates.

C. Pediculus Ehr. (in Kütz. Bacill. t. 5 fig. IX, 1. — Atl. Pl. XXX. fig. 28. 29 et 30. — Types Nos 248 et 249.)

Valve large, subrhomboïdale, fortement courbée ; zone hyaline de la valve supérieure retrécie à la partie médiane ; stries interrompues par des lignes flexueuses hyalines ; valve inférieure montrant sur chaque bord quelques côtes courtes très-robustes ; stries transversales rayonnantes, assez robustes, ponctuées, environ 16 à 17 en 1 c.d.m. Longueur 1 1/2 à environ 3 c.d.m.

Eaux douces et saumâtres. — Très-commun.

C. Placentula Ehr. (Amer. I. I. 10, 24.— Atl. Pl. XXX fig. 26 et 27.— in Types Nos 111. 190. 206. 259 etc.)

Valve elliptique plane ou trés-faiblement courbée ; zone hyaline médiane de la valve supérieure élargie au centre de la valve et montrant de faibles traces de raphé et de nodules ; valve inférieure munie d'un anneau couvert de stries ponctuées, espacées, environ 15 en 1 c.d.m., separé par une zone hyaline du restant de la valve qui est couvert de stries rayonnantes très fines, ponctuées, environ 22 en 1 c.d.m. Longueur de 1 1/4 à 3 1 2 c.d.m.

Eaux douces et saumâtres. — Commun.

var. lineata. (*C. lineata Ehr.* — Atl. Pl. XXX. fig. 31 et 32. — Type No 250.)
Diffère du précédent, dont il n'est pas spécifiquement séparable, par sa taille beaucoup plus considérable et par les stries de la valve supérieure dont les ponctuations forment des lignes longitudinales en zig-zag. Stries de la valve inférieure environ 17 en 1 c.d.m. Longueur env. 7 c.d.m.

Eaux saumâtres. — Rare ? — Anvers, Blankenberghe.

C. dirupta Greg. (Diat. of Clyde Pl. 1 fig. 25. — Atl. Pl. XXIX fig. 13. 14 et 15. — Type No 247.)

Valves largement ovales ou elliptiques, plus ou moins courbées. Valve supérieure à stries serrées, environ 15 en 1 c.d.m., radiantes, finement ponctuées, à ponctuations formant des lignes longitudinales en zig-zag. Valve inférieure striée comme la supérieure, mais à stries généralement interrompues par une bande hyaline produite par une dilatation latérale stauronéiforme du nodule médian. Raphé droit ou légèrement sigmoïde. Longueur 2 à 3 1 2 c.d.m.

Marin. — Trouvé une seule fois à Anvers dans une récolte faite dans l'Escaut.

CAMPYLONEIS Grun. 1863.

Valve supérieure celluleuse, à partie médiane déprimée ; valve inférieure formée de deux couches : la supérieure formée d'un chassis de côtes robustes, l'inférieure constituée par une valve normale munie d'un raphé et de nodules et couverte de stries radiantes distinctement ponctuées.

Une espèce :

Caractères du genre ; nodules terminaux éloignés des extrémités.

C. Grevillei (W. Smith.) Grun. (*Cocc. Grevillei.* in Syn. B. Diat. Pl. 3. fig. 35. — Atl. Pl. XXVIII fig. 10. 11 et 12. — Type N° 243.)

Valve supérieure à cellules petites, celles de la partie déprimée allongées ; stries de la valve inférieure au nombre d'environ 18 en 1 c.d.m. Longueur 4 à 6 c.d.m.

var. Argus Grun. (in Wier. Zool. bot. Gesel. 1862 p. 429 Pl. 10 fig. 9. — Atl. Pl. XXVIII fig. 15 et 16.)

Valve supérieure à cellules très-grandes, toutes à peu près semblables ; cellules intérieures à peine allongées.

Marin. — Ces deux formes, non encore signalées, seront fort probablement trouvées.

SOUS-FAMILLE II.

PSEUDO-RAPHIDÉES.

Frustule à face valvaire généralement bacillaire, parfois largement ovale ou suborbiculaire très-rarement orbiculaire. Frustule muni ou dépourvu de nodule.

- ayant toujours *ou*.
  - Un pseudo-raphé (simple ligne ou espace blanc) sur l'une des valves ou sur toutes deux *ou*
  - ayant des cloisons vraies ou fausses *(vittæ)* dans la face frontale, *ou*
  - à valves fusiformes, sigmoïdes, courbées ou ailées *ou*
  - ayant sur l'une des valves ou sur toutes deux un grand nombre de plis, côtes, stries ou rangées de granules transversaux, rarement régulièrement radiaux ; côtes parfois visibles dans la face frontale.
- sans. . . . .
  - appendices, dents, épines, piquants ou véritable raphé sur les valves.
    - excepté des épines que l'on trouve parfois mais rarement dans les *Surirellées* et les *Tabellariées;* mais alors les caractères ci-dessus sont suffisamment déterminants.
- rarement . . .
  - angulaire dans la face valvaire, hyalin,
  - sans stries, *ou*
  - fortement développé dans la face frontale, *à moins* qu'il ne soit cloisonné longitudinalement.

ANALYSE DES TRIBUS.

Frustules composés, étant ou paraissant munis de cloisons ou fausses cloisons longitudinales ; cloisons ou *vittæ* (fausses cloisons) vues distinctement dans la face frontale (face de suture). **1**
Frustules non ainsi ou vus seulement ainsi dans la face valvaire. **2**

1 Arqués dans la face frontale (paraissant cloisonnés ?) ; valves dissemblables ou différant seulement par un pseudo-nodule aux extrémités de la valve concave . . . . **Fragillariées.**
Tous autres. . . . . **Tabellariées.**

2 Valves circulaires, suborbiculaires, très-largement ovales ou munies de côtes de différentes manières. . . **3**
Valves non ainsi **4**

3 Valves le plus souvent hyalines avec quelques côtes transversales (scalariformes) ou à face frontale arquée avec valves munies de côtes de différentes façons ; frustules à face montrant des cloisons . . **Tabellariées.**
Toutes autres. . . . . **Surirellées.**

4 Valves fusiformes, sigmoïdes ou courbées, plus fortement marquées à l'une des marges qu'à l'autre. **Surirellées.**
Valves non ainsi **5**

5 Valves ondulées transversalement (à ondulations apparentes dans la face frontale), à bandes transversales ombrées. . . . . **Surirellées.**
Valves non ainsi **6**

6 Frustules à face valvaire dépourvue de nodules et à marge frontale granulée (particulièrement d'un côté), sans extrémités de côtes ; ni carénés ni ailés . . . . **Surirellées.**
Frustules non ainsi. **7**

7 Valves parcourues entièrement ou à moitié par des côtes ou des stries, ou irrégulièrement perlées ; ni carénées ni ailées. . . . . **Fragillariées.**
Valves non ainsi **8**

8 Frustule montrant dans la face frontale une rangée d'appendices marginaux subcapités ; ou ailés, ou carénés et sans nodule central . . . . **Surirellées.**
Frustules non ainsi. **Fragillariées.**

TRIBU VI. — FRAGILLARIÉES.

ANALYSE DES GENRES.

Frustules à face frontale arquée. Valves à côtes, ou stries transversales interrompues et ayant l'une des valves ou les deux terminées par des pseudo-nodules (espaces blancs) . . . . **Gephyria.**
Frustules et valves non ainsi **1**

1 Frustules (à face valvaire généralement arquée) avec des côtes (nommées canalicules par W. Smith) (souvent granulées) qui font souvent paraître la marge (bord) ou submarge perlée ou dentée dans la face frontale qui n'est pas cunéiforme. . . . . **Epithemia.**
Frustules non ainsi. **2**

2 Frustules à face valvaire arquée, sans côtes. Valves à marge concave, striées transversalement, sans ligne médiane ou nodule, ayant des pseudo-nodules aux extrémités . . . . **Eunotia.**
Valves non ainsi **3**

3 Valves ayant un pseudo-raphé et des rangées transversales de granules dans des cellules carrées (clathrées); nodule central et terminaux distincts . . . . **Glyphodesmis.**
Valves non ainsi. **4**

4 Valves cruciformes, avec des stries transversales interrompues (non clathrées) ; nodule central très-distinct. Frustules montrant dans la face frontale les extrémités terminales des fausses cloisons ? . **Omphalopsis.**
Valves non ainsi **5**

5 Valves arquées, finement striées-granulées, à pseudo-raphé distinct et ayant un renflement notable au milieu du bord ventral. . . . . Ceratoneis.
Valves non ainsi. 6

6 Valves ayant un espace blanc (généralement transversal) central et un pseudo-ocellus central (souvent petit) ou ayant deux ou plus de deux (quelques-unes seulement) côtes robustes transversales (sur toute la largeur de la valve) et qui sont saillantes dans la face frontale ; d'autres fois lisses, ou ayant des stries ou des côtes (généralement moniliformes interrompues) ou des cellules carrées, munies de nodules terminaux et de bords parfois ponctués . . . . Plagiogramma.
Valves non ainsi. 7

7 Frustules cohérents, quadrangulaires dans la face frontale. Valves sans nodule central ; stries interrompues par une ligne médiane ou un espace blanc ; valves renflées ou contractées . . . . Dimeregramma.
Frustules non ainsi 8

8 Frustules à suture dentée en scie ; valves sans ligne médiane, ayant des rangées transversales très-apparentes d'alvéoles ou de perles . . . . Terebraria.
Frustules non ainsi . . . . , ... 9

9 Frustules à face frontale étroite-linéaire. Valves lancéolées ou renflées, elliptiques ou bacillaires-cunéiformes, avec des stries transversales moniliformes (généralement un peu radiantes) très-visibles ; sans nodules ; ayant une ligne médiane ou un espace blanc (souvent obscur ou manquant). . . . . Raphoneis.
Frustule non ainsi. 10

10 Face frontale étroite linéaire; valve cymbelliforme, à ponctuations éparses ; pas de pseudo-raphé. Campylosira.
Frustule non ainsi. 11

11 Frustules sessiles, solitaires ou réunis par deux, allongés, linéaires, légèrement cunéiformes. Valves finement striées, contractées à une extrémité ; pas de ligne médiane. . . . . Peronia.
Frustules non ainsi 12

12 Frustule à face frontale linéaire, parfois hyaline ou élargie à une extrémité. Valves striées, sans nodule, cunéiformes et contractées à une extrémité, réunis en forme d'étoile ou de zigzag . Asterionella.
Frustules non ainsi. 13

13 Valves ayant une ligne médiane hyaline ou un espace blanc, parfois obscur ; fréquemment munies d'un pseudo-nodule central ; striées transversalement, jamais à côtes transversales. Frustules très-allongés, parfois légèrement cunéiformes ou courbés, sessiles, filamenteux ou attachés bouts à bouts . . . . Synedra.
Frustules non ainsi. 14

14 Frustules très-fortement allongés, droits ou ondulés. Valves renflées au milieu, sveltes (en formes de piquants) parfois irrégulièrement ponctués sur la face valvaire, sans ligne médiane ou nodule. Synedra sect. Toxarium.
Frustules non ainsi. 15

15 Valves finement striées, ponctuées, ou plus ou moins hyalines, toujours sans côtes ; ligne médiane absente ou obscure. Frustules à face frontale étroite ou contractée, marges lisses, cohérentes, formant un filament droit, rarement en zigzag . . . . Fragilaria.
Frustule et valves non ainsi. 16

16 Valve lancéolée à grosses ponctuations ; face frontale ondulée . . . . Cymatosira.
Frustule non ainsi 17

17 Frustules cunéiformes; marges lisses. Valves hyalines ou finement striées, ayant une ligne médiane. Licmophora.
Frustules non ainsi. 18

18 Frustules cunéiformes, munis transversalement, de côtes ou de stries granulaires distinctes ayant une ligne médiane . . . . Podocystis.
Frustules non ainsi . , ... 19

19 Frustules composés. Valves munies de côtes ou de membrures ; extrémités des côtes saillantes, submarginales et capitées dans la face frontale. Frustules non cunéiformes. . . . . Denticula.
Valves non ainsi 20

20 Valves munies de côtes les traversant entièrement ou dimidiées ; face frontale linéaire ; frustules cohérents, filaments en zigzag. . . . . Diatoma.
Valves cunéiformes formant un filament en spirale . . . . Meridion.

EPITHEMIA Bréb. 1838.

Valves arquées, munies intérieurement de côtes robustes et extérieurement de stries perlées, privées de nodules. Face frontale linéaire, plus ou moins renflée à la partie médiane. Frustules parasites sur d'autres plantes. Endochrôme comme dans les *Amphora*.

ANALYSE DES ESPÈCES.

Deux rangées de perles entre deux côtes consécutives.	Côtes et stries toutes radiantes.	Perles très-robustes.	Extrémités plus ou moins rostrées-capitées.	Valves très-arquées.	**E. turgida.**
				Valves peu arquées.	**E. granulata.**
			Extrémités très-obtuses.		**E. Hyndmanni.**
		Perles très-fines et très-rapprochées			**E. Sorex.**
	Côtes et stries parallèles, sauf aux extrémités de la valve				**E. gibba.**
Au moins 4 rangées de perles entre 2 côtes consécutives.	Côtes à peine radiantes, perles assez robustes.	Côtes à extrémités capitées dans la face frontale			**E. Argus.**
		Côtes à extrémités non capitées dans la face frontale.			**E. Zebra.**
	Côtes très-radiantes, perles fines.	Frustule presque circulaire. Valves demi-circulaires.			**E. Musculus.**
		Frustules elliptiques. Valves semi-lancéolées.			**E. gibberula.**

* *Deux rangées de perles entre deux côtes consécutives.*

a. Perles très-robustes.

E. turgida (Ehr.) Kütz. (Bac. Pl. 5. fig. XIV. — **Atl. Pl. XXXI fig. 1 et 2. — Type N° 251.**)

Valve arquée, à extrémités plus ou moins rostrées-capitées ; bord dorsal assez courbé ; bord ventral faiblement courbé ; côtes radiantes au nombre d'environ 4 en 1 c.d.m., environ 8 rangées radiantes de grosses perles allongées (chacune d'elles composée en réalité de deux petites perles rapprochées) dans le même espace. Face frontale plus ou moins fortement renflée à la partie médiane. Longueur 7 à 15 c.d.m.

Eaux douces. — Très-commun.

var. Westermanni Kütz. ! (Bac. V 12. etc. — **Atl. Pl. XXXI. fig. 8.**)

Plus petit et plus trapu, à dos plus convexe, à face frontale plus renflée, à extrémités non capitées.

Eaux saumâtres. — Anvers.

var. granulata. (*E. granulata. Kütz.* — **Atl. Pl. XXXI. fig. 5 et 6.**)

Beaucoup plus allongé, à peine arqué, à extrémités plus renflées, à face connective à côtes presque parallèles. Longueur 13 à 15 c.d.m.

Eaux douces. — Anvers. — Rare ?

var. Vertagus. (*E. Vertagus Kütz.* — **Atl. Pl. XXXI. fig. 7.**)

Valve très-allongée (atteint jusqu'à 20 c.d.m.) à partie médiane du dos parfois bossue.

Eaux douces. — Anvers, Schaerbeeck (Delogne).

E. Hyndmanni W. Sm. (Syn. Br. Diat. T. I. 12. pl. 1. fig. 1. — **Atl. Pl. XXXI fig. 3 et 4. — Type N° 252.**)

Valve à bords dorsal et ventral fortement et regulièrement arqués, à extrémités très-obtuses ; 3 à 4 côtes radiantes et 6 rangées de grosses perles en 1 c.d.m. Face connective fortement renflée à la partie médiane. Longueur 16 à 20 c.d.m.

Eaux douces. — Non encore signalé.

On croit que ce pourrait être la forme sporangiale de l' *E. turgida*.

aa. Perles très-fines et rapprochées.

E. Sorex Kütz. (Bac. V. fig. 12. — Atl. Pl. XXXII fig. 6. 7. 8. 9 et 10. Type N° 259.)

Valve fortement arquée, à bords régulièrement courbés, à extrémités rostrées et généralement capitées ; côtes radiantes, 6 à 7 en 1 c.d.m.; stries radiantes, finement perlées, au nombre de 12 à 14 en 1 c.d.m. Face connective fortement renflée à la partie médiane. Longueur 2 1/2 à 4 c.d.m. Frustule sporangial environ 7 c.d.m.

Eaux douces. — Très-commun.

E. gibba Kütz. (Bac. Pl. IV. fig. 22. — Atl. Pl. XXXII fig. 1 et 2. — Type N° 256).

Valve linéaire, difficilement visible, à pseudo-raphé bordé de chaque côté d'un rang de grosses perles (extrémités des côtes ?). Frustule toujours placé sur la zone connective, à bord dorsal présentant, au milieu du renflement médian, une petite inflexion avec un nodule médian bien visible. Bord ventral droit mais arqué à l'extrémité. Côtes au nombre d'environ 6 à 7 en 1 c.d.m., parallèles, sauf aux extrémités de la valve où elles sont radiantes ; stries finement perlées environ 14 en 1 c.d.m. Longueur 8 à 25 c.d.m.

Eaux douces. — Très-commun.

var. parallela Grun. (Atl. Pl. XXXII fig. 3.)

Bords dorsal et ventral parallèles sans aucun renflement.

var. ventricosa. (*E. ventricosa Kütz.* Bac. XXX fig. 9. — Atl. Pl. XXXII fig. 4 et 5. — Type N° 257.)

Valve courte et fortement renflée à la partie médiane.

Mêlés au type et communs.

** *Au moins quatre stries entre deux côtes consécutives.*

A. Côtes à peine radiantes, perles très-robustes.

E. Argus Kütz. (Bacil. Pl. XXIX. fig. 55. — Atl. Pl. XXXI fig. 15. 16 et 17. — Type N° 255.)

Valve à bord dorsal faiblement arqué, à bord ventral presque droit, à extrémités très-obtuses ; côtes très robustes, à peine radiantes, au nombre de 1 à 2 en 1 c.d.m. ; stries faiblement radiantes, finement perlées, au nombre de 12 à 14 en 1 c.d.m., plus de quatre stries entre deux côtes consécutives. Face frontale linéaire, à bords droits ou ondulés (fig. 18.) par monstruosité, montrant le long de la zone connective une série de gros nodules provenant de l'épaississement de l'extrémité des côtes. Longueur 4 à 7 c.d.m.

Eaux douces de la zone calcareuse. — Frahan (Delogne).

var. amphicephala Grun. (*E. Alpestris W. Sm.* Atl. Pl. XXXI fig. 19.)
Valve à peine arquée, à extrémités fortement rostrées-capitées.

E. Zebra (Ehr.) Kütz. (Bacil. Pl. V fig. 12 et Pl. XXX fig. 5. — Atl. Pl. XXXI. fig. 9. 11. 12. 13. et 14. — Type N° 253.)

Diffère surtout de l'espèce précédente, par la face frontale ne montrant pas les côtes renflées aux extrémités. Côtes moins robustes, à peine radiantes, au nombre de 3 à 3 1/2 en 1 c.d.m.; stries à perles plus robustes, environ 12 en 1 c.d.m. Longueur 2 à 6 c.d.m.

Eaux douces. — Commun.

var. proboscidea Grun. (Atl. Pl. XXXI fig. 10. — Type N° 254.)
Assez petit, plus courbé que le type, à extrémités fortement rostrées-capitées.
Eaux douces et saumâtres. — Blankenberghe (H.V.H.), Alle (Del.), St Trond (Van den Eorn).

AA. Côtes très-radiantes, perles fines.

E. Musculus Kütz! (Bac. XX. fig. 6. — Atl. Pl. XXXII fig. 14 et 15. — in Types N°s 50 et 105.)

Valve très-courte, presque demi-circulaire, à bord dorsal fortement arqué et montrant au milieu un petit nodule médian, à bord ventral à courbure très-faible, presque nulle, à extrémités aiguës très-légèrement rostrées. Côtes très-radiantes, en nombre variable, rapprochées; stries finement perlées, environ 15 en 1 c.d.m. Face connective largement ovale presque ronde. Longueur 4 à 5 c.d.m.

Marin. — Ostende (Grunow), Heyst (Deby).

var. constricta W. Sm. (*E. constricta W. Sm.* Syn. I. p. 14. Pl. XXX fig. 248. — Type N° 261.)
Frustule plus ou moins contracté dans la face frontale.
Marin. — Blankenberghe.

E. gibberula Kütz. (Bac XXX. fig. 3. — in Type N° 46.)

Valves beaucoup plus étroites que dans l'espèce précédente, semi-lancéolées, insensiblement diminuées jusqu'aux extrémités subaiguës; côtes très-distantes 3 à 4 en 1 c.d.m.; stries environ 16 en 1 c.d.m., très-radiantes. Face connective elliptique ou elliptique-lancéolée. Longueur 4 à 7 c.d.m.

Marin. — Ostende (Grunow).

var. producta Grun. (Atl. Pl. XXXII fig. 11. 12 et 13.)
Extrémités rostrées. — Longueur 2 à 3 c.d.m.
Eaux douces et saumâtres. — Anvers, Bruxelles (Delogne).

EUNOTIA Ehr. 1837. — Char. emend.

Valve arquée, dépourvue de côtes, striée transversalement, dépourvue de raphé et de nodule médian, munie de pseudo-nodules aux extrémités. Face connective rectangulaire. Frustules libres ou réunis en bandes ou vivant en parasite sur d'autres plantes.

Endochrôme divisé en deux lames sur la zone, par un sillon profond.

1. Frustules réunis en bandes plus ou moins longues (HIMANTIDIUM Auct.)

Valves à extrémités capitées recourbées vers le côté dorsal. Individus réunis en bandes courtes.	Frustules grands. Stries facilement visibles.	Valves assez larges.	Valve à extrémités subtronquées, fortement rostrées-capitées	**E. Arcus.**
			Valve à extrémités obtuses-arrondies, à peine capitées.	**E. major.**
		Valves très-étroites.		**E. gracilis.**
	Frustules très-petits. Stries à peine visibles			**E. exigua.**
Valves à extrémités non capitées, droites ou dirigées vers le côté ventr.	Extrémités droites, diminuées-rostrées ; face frontale ne montrant pas des divisions imparfaites			**E. pectinale.**
	Extrémités obtuses, non diminuées-rostrées, dirigées du côté ventral ; face frontale montrant généralement des cloisons provenant d'une division imparfaite . .			**E. Faba.**

2. Frustules non réunis en bandes (vrais EUNOTIA).

Frustules libres, non parasites sur d'autres plantes.	Valve très-petite et très-étroite à 3 faibles élévations			**E. tridentula.**
	Valve grande et robuste à dos uni ou muni de fortes bosses.	Stries très-distantes à la partie moyenne		**E. prœrupta.**
		Stries rapprochées.	Stries très-délicates, dos à 3 bosses. . . .	**E. triodon.**
			Stries robustes, dos à plus de 3 bosses . .	**E. robusta.**
Frustules parasites sur d'autres plantes.	Valve très-longue, robuste, droite ou flexueuse, à extrémités renflées . . .			**E. flexuosa.**
	Valve assez petite, étroite, arquée, à extrémités parfois rostrées-capitées, non renflées			**E. lunaris.**

I. Frustules réunis en bandes plus ou moins longues (HIMANTIDIUM des auteurs).

a. Extrémités des valves recourbées vers le côté dorsal. Individus formant des bandes courtes.

E. Arcus Ehr. (Abh. 1840 p. 17. Inf. T. XXI fig. 22. — Atl. Pl. XXXIV. fig. 2. — Type N° 267, forme se rapprochant de la *var. uncinata.* — Type N° 268, *forma curta.*)

Valve arquée, à extrémités fortement capitées, à bord ventral droit ou faiblement arqué ; stries délicates, au nombre d'environ 12 en 1 c.d.m., finement divisées en travers. Face connective rectangulaire-linéaire-allongée, à zone connective à très-fines stries transversales (22 en 1 c.d m.), interrompues par des plis longitudinaux. Longueur 3 à 9 c.d.m.

Eaux douces. — Rare ? Appartient selon M. Grunow aux terrains calcaires.

var. **minor.** (Atl. Pl. XXXIV fig. 3.)
Plus petit (environ 3 c.d.m.) et plus grêle.

var. **uncinata.** (Atl. Pl. XXXIV fig. 13.)
Courbures dorsale et ventrale fortes.

var. **bidens.** (Atl. Pl. XXXIV fig. 7.)
Bord dorsal présentant deux faibles gibbosités ; mêlé au type.

E. major (W. Sm.) Rabenh. (*Himantidium. W. Sm.* Synops. B. Diat. XXXIII. fig. 286. — Atl. Pl. XXXIV fig. 14. — Type N° 271.)

Valve très-allongée, arquée, à bords parallèles, à extrémités très-obtuses-arrondies, à peine capitées ; stries à ponctuations délicates, presque confluentes, environ 12 en 1 c.d.m. ; membrane connective présentant des stries formées de grosses ponctuations distantes, au nombre d'environ 14 en 1 c.d.m. Longueur 9 à 19 c.d.m.

Eaux douces. — Rare ?

var. **bidens.** (Atl. Pl. XXXIV fig. 5.)
Bord dorsal présentant deux élévations.

E. gracilis (Ehr.) Rab. (Ehr. Verbr. p. 129. T. II, 1 fig. 9 et T. III, 1 fig. 41. — Atl. Pl. XXXIII. fig. 1 et 2. — Type N° 262.)

Valve arquée, allongée, très-étroite, à bords parallèles, à extrémités faiblement capitées ; stries délicates, environ 10 en 1 c.d.m., finement divisées en travers. Membrane connective montrant environ 20 stries en 1 c.d.m., finement mais distinctement ponctuées. Longueur 7 à 16 c.d.m.

Eaux douces. — Cornimont (Delogne).

E. exigua Bréb. (in Kütz. spec. alg. p. 8. — Atl. Pl. XXXIV fig. 11.)

Valve arquée, à extrémités tronquées, plus ou moins capitées, à bords à peu près parallèles ; stries très-fines, environ 24 en 1 c.d.m. Face frontale linéaire-étroite. Longueur 1 à 1 1/2 c.d.m.

Eaux douces. — Paliseul. — Noirfontaine (Del.).

aa. Extrémités droites ou dirigées vers le côté ventral. Individus réunis en longues bandes.

E. pectinalis (Kütz.) Rabenh. (*Himantidium Kütz.* Bac. XVI. fig 11. — Atl. Pl. XXXIII fig. 15 et 16. — Type N° 264.)

Valve très-faiblement arquée, allongée, étroite, à bords parallèles, à extrémités diminuées-subrostrées, mais non capitées ; stries bien marquées, finement divisées en travers, environ 8 en 1 c.d.m. à la partie moyenne de la valve, beaucoup plus serrées aux extrémités. Membrane connective à environ 15 stries, un peu irrégulières, en 1 c.d.m., formées de ponctuations assez grosses, mais peu visibles. Longueur de 3 à 15 c.d.m.

Eaux douces. — Commun.

forma curta. (Atl. Pl. XXXIII fig. 15.)
Petit, presque droit.

forma elongata. (Atl. Pl. XXXIII fig. 16.)
Long, faiblement arqué.

var. ventricosa Grun. (Atl. Pl. XXXIII fig. 19 B.)
Bord ventral présentant une bosselure à la partie moyenne.

var. undulata Ralfs. (Atl. Pl. XXXIII fig. 17. — Type N° 265.)
Bord ventral montrant une bosselure médiane, bord dorsal à trois ou cinq bosselures.

var. Soleirolii Kütz. (Type N° 266.)
Forme à frustules cloisonnés (valves doubles internes) par suite d'une division imparfaite.

E. Faba. (Ehr.) Grun. (*Himantidium Soleirolii. W. Sm. part.*) — Atl. Pl. XXXIV fig. 34. — in Type N° 274.)
Valve réniforme allongée, à stries assez visibles, au nombre de 10 à 12 en 1 c.d.m., finement divisées en travers ; face connective montrant presque toujours des cloisons provenant d'une division imparfaite (*var. Soleirolii W. Sm.*) Longueur 3 à 5 c.d.m.
Eaux douces. — Non encore signalé ; indigénat très-douteux.

II. Frustules non réunis en bandes.

a. Frustules libres, non parasites sur d'autres plantes.

E. tridentula Ehr. (Verb. p. 126. T. II 1 fig. 14. — Atl. Pl. XXXIV fig. 31, *var.* — in Types N°s 309 et 347.)
Valve petite, étroite, à extrémités capitées ; bord ventral uni, faiblement concave ; bord dorsal à 3 faibles élévations ; stries délicates, env. 15 en 1 c.d.m. Longueur env. 2 c.d.m.
Eaux douces. — Paliseul (Del.). — Rare.

E. prœrupta Ehr. (Amer. p. 126. — Atl. Pl. XXXIV. fig. 19.)
Valve robuste allongée, à extrémités rétrécies, subcapitées, tronquées ; bord dorsal assez fortement arqué ; bord ventral presque droit ; stries très-étroites, espacées, environ 6 en 1 c.d.m. au milieu de la valve, très-serrées aux extrémités, finement ponctuées ; nodules terminaux très-gros. Face connective quadrangulaire, montrant environ 12 stries très-délicates à la partie moyenne. Longueur 4 à 8 c.d.m.
Eaux douces. — Non encore signalé, probablement non indigène.

forma curta. (Atl. Pl. XXXIV. fig. 23 et 24.)
Atteignant à peine 3 c.d.m.

var. inflata Grun. (Atl. Pl. XXXIV. fig. 17.)
Valve plus large, à dos plus renflé.

var. bidens Grun. (*Eunotia bidens* (*Ehr.*) *W. Sm.* — Atl. Pl. XXXIV fig. 20.)
Valve très-grande et très-large, à dos présentant une inflexion médiane.

var. bigibba. (*E. bigibba Kütz.* — Atl. Pl. XXXIV. fig. 26. — in Type N° 62.)
Valve courte, trapue, à extrémités brusquement contractées du côté dorsal ; à dos portant deux fortes bosses ; bord ventral très-concave.
Eaux douces. — Frahan (Delogne).

E. robusta Ralfs. (in Pritch p. 763. — Atl. Pl. XXXIII. fig. 11. 12 et 13. — in Types Nos 263 et 274.)

Valves robustes, semi-lunaires, à extrémités largement arrondies ; bord ventral concave ; dos renflé, convexe, portant de trois à vingt bosses ; stries radiantes, robustes, au nombre d'environ 10 en 1 c.d.m. au milieu de la valve, beaucoup d'entr'elles simplement marginales ; face connective quadrangulaire.

Eaux douces.

var. tetraodon. (Atl. Pl. XXXIII. fig. 11.)
Dos à quatre bosses. — Longueur environ 5 c.d.m.
Eaux douces. — Liresse (Delogne).

E. triodon Ehr. (Inf. p. 192 Pl. XXI fig. 24. — Atl. Pl. XXXIII. fig. 9 et 10. — Type N° 263.)

Diffère de l'espèce précédente, par le bord dorsal qui n'a que trois bosses et par les stries très-délicates, au nombre d'environ 16 en 1 c.d.m., finement ponctuées. Longueur environ 4 c.d.m.

Eaux douces. — Non encore signalé. — Indigénat très-douteux.

aa. Frustules parasites sur d'autres plantes.

E. lunaris (Ehr.) Grun. (*Synedra Ehr.* Infus. XVII fig. 4. — Atl. Pl. XXXV. fig. 3. 4 et 6 A. — Type N° 272.)

Valve plus ou moins arquée, étroite, à extrémités parfois légèrement rostrées-capitées, non renflées, à nodules bien marqués ; stries délicates, distinctement ponctuées, au nombre de 15 en 1 c.d.m. Face connective linéaire étroite, à extrémités tronquées, un peu diminuées. Longueur 5 à 9 c.d.m.

Eaux douces. — Assez fréquent.

var. subarcuata (Naeg.) Grun. (Atl. Pl. XXXV. fig. 2.)
Valve courte, assez large, fortement arquée.

var. bilunaris (Ehr.) Grun. (Atl. Pl. XXXV. fig. 6 B.)
Valve assez courte, flexueuse.

E. flexuosa Kütz. (Spec. Alg. p. 6. — Atl. Pl. XXXV. fig. 9 et 10.)

Valves droites, parfois un peu arquées ou un peu flexueuses, à extrémités renflées-capitées, à nodules bien marqués ; stries délicates, au nombre de 11 à 12 en 1 c.d.m., distinctement ponctuées ; face frontale linéaire, à membrane connective très-délicatement striée-ponctuée. Longueur 15 à 30 c.d.m.

Eaux douces. — Rare ?

var. bicapitata Grun. (*Synedra biceps* W. *Sm.* (Atl. Pl. XXXV fig. 11.)
Valve plus large, à extrémités plus fortement renflées.

PERONIA Bréb. et Arn. 1868.

Frustule et valve cunéiformes et semblables à un *Gomphonema*, mais en différant par l'absence du nodule médian et du raphé. Frustules sessiles, solitaires ou réunis par deux.

Peronia erinacea Bréb. et Arn. (in Micr. J. 1868 p. 16.— *Gomphonema Fibula Bréb. olim.* — Atl. Pl. XXXVI fig. 19. — in Types Nos 67. 126 et 274.)
Valve étroite, cunéiforme, à extrémité supérieure rostrée-capitée; nodules terminaux éloignés des extrémités ; stries assez larges, mais peu visibles, environ 15 à 16 en 1 c.d.m., interrompues par un pseudo-raphé peu marqué. Face frontale cunéiforme, à stries marginales. Longueur : 4 à 5 c.d.m
Eaux douces. — Rare : Cornimont (Del.).

PLAGIOGRAMMA Grev. 1859.

Valve ayant à la partie médiane un espace hyalin généralement transversal, souvent muni au milieu d'un pseudo-ocellus, ou muni de deux côtes robustes se montrant en saillie dans la face frontale ; extrémités hyalines ; stries ponctuées, à ponctuations distantes. Frustules réunis en bandes.

Stries formées de grosses ponctuations subquadrangulaires, pseudo-ocellus large face frontale non ou à peine retrécie sous les extrémités . . . . P. Gregorianum.
Stries formées de ponctuations petites ; pseudo-ocellus étroit face frontale fortement retrécie sous les extrémités . . . . P. Van Heurckii.

P. Gregorianum Grev. (Micr. journ. VII. p. 208. T. X. fig. 1 et 2. — Atl. Pl. XXXVI fig. 2. — in Type N° 104.)
Valve oblongue-lancéolée, à partie médiane hyaline montrant un pseudo-ocellus allongé, bordé de deux côtes robustes, à extrémités présentant un grand espace lisse. Stries au nombre de 9 en 1 c.d.m., formées de grosses ponctuations subquadrangulaires formant des lignes longitudinales ; face frontale quadrangulaire-obtuse. Longueur environ 2 à 4 c.d.m.
Marin. — Blankenberghe.

P. Van Heurckii Grun. ! (in Atl. Pl. XXXVI fig. 4.)
Valve étroitement lancéolée, à extrémités généralement un peu rostrées-capitées, lisses, à bande transversale hyaline étroite, bordée de deux

côtes peu robustes ; stries au nombre de 11 à 12 en 1 c.d.m., formées de ponctuations petites, formant des lignes longitudinales. Face frontale insensiblement contractée à partir du milieu jusqu'en dessous des extrémités, qui, sont dilatées-tronquées. Partie médiane ne montrant qu'une côte robuste formée par le rapprochement de l'extrémité des deux côtes visibles sur la valve. Individus réunis en bandes assez longues. Longueur : de 1 1/2 à 4 1/2 c.d.m.

Marin. — Trouvé une seule fois sur une jetée entre Heyst et Blankenberghe.

DIMEREGRAMMA Ralfs. 1861.

Valve à stries interrompues par un pseudo-raphé large et dilaté à la partie médiane, à extrémités lisses. Pas d'espace lisse transversal médian. Frustules réunis en bandes.

D. minus (Greg.) Ralfs. (Greg. Diat. of Cl. p. 23. pl. X fig. 35. sub. *Denticula*. — Atl. Pl. XXXVI fig. 10 et 11a.)

Valve lancéolée, à extrémités obtuses, lisses ; à pseudo-raphé insensiblement dilaté vers la partie médiane ; stries au nombre de 10 en 1 c.d.m., formées de ponctuations bien marquées, assez distantes, ne formant pas de lignes longitudinales. Frustules quadrangulaires, rétrécis en dessous des extrémités obtuses-tronquées. Longueur 3 à 4 c.d.m.

Marin. — Blankenberghe, Ostende.

var. nana. (*Denticula nana Greg.* Diat. of Cl. p. 23. pl. X fig. 34. — Atl. Pl. XXXVI. fig. 11b, 12 et 13.)

Valve renflée à la partie médiane, à extrémités brusquement rétrécies ; stries 14 en 1 c.d.m. ; face frontale comme dans le type, mais plus courte. Longueur 1 à 2 c.d.m.

Marin. — Blankenberghe, Ostende. — Mêlé au précédent.

RAPHONEIS Ehr. 1844.

Valves lancéolées ou elliptiques, à stries transversales, moniliformes, généralement un peu radiantes, très-distinctes, à pseudo-raphé plus ou moins distinct. Extrémités sans nodules, montrant souvent des ponctuations fines, éparses. — Face frontale étroite, linéaire.

Toutes les perles d'égale grandeur.	Valve non bacillaire cunéiforme.	Pseudo-raphé étroit, linéaire.	Stries courbes, les médianes écourtées ; valve très-large, lancéolée.	**R. amphiceros.**
			Stries droites, un peu radiantes ; valve linéaire ou étroitement lancéolée.	**R. Belgica.**
		Pseudo-raphé plus ou moins large, mais rétréci à la partie médiane.		**R. Surirella**
	Valve très-allongée, bacillaire-cunéiforme			**R. Caduceus.**
Valve bordée d'un rang de perles beaucoup plus petites que celles du centre de la valve .				**R. Liburnica.**

R. amphiceros Ehr. (Bericht. der Berl. Ac. 1844. — Atl. Pl. XXXVI. fig. 22 et 23. — Type N° 276.)

Valve largement lancéolée, à extrémités rostrées et parfois subcapitées; stries plus ou moins courbées, très-radiantes, au nombre de 5 à 6 en 1 c.d.m., formées de grosses ponctuations placées à distance égale et formant des lignes longitudinales presque droites, la médiane et parfois les plus voisines de celle-ci écourtées. — Extrémités des valves couvertes de ponctuations irrégulières. Longueur moyenne 4 à 7 c.d.m.

Marin. — Commun : Blankenberghe, Ostende et Anvers (Escaut).

var. **rhombica** Grun. (Atl. Pl. XXXVI. fig. 20 et 21.)

Plus court, plus renflé, à extrémités faiblement ou à peine rostrées. Longueur moyenne 3 à 5 c.d.m.

R. Belgica Grun.! (in Atl. Pl. XXXVI fig. 25. 29 et 30. — Type N° 277.)

Valve étroitement lancéolée ou linéaire, à extrémités rostrées, obtuses ou subobtuses ; stries au nombre de 7 à 9 en 1 c.d.m., droites ou à peine radiantes, toutes d'égale longueur, laissant un pseudo-raphé étroit, composées de ponctuations formant des lignes longitudinales droites. Valve à extrémités couvertes de ponctuations éparses assez fines. Longueur moyenne 8 à 9 c.d.m.

Marin. — Blankenberghe.

R. Surirella (Ehr ?) Grun. (Atl. Pl. XXXVI. fig. 26 et 27a. — in Type N° 277.)

Valve étroitement elliptique ou faiblement lancéolée, à extrémités obtuses, à pseudo-raphé étroit, linéaire, à extrémités seules dilatées ; stries au nombre de 8 en 1 c.d.m., faiblement radiantes, à grosses ponctuations formant des lignes longitudinales plus ou moins courbes. Longueur moyenne 4 à 4 1/2 c.d.m.

Marin. — Commun à Blankenberghe.

var. **Australis.** (Atl. Pl. XXXVI. fig. 27b. — in Type N° 277.)

Pseudo-raphé très-large, contracté seulement à la partie moyenne.

Marin. — Blankenberghe.

R. Caduceus (Ehr.) H. V. H. (*Sceptroneis Caduceus Ehr.* — Atl. Pl. XXXVII fig. 5. — Type N° 279.)

Valve bacillaire, très-allongée, à partie inférieure légèrement cunéiforme. Partie médiane insensiblement renflée. Extrémité supérieure fortement capitée. Pseudo-raphé étroit, un peu élargi dans le renflement médian. Stries environ 4 à 5 en 1 c.d.m., formées de grosses ponctuations ; extrémités couvertes de fines ponctuations radiantes ou éparses. Longueur 10 c.d.m.

Marin. — Très-rare. — Nous l'avons observé une seule fois dans le 2e Bassin à Blankenberghe et une autre fois à Anvers dans l'Escaut. M. Deby l'a observé à Flessingue à l'embouchure de l'Escaut.

La nature de la striation générale de la valve de même que la ponctuation spéciale et caractéristique des extrémités, ne nous permettent pas de croire que cette diatomée puisse être autre chose qu'un *Raphoneis*.

R. Liburnica Grun. ! (Neue etc. 1862. page 69 pl. VII fig. 6. — Atl. Pl. XXXVI fig. 33.)

Valve largement elliptique, à pseudo-raphé étroit ; ponctuations disposées en lignes radiantes, au nombre de 4 env. en 1 c.d.m., ponctuations centrales très-grandes, diminuant vers le bord ; celui-ci porte, tout autour, un rang de perles beaucoup plus petites, au nombre d'environ 6 en 1 c.d.m. Longueur moyenne 3 c.d.m.

Marin. — Blankenberghe, 2e bassin. — Très-rare : observé un seul exemplaire.

CERATONEIS Ehr. 1840.

Valve arquée, à extrémités plus ou moins rostrées-capitées, à nodules distincts. Bord ventral généralement renflé à la partie médiane, montrant un pseudo-nodule bien apparent. Pseudo-raphé étroit. Frustule libre, solitaire, à face frontale linéaire, étroite.

Une seule espèce :

C. Arcus Kütz. (Bac. page 104. Pl. VI fig. 10. — Atl. Pl. XXXVII fig. 7. — Type N° 281.)

Caractères du genre. — Stries fines, délicatement ponctuées, au nombre de 16 à 17 en 1 c.d.m. Longueur moyenne : 5 à 7 c.d.m. — Certaines formes atteignent une longueur beaucoup plus considérable.

Eaux douces. — Rare : Liresse, Rochehaut (Delogne), Liége (A. Verbeeck).

SYNEDRA Ehr. 1831.

Valves très-allongées, plus ou moins lancéolées ou linéaires parfois un peu courbées ou ondulées, munies d'une ligne médiane hyaline ou d'un espace blanc, parfois peu distincts ; fréquemment munies d'un pseudo-nodule médian et souvent de nodules terminaux très-petits et peu visibles ; stries transversales, jamais des côtes transversales. — Frustule sessile sur d'autres plantes.

Endochrôme formé de deux lames dentelées sur les bords ou divisées en lanières et reposant par le milieu sur les valves.

I Eusynedra. *Valves régulièrement striées, non ou à peine renflées au milieu.*

- Valves dépourvues de sillons marginaux.
  - Stries s'étendant sur presque toute la largeur de la valve. Pseudo-raphé linéaire.
    - Valve munie d'un pseudo-nodule.
      - Pseudo-nodule annulaire médian . . . . **S. pulchella.**
      - Pseudo-nodule excentrique . . . . **S. Vaucheriæ.**
    - Valves dépourvues d'un pseudo-nodule.
      - Valves munies d'un espace hyalin médian.
        - Valves étroitement lancéolées-linéaires.
          - Stries bien marquées, environ 13 en 1 c.d.m.; extrémités très-faiblement rostrées-capitées . . . . . **S. Acus.**
          - Stries fines, de 16 à 18 en 1 c.d.m.; extrémités faiblement rostrées-capitées . . . . **S. radians.**
        - Valve étroitement linéaire ; extrémités plus ou moins rostrées ou rostrées-capitées . . . . **S. Ulna.**
      - Valves dépourvues d'espace hyalin.
        - Valves à extrémités non capitées; espèces marines.
          - Stries robustes, environ 9 en 1 c.d.m.
            - Valve grande, linéaire-lancéolée . . . . . **S. Gallionii.**
            - Valve très-petite, très-étroitement linéaire-lancéolée . . . . . **S. investiens.**
          - Stries fines, env. 18 en 1 c.d.m.; valve assez larg. lancéolée . . . **S. barbatula.**
        - Extrémités capitées; espèces d'eau douce.
          - Valve très-grande et très-robuste, à extrémités fortement capitées, à tête triangulaire . . . . . . **S. capitata.**
          - Extrémités non en tête triangulaire.
            - Valve longue et robuste. **S. Ulna, var. div.**
            - Valve petite.
              - Raphé étroit, stries très-délicates . . . **S. famelica.**
              - Raphé assez large, stries très-robustes **S. amphicephala.**
  - Stries marginales ou pseudo-raphé lancéolé.
    - Stries marginales ; pas de grosses perles sur les bords de la valve. **S. affinis.**
    - Bords de la valve munis de grosses perles, entre lesquelles sont des fines stries à peine visibles . . . . **S. Nitzschioides.**
- Valves munies de sillons marginaux.
  - Valves très-grandes; stries robustes ; sillons larges très-écartés des bords . . . **S. crystallina.**
  - Valves moyennes; stries assez fines; sillons rapprochés des bords et peu visibles. **S. fulgens.**

II. Toxarium. *Valves très-étroites, mais fortement renflées à la partie moyenne et aux extrémités et couvertes de ponctuations irrégulières.*

- Valve fortement ondulée sur toute sa longueur . . . . **S. undulata.**
- Valve non ondulée. . . . . **S. Hennedyana.**

I. Eusynedra. — *Valves non ou à peine renflées au milieu, régulièrement striées.*

* VALVE DÉPOURVUE DE SILLONS MARGINAUX.

A. Stries s'étendant sur toute la valve.

a. Valve munie d'un pseudo-nodule annulaire.

S. pulchella Kütz. (Bacill. p. 68 Pl. XXIX fig. 87. — Atl. Pl. XL. fig. 28 et 29. — Type N° 298.)

Valve étroitement lancéolée, à extrémités faiblement rostrées-subcapitées, à pseudo-nodule fortement marqué, atteignant souvent le bord. Pseudoraphé étroit, terminé par des nodules petits mais distincts. Stries 13 à 14 en 1 c.d.m., distinctement ponctuées. Face frontale étroite, linéaire, atténuée aux extrémités. Frustules réunis en éventail. — Longueur environ 6 c.d.m.

Eaux douces (?) et saumâtres. — Anvers, Blankenberghe.

forma major. (Atl. Pl. XL fig. 27 et Pl. XLI. fig. 1.)
Beaucoup plus grand et atteignant plus de 12 c.d.m.

var. Smithii Ralfs. (*S. acicularis W. Sm.* — Atl. Pl. XLI fig. 2. — Type No 300.)
Aussi long que la forme *major*, mais beaucoup plus étroit. Stries 14 à 15 en 1 c.d.m.
Eaux douces. — Anvers.

var. lanceolata O'Meara. (*S. minutissima W. Sm.* — Atl. Pl. XLI. fig. 7. — Type No 299.)
Beaucoup plus petit que le type, environ 3 1/2 c.d.m., et proportionnellement beaucoup plus large, presque naviculiforme ; 15 stries en 1 c.d.m.
Eaux douces. — Anvers.

S. Vaucheriæ Kütz. ! (Bac. page 65. Pl. XIV. fig. 4. — Atl. Pl. XL. fig. 19. —Type No 297.)

Valve étroite linéaire, à extrémités atténuées-rostrées, à pseudo-nodule excentrique ; stries robustes, au nombre de 12 à 13 en 1 c.d.m., divisées en travers. Longueur 3 à 4 c.d.m.

Eaux douces. — Non encore signalé.

var. parvula. (*S. parvula Kütz.* — Atl. Pl. XL. fig. 22.)
Beaucoup plus petit et lancéolé. — Stries 14 à 15 en 1 c.d.m. Longueur 1 1/2 c. à 2 c.d.m.

var. perminuta Grun. (Atl. Pl. XL. fig. 23.)
Tout petit (parfois moins d'un c.d.m.) ; 18 à 19 stries en 1 c.d.m.

aa. Valve dépourvue d'un pseudo-nodule.

b. Valves ayant généralement un espace hyalin médian.

S. Ulna (Nitzsch) Ehr. (Inf. p. 211. No 295. T. XVII fig. 1. — Atl. Pl. XXXVIII fig. 7. — Type No 284.)

Valve étroitement linéaire, à extrémités plus ou moins longuement rostrées. Pseudo-raphé étroit. Stries robustes au nombre de 9 en 1 c.d.m., finement divisées en travers, laissant habituellement un espace hyalin quadrangulaire à la partie moyenne de la valve. Longueur environ 15 à 25 c.d.m.

Eaux douces. — Commun.

var. splendens. (*S. splendens Kütz.* — Atl. Pl. XXXVIII fig. 2. — in Types Nos 312, 15. 107. etc.)
Très-allongée et atteignant au delà de 30 c.d.m.
Eaux douces. — Commun.

var. subaequalis (Grun.) (Atl. Pl. XXXVIII fig. 13. — Type N° 286.)
Valve linéaire, étroite ; extrémités obtuses non ou à peine rostrées-capitées.
Eaux douces. — Bruxelles (Delogne).

var. longissima. (*S. longissima W. Sm.* — Atl. Pl. XXXVIII fig. 3. — Type N° 287.)
Valve linéaire-étroite et excessivement allongée (atteignant de 30 à 55 c.d.m), à extrémités fortement capitées.
Saumâtre. — Entre Ostende et Blankenberghe.

var. spathulifera Grun. (Atl. Pl. XXXVIII fig. 4. — in Type N° 25.)
Linéaire, longue, extrémités un peu dilatées en spatule.
Eaux douces. — Deurne près d'Anvers.

var. amphirhynchus (*S. amphirhynchus Ehr.* — Atl. Pl. XXXVIII fig. 5.)
A extrémités rostrées-capitées.

var. Danica (*S. Danica Kütz.* — (Atl. Pl. XXXVIII fig. 14a.)
Longue et très-étroitement lancéolée, à extrémités rostrées-capitées.

var. lanceolata (*S. lanceolata Kütz.* — Atl. Pl. XXXVIII fig. 10.)
Etroitement lancéolée et insensiblement atténuée jusqu'aux extrémités.

var. obtusa (*S. obtusa W. Sm.* — (Atl. pl. XXXVIII fig. 6.)
Linéaire, assez large, à extrémités obtuses.

var. oxyrhynchus (*S. oxyrhynchus Kütz.* — (Atl. Pl. XXXIX fig. 1a.)
Petit (moyenne 7 à 8 c.d.m.), linéaire, à extrémités insensiblement atténuées en un rostre assez long ; stries un peu plus serrées, environ 10 en 1 c.d.m.

var. vitrea (*S. vitrea Kütz.* — (Atl. Pl. XXXVIII fig. 11 et 12.)
Valve linéaire-étroite, à extrémités longuement et étroitement rostrées ; stries s'étendant sur toute la valve.

S. Acus (Kütz.) Grun. (Wien. 1862 p. 398. — *S. oxyrhynchus W. Sm. nec Kütz.* — Atl. Pl. XXXIX fig. 4. — in Type N° 479.)
Valve étroitement lancéolée, à extrémités à peine rostrées-capitées. Pseudo-raphé étroit. Stries bien marquées, environ 13 en 1 c.d.m., interrompues au milieu de la valve par un espace hyalin allongé, généralement quadrangulaire. Longueur environ 13 c.d.m.
Eaux douces. — Bruxelles (Delogne).

var. delicatissima Grun. (*S. delicatissima W. Sm.* — Atl. Pl. XXXIX fig. 7. — in Types Nos 221, 269, etc.)
Plus courte et beaucoup plus étroite, à extrémités un peu plus fortement capitées. stries s'étendant sur toute la valve. Longueur 5 à 10 c.d.m.
Eaux douces. — Anvers, Bruxelles, etc.

var. angustissima Grun. (Atl. Pl. XXXIX fig. 10.)
Très-longue, à partie médiane un peu renflée, à extrémités excessivement étroites, faiblement capitées. Longueur 20 c.d.m.
Eaux douces.

S. radians (Kütz.) Grun. (Atl. Pl. XXXIX fig. 11. — Type N° 289 et in Types Nos 221 et 312.)
Valve très-étroitement linéaire-lancéolée, à extrémités un peu capitées ;

stries fines au nombre de 16 à 17 1/2 en 1 c.d.m. Longueur 4 à 10 c.d.m.

Eaux douces. — Rouge-Cloître (Del.), Anvers.

bb. Stries ne laissant pas d'espace hyalin à la partie médiane de la valve.

c. Valves à extrémités non capitées, parfois un peu rostrées. Espèces marines.

S. Gallionii Ehr. (Inf. p. 212 T. XVII fig. II. — Atl. Pl. XXXIX fig. 18. — Type N° 291 et Type N° 292 var.).

Valve linéaire-lancéolée, à extrémités arrondies-subobtuses. Pseudo-raphé très distinct, un peu élargi à la partie moyenne ; nodules terminaux très distincts. Stries robustes au nombre d'environ 9 en 1 c.d.m., distinctement ponctuées, absentes sur les extrémités de la valve, qui sont couvertes de très-fines granulations. Longueur 16 à 22 c.d.m.

Marin. — Non encore observé.

S. investiens W. Sm. ! (Brit. Diat. Vol. II p. 98. — Atl. Pl. XL fig. 3 — Type N° 293.)

Valve étroitement linéaire-lancéolée, souvent légèrement gomphonémoïde ; stries très robustes, au nombre d'environ 9 en 1 c.d.m. Longueur 1 1/2 à 4 c.d.m.

Marin. — Ostende (Westendorp. N° 797).

S. barbatula Kütz.! (Bac. p. 68 T. XV. fig. 107. — Atl. Pl. XL fig. 6 A. — Type N° 294.)

Valve petite, assez largement lancéolée, à extrémités légèrement rostrées. Raphé étroit. Stries délicates, au nombre d'env. 18 en 1 c.d.m. Longueur 2 à 2 1/2 c.d.m.

Marin. — Non encore observé.

cc. Valves à extrémités rostrées-capitées. Espèces d'eau douce.

S. capitata Ehr. (Inf. T. XXI fig. 29. — Atl. Pl. XXXVIII. fig. 1 — Type N° 283.)

Valve linéaire, à extrémités fortement capitées, à tête triangulaire, à terminaison un peu rétrécie. Pseudo-raphé étroit, terminé par des nodules peu visibles. Stries robustes, au nombre de 8 en 1 c.d.m. Longueur 20 à 50 c.d.m.

Eaux douces. — Assez commun.

S. famelica Kütz.! (Bac. page 64. T. 14 fig. VIII. 1. — Atl. Pl. XXXIX fig. 17.)

Valve assez largement lancéolée, à extrémités fortement rostrées-capitées. Pseudo-raphé étroit. Stries délicates au nombre d'environ 21 en 1 c.d.m. Longueur 2 1/2 à 3 c.d.m.

Eaux douces. — A recherher.

S. amphicephala Kütz. ! (Bac. page 64. Pl. III fig. 12. — Atl. Pl. XXXIX fig. 14. — *var.* in Types Nos 30. 128 et 332.)

Valve très-étroitement lancéolée, à extrémités fortement rostrées-capitées. Pseudo-raphé bien visible. Stries très-robustes au nombre d'environ 11 en 1 c.d.m. Longueur 4 à 6 c.d.m.

Eaux douces. — Non encore signalé.

AA. Stries marginales ou au moins pseudo-raphé élargi à la partie médiane et par suite de forme lancéolée.

S. affinis Kütz. ! (Bac. page 68. Pl. XV. fig. 6 et 11. — Atl. Pl. XLI fig. 13. — Type No 302 et in Types divers.)

Valve lancéolée, à extrémités parfois très-faiblement rostrées-capitées ; stries marginales laissant un pseudo-raphé lancéolé notable, assez fines, au nombre de 13 à 14 en 1 c.d.m. Longueur 9 à 12 c.d.m.

Marin et eaux saumâtres. — Blankenberghe.

var. tabulata. (*S. tabulata Kütz.* — Atl. Pl. XLI fig. 9 A. — in Types Nos 102, 174 et 234.)

Valve plus longement lancéolée ; stries plus écartées, au nombre d'environ 9 1/2 en 1 c.d.m.

Même habitat.

var. parva Kütz. (*S. parva Kütz.* — Atl. Pl. XLI. fig. 23.)

Très-petite (environ 3 à 7 c.d.m.), à stries fines, rapprochées, au nombre de 19 à 21 en 1 c.d.m.

Même habitat.

Ces trois formes passent de l'une à l'autre, par toutes les gradations.

var. fasciculata. (*S. fasciculata Kütz.* — Atl. Pl. XLI. fig. 15. Type No 302.)

Valve assez largement lancéolée, à pseudo-raphé lancéolé plus étroit que dans les formes précédentes.

S. nitzschioides Grun. (Oest. Diat. 1862. p. 89. T. VIII. fig. 18. — *Thalassiothrix ? nitzschioides Grun.* — Atl. Pl. XLIII. fig. 7. 8. 9. 10.)

Valves linéaires-étroites ou plus ou moins lancéolées, à extrémités aiguës ou obtuses. Pseudo-raphé très-large. Valves montrant sur les bords de grosses perles, au nombre de 10 à 12 en 1 c.d.m., très-visibles et entre lesquelles se trouvent de courtes stries assez difficiles à voir. Frustules à face frontale rectangulaire, réunis en filament, disposés parfois en étoile comme un *Asterionella*. Longueur 4 1/2 à 7 c.d.m.

Marin. — Bassin à Blankenberghe. — Rare.

Cette Diatomée n'est pas un vrai Synedra. On devra peut-être créer pour elle un genre nouveau.

** VALVES MUNIES DE DEUX SILLONS MARGINAUX.

S. crystallina (Lyng.) Kütz. (Bac. p. 69. T. XVI. fig. 1. — Atl. Pl. XLII. fig. 10. — Type No 305.)

Valve très-longue, linéaire, renflée aux extrémités et à la partie médiane, à sillons larges, très-distincts, écartés des bords de la valve ; stries robustes, au nombre de 12 en 1 c.d.m., formées de fortes ponctuations, manquantes sur les extrémités de la valve, qui sont couvertes de granulations disposées en lignes radiantes. Longueur environ 50 c.d.m.

Marin. — Non encore signalé.

S. fulgens (Kütz.) W. Sm. (Syn. B. Diat. vol. I. page 74. Pl. XII. fig. 103. — Atl. Pl. XLIII. fig. 1 et 2. — Type N° 307.)

Diffère de l'espèce précédente, par sa taille plus petite, de moitié environ, par ses sillons rapprochés des bords et peu visibles et par ses stries plus fines (13 à 14 en 1 c.d.m.) délicatement ponctuées.

Marin. — Ostende : Parc aux huitres. Très-rare.

II. Toxarium. *Valve très-étroite mais fortement élargie au milieu et aux extrémités et couvertes de ponctuations irrégulières. Espèces marines.*

S. undulata (Bailey) Greg. (Diat. of Clyde p. 59. Pl. XIV. fig. 107. — Atl. Pl. XLII. fig. 2. — Type N° 303.)

Valve très-longue et très-étroite, renflée au milieu et aux extrémités, fortement ondulée sur toute sa longueur. Ponctuations formant des lignes régulières, au nombre d'environ 12 en 1 c.d.m., sur les parties étroites de la valve ; disposées irrégulièrement sur les parties élargies. Longueur environ 40 à 45 c.d.m.

Marin. — Non encore signalé.

S. Hennedyana Greg. (Diat. of Clyde p. 60 T. VI fig. 108. — Atl. Pl. XLII fig. 3.)

Valve très-étroite, non ondulée, fortement renflée au milieu et aux extrémités, couverte de ponctuations assez fortes, disposées irrégulièrement. Longueur : Atteint jusqu'à 90 c.d.m.

Marin. — Ostende. (Deby). — Très-rare.

ASTERIONELLA Hassal. 1855.

Valves étroites, linéaires, à extrémités inégalement capitées ; face connective linéaire, à extrémités renflées inégalement. Frustules réunis en forme d'étoile.

A. formosa Hassal. (Micros. examination of the Water supplied to the Inhab. of London 1855, Micr. Jour. VIII Pl. VII. fig. 8. — Atl. Pl. LI. fig. 19 et 20.)

Valve étroitement linéaire, diminuant un peu de largeur de la base qui est très-fortement capitée, à l'extrémité supérieure dont la tête est beaucoup plus petite ; stries fines, au nombre de 17 env. en 1 c.d.m., interrompues par un pseudo-raphé très-étroit et une aire hyaline assez grande dans le renflement basilaire. Face frontale fortement renflée à la partie inférieure, très-faiblement à la partie supérieure. Longueur 7 à 10 c.d.m.

Eaux douces. — Le Type n'a pas encore été signalé

var. gracillima (Hantzsch.) Grun. (Atl. Pl. LI. fig. 22. — Type N° 345.)

Valves beaucoup plus étroites que le type.

Assez commun à Anvers, dans les fossés de la ville et les eaux avoisinantes.

var. inflata. (Atl. Pl. LI. fig. 23. — in Type N° 345.)

Face frontale brusquement renflée dans son tiers inférieur.

Anvers. — Mêlé au précédent.

FRAGILARIA Lyngbye 1819 (Char. emend.).

Valves symétriques dépourvues de côtes. Frustules rectangulaires unis en longues bandes ou en chaînes. Dans la section *Staurosira*, l'endochrôme est semblable à celui des *Synedra*. Dans les espèces de la section *Fragilaria*, il est granuleux.

ANALYSE DES ESPÈCES

Pseudo-raphé étroit et à peine visible. (*Fragilaria.*)	Valve linéaire ou linéaire-elliptique, à extrémités diminuées ; stries 17 en 1 c.d.m. Espèce d'eau douce				**F. virescens.**
	Valve linéaire étroite, à extrémités renflées ; stries presque invisibles, 31 à 32 en 1 c.d.m. — Espèce marine.				**F. hyalina.**
	Valve linéaire très-étroite, renflée à la partie, médiane. Eau douce . .				**F. Crotonensis.**
Pseudo-raphé distinct. (*Staurosira.*)	Stries non marginales.	Stries formées de perles distinctes			**F. capucina.**
		Stries très-robustes à perles plus ou moins confluentes et simulant des côtes.	Valves petites, largement ovales ou cruciformes.	Valve petite ou cruciforme, ou renflée, ou contractée à la partie moyenne ; stries fines	**F. construens.**
				Valves régulièrement ovales.	**F. mutabilis.**
			Valve cruciforme assez grande, à côtes robustes.		**F. Harrisonii.**
	Stries marginales				**F. brevistriata.**

I. Fragilaria. — *Pseudo-raphé très-étroit et à peine visible.*

F. virescens Ralfs. (Ann. and mag. XII. T. II fig. 6. — Atl. Pl. XLIV. fig. 1. — Type N° 309.)

Valve linéaire ou linéaire-elliptique, à extrémités atténuées et souvent rostrées, obtuses. Pseudo-raphé à peine visible. Stries fines, distinctement ponctuées, environ 17 en 1 c.d.m. Frustules quadrangulaires, allongés, réunis en longues bandes. Longueur des valves très-variable, en moyenne 2 à 6 c.d.m.

Eaux douces. — Région mérid. : Namur (P. Gaut.), Pleinevaux (Delogne).

F. hyalina (Kütz.) Grun. (*Diatoma hyalina Kütz.* Bac. p. 47. Pl. XVII. fig. 20. — Atl. Pl. XLIV. fig. 14 et 15. — Type N° 310.)

Valve linéaire-étroite, hyaline, à extrémités faiblement renflées, à nodules terminaux distincts ; stries très-fines, à peine visibles, au nombre de 31 à 32 en 1 c.d.m. Face frontale quadrangulaire allongée, à extrémités arrondies, parfois renflées, à zone connective montrant de nombreuses stries fines longitudinales. Longueur 4 1/2 à 7 1/2 c.d.m.

Marin. — Non encore signalé.

F. Crotonensis (A.M. Edwards) Kitton.! (Science Gossip 1869 p. 110 f.81.)

Valve linéaire très-étroite, faiblement renflée à la partie médiane, à extrémités capitées ; stries au nombre de 15 en 1 c.d.m. Face frontale à partie médiane fortement renflée et à extrémités faiblement élargies. Frustule unis en bandes par le milieu. — Longueur 4 à 11 c.d.m.

Eaux douces. — Fossés de la Ville à Anvers (observé une seule fois).

var. prolongata Grun. (Atl. Pl. XL. fig. 10. — Type N° 319.)

Valve très-étroite, à extrémités non capitées. Longueur environ 10 c.d.m.

Eaux douces. — Jardin Botanique à Bruxelles (Del.).

II. Staurosira. — *Pseudo-raphé large, souvent plus ou moins lancéolé.*

F. capucina Desmazières. (Ed. I. N. 453. — Atl. Pl. XLV. fig. 2.)

Valves linéaires-étroites, à extrémités un peu diminuées-rostrées. Bord des valves marqué de grosses perles très-distinctes, continuées vers la partie interne par des stries délicates, au nombre de 14 à 15 en 1 c.d.m. Frustules réunis en longues bandes. Longueur 3 à 6 c.d.m.

Eaux douces. — Commun.

var. mesolepta. (*F. mesolepta Rab.* — Atl. Pl. XLV. fig. 3. — Type N° 312.)

Valve fortement contractée à la partie médiane, à extrémités rostrées et parfois capitées ; stries 17 à 18 en 1 c.d.m.

Eaux douces. — Assez commun.

var. acuta Grun. (Atl. Pl. XLV. fig. 4.)

Valve étroitement lancéolée, à extrémités subaiguës.

var. acuminata Grun. (Atl. Pl. XLV. fig. 8.)

Valves étroitement lancéolées, à extrémités longuement et étroitement rostrées; stries 18 en 1 c.d.m., délicates.

Eaux douces. — Paliseul. (Delogne).

F. construens (Ehr.) Grun.! (Oestr. Diat. p. 371. — Atl. Pl. XLV. fig. 26 E et D, figures à droite et à gauche et fig. 27. — in Type N° 190.)

Valve largement ovale, contractée un peu en dessous de la partie médiane en extrémités rostrées-capitées, de façon à paraître cruciforme. Pseudo-raphé lancéolé. Stries fines, environ 15 en 1 c.d.m. Longueur env. 1 1/2 c.d.m.

Eaux douces. — Peu rare.

var. Venter. (Atl. Pl. XLV. fig. 21 B, 22. 23. 24 B et 26 figure supérieure et inférieure. — in Type N° 190.)

Valve lancéolée, à extrémités obtuses, à partie médiane renflée.

Eaux douces. — Bruxelles (Delogne).

var. binodis Grun. (Atl. Pl. XLV. fig. 24 A et 25.)
Valve lancéolée, à extrémités rostrées, à partie médiane contractée.
Eaux douces. — Anvers, assez commun et parasite sur le *Nitzschia Sigmoidea.*)

F. Harrisonii (W. Sm.) Grun. ! (Oest. Diat. p. 368. — Atl. Pl. XLV. fig. 28. — Type 316.)
Valve subcruciforme, à angles arrondis, à extrémités obtuses ou subobtuses. Pseudo-raphé lancéolé. Stries très-robustes au nombre de 4 à 5 en 1 c.d.m., formées de ponctuations confluentes et simulant des côtes. Longueur environ 2 à 5 c.d.m.
Eaux douces. — Très rare : Partie montagneuse du pays : Bouillon (Delogne).

F. mutabilis (W. Sm.) Grun. ! (Oest. Diat. p. 369. — Atl. Pl. XLV. fig. 12. — Type N° 315.)
Valves elliptiques ou plus rarement linéaires-elliptiques ; stries très-robustes, à perles confluentes, au nombre de 8 à 9 en 1 c.d.m. Longueur 1 à 2 1/2 c.d.m..
Eaux douces. — Bruxelles (Delogne), Louvain (P. G.).

F. brevistriata Grun. ! (Atl. Pl. XLV. fig. 32. — Type N° 318.)
Valve lancéolée à extrémités diminuées-rostrées ; stries très-courtes et marginales, au nombre de 13 à 14 en 1 c.d.m. Longueur 1 1/4 à 2 c.d.m.
Eaux douces. — Bruxelles (Delogne).

CYMATOSIRA Grunow 1862.

Valve lancéolée, à grosses ponctuations. Face frontale rectangulaire-ondulée. Frustules en bandes.

C. Belgica Grun. ! (Atl. Pl. XLV. fig. 38. 39. 40 et 41.)
Valve lancéolée, insensiblement atténuée jusqu'aux extrémités qui sont subaiguës, à grosses ponctuations éparses, mais laissant généralement un pseudo-raphé plus ou moins large. Frustules rectangulaires en bandes courtes, à face frontale contractée sous les extrémités. Longueur 1 1/2 à 3 c.d.m.
Marin. — Rare : Blankenberghe.

CAMPYLOSIRA Grunow. 1882.

Valve cymbelliforme, à extrémités rostrées, à bord dorsal arqué, à bord ventral légèrement concave, couverte de ponctuations éparses, sans pseudo-raphé apparent. Face connective arquée, contractée sous les extrémités. Frustules réunis en bandes.

C. cymbelliformis (A. Schmidt) Grun.! (*Synedra arcus β minor Grun. olim.* — Atl. Pl. XLV. fig. 43. — Type N° 320.)

Une seule espèce, caractères du genre. Longueur moyenne 4 c.d.m.

Marin. — Très-commun sur toutes nos côtes.

LICMOPHORA (Agardh) 1827.

Valves plus ou moins cunéiformes, à stries fines, à pseudo-raphé bien apparent. Frustule cunéiforme montrant des cloisons internes.

Endochrôme granuleux, épars à la surface interne des frustules.

ANALYSE DES ESPÈCES

Frustules à peine cloi-sonnés ; au m[illegible] 25 stries en 1 c.d.m.	Valves clav[illegible]rmes, brusquement rétrécies dans leur tiers inférieur. . .	**L. Anglica.**
	Valve [illegible] aiguë à la pa[illegible]rieure, arrondie à la [illegible]	**L. Dalmatica.**
Frustules [illegible]	Valve claviforme, à partie inférieure rétrécie, à bords sub-parallèles ; 15 s[illegible] en 1 c.d.m	**L. Lyngbyei.**

I. Frustules à peine cloisonnés.

L. Anglica (Kütz.) Grun.! (*Rhipidophora Kütz.* Bac. T. 7. fig. 5. 2. 4. — Atl. Pl. XLVI fig. 14.)

Valves claviformes brusquement rétrécies dans leur tiers inférieur et à bords subparallèles ; stries au nombre de 25 en 1 c.d.m. Face connective très-renflée à la partie supérieure, très-cunéiforme, à angles supérieurs arrondis. Longueur 2 à 5 c.d.m.

Marin. — Blankenberghe, sur les Algues des jetées.

L. Dalmatica (Kütz.) Grun.! (*Rhipidophora Kütz.* Bac. IX. fig. 7. — Atl. Pl. XLVII. fig. 7. — Type N° 326.)

Valve étroitement cunéiforme, aiguë à la partie inférieure, arrondie à la partie supérieure ; stries très-fines, au nombre d'environ 30 en 1 c.d.m. Face frontale fortement cunéiforme. Longueur de 2 à 6 c.d.m.

Marin. — Blankenberghe, avec le précédent.

var. tenella. (Atl. Pl. XLVII. fig. 8.)

Plus petit et plus délicat que le type.

II. Frustules profondément cloisonnés.

L. Lyngbyei (Kütz.) Grun.! (*Podosphenia Kütz.* Bac. Pl. X. fig. 1 et 2. — Atl. Pl. XLVII fig. 16. — Type 321.)

Valve claviforme, régulièrement rétrécie jusqu'au tiers inférieur qui est rétréci et à bords subparallèles, montrant par transparence, d'une façon bien apparente, la cloison interne ; stries fines, au nombre de 14 à 15 dans la partie supérieure, et au nombre de 12 dans la partie inférieure. Face frontale assez large, à partie supérieure à angles très-arrondis. Longueur environ 5 c.d.m.

Marin. — Ostende (Westendorp N° 797).

DENTICULA Kützing. 1844.

Valves plus ou moins lancéolées, munies d'une carène et de côtes transversales entre lesquelles se voient des stries ponctuées. Frustules isolés ou en courtes chaînes, à face connective quadrangulaire, montrant l'extrémité capitée des côtes.

Face frontale large. Valve à extrémités subaiguës à carène bien visible ; stries fines, environ 17 en 1 c.d.m. . . . . **D. tenuis.**
Face frontale très-étroite. Valve à extrémités aiguës, à carène non visible ; stries très-fines, environ 30 en 1 c.d.m. **D. subtilis.**

D. tenuis Kütz. (Bac. Pl. XVIII. fig. 8. — Atl. Pl. XLIX. fig. 28. 29, 30 et 31. — Type N° 332.)
Valves longuement lancéolées, à extrémités plus ou moins diminuées-rostrées, à carène bien visible, à 7 ou 8 côtes en 1 c.d.m ; stries fines, au nombre de 17 en 1 c.d.m. Face frontale large, montrant la carène sous forme de renflement médian. Longueur 1 1/2 à 4 1/2 c.d.m.
Eaux douces.

var. **inflata.** (*D. inflata W. Sm.* — Atl. Pl. XLIX fig. 32. 33 et 34. — Type N° 333.)
Valve largement lancéolée, atténuée insensiblement jusqu'aux extrémités. Environ 3 côtes en 1 c.d.m.
Eaux douces. — Bruxelles (Delogne).

var. **frigida.** (*D. frigida Kütz.* — Atl. Pl. XLIX fig. 35. 36. 37 et 38. — Type N° 334.)
Valve sublinéaire ou médiocrement lancéolée, à extrémités rétrécies; 5 à 6 côtes en 1 c.d.m.
Non encore signalé.

D. subtilis Grun. (Oest. Diat. p. 546. Pl. XII. fig. 36. — Atl. Pl. XLIX fig. 10. 11. 12 et 13.)
Valve étroitement lancéolée, à extrémités aiguës, à carène non visible ; stries très-fines, environ 30 en 1 c.d.m. ; 7 à 8 côtes en 1 c.d.m. Face frontale très-étroite. Longueur 1 1/2 à 2 c.d.m.
Eaux saumâtres. — Non encore signalé.

DIATOMA De Candolle 1805 (Char. emend.).

Valves lancéolées ou linéaires, munies de côtes transversales mais dépourvues de carène ; à pseudo-raphé assez difficilement visible. Frustules à face connective quadrangulaire-allongée, réunis en courtes bandes ou en filaments en zig zag.

Endochrôme granuleux épars à la surface interne des frustules.

Frustules formant un filament en zig-zag ; valves à côtes délicates.
- Valves largement lancéolées ou linéaires-elliptiques ; extrémités non ou à peine rostrées ou capitées . . . . **D. vulgare.**
- Valves étroitement linéaires, à extrémités plus ou moins capitées. . **D. elongatum.**

Frustules réunis en courtes bandes ; valves à côtes très-robustes.
- Valve lancéolée, à extrémités parfois faiblement diminuées . . . **D. hiemale.**
- Valves linéaires-étroites, à extrémités rostrées ou rostrées-capitées. . **D. anceps.**

I. Diatoma. — *Filaments en zig zag : côtes assez délicates.*

D. vulgare Bory. (Dict. d'hist. natur. 1828 Bot. II. XX. fig. 1. — Atl. Pl. L. fig. 1 à 6 incl. — Type N° 335.)

Valves largement lancéolées ou linéaires, à extrémités non ou à peine rostrées ou capitées. Pseudo-raphé peu visible. Côtes délicates, au nombre d'environ 5 à 6 en 1 c.d.m. ; stries fines, délicatement ponctuées, au nombre d'env. 16 en 1 c.d.m. Face frontale quadrangulaire à côtés droits. Longueur 4 à 5 c.d.m.

Eaux douces. — Commun.

var. linearis. (Atl. Pl. L. fig. 7 et 8.)
Valve allongée et largement linéaire, à extrémités parfois un peu capitées.

D. elongatum Ag. (Syst. p. 4. — Atl. Pl. L. fig. 14 c, 18, 19, 20, 21 et 22. — Type N° 337.)

Valve linéaire très-étroite, à extrémités plus ou moins capitées. Côtes délicates, environ 7 en 1 c.d.m. ; stries fines au nombre d'environ 17 en 1 c.d.m. Face frontale très-étroite, contractée à la partie médiane. Longueur 4 à 7 c.d.m.

var. tenue. (*D. tenue Ag.* — Atl. Pl. L. fig. 14 a et b. — in Type N° 337.)
Valve étroite, délicate, à extrémités faiblement capitées ; longueur 3 à 5 c.d.m.

Le type et la variété, qui sont reliés par tous les intermédiaires, se trouvent dans la récolte faite en eau saumâtre (*Type* 337) à Nieuport (West. N° 799).

var. hybrida Grun. (Atl. Pl. L. fig. 10. 11. 12. et 13.)
Valve plus robuste, plus largement linéaire, fortement capitée, à tête dépassant notablement la largeur de la valve. Longueur 5 à 8 c.d.m.
Eau saumâtre. — Commun : Anvers.

var. Ehrenbergii. (*D. Ehrenbergii Kütz.*) ne diffère de la var. précédente, qu'en ce que les valves sont rétrécies en dessous de l'extrémité capitée.

II. Odontidium Auct. — *Frustules réunis en courtes bandes ; côtes très-robustes.*

D. hiemale (Lyngb.) Heib. (*Odontidium Kütz.* Bac. p. 44. pl. 28. fig. 4. — Atl. Pl. LI. fig. 1 et 2. — Type N° 340.)

Valve lancéolée, à extrémités parfois un peu diminuées, munies de 6 à 10 côtes transversales robustes ; stries fines, environ 20 à 22 en 1 c.d.m. Face frontale quadrangulaire allongée. Longueur 3 à 5 c.d.m.

Eaux douces. — Reg. montagneuse : Wiry (Del.).

var. mesodon. (*O. mesodon Kütz.* — Atl. Pl. LI. fig. 3 et 4. — in Types N° 347 et 461.)
Valves courtes, très-largement lancéolées, n'ayant que 2 à 4 côtes transversales et placées au milieu de la valve. Longueur 1 1/2 à 2 1/2 c.d.m.
Mêlé au type à Wiry (Del.)

D. anceps (Ehr.) **Grun.** (*Fragilaria Ehr.* — Atl. Pl. LI. fig. 5. 6. 7 et 8. — Type N° 341.)

Valve linéaire-étroite, à extrémités rostrées ou rostrées-capitées, ayant de 6 à 14 côtes robustes, souvent à direction oblique ; stries environ 21 en 1 c.d.m. Face frontale quadrangulaire-allongée. Longueur 2 à 5 c.d.m.

Eaux douces. — Rég. montagneuse : Mogimont (Del.).

var. **anomalum** (*O. anomalum W. Sm.* — Atl. Pl. LI. fig. 9. — Type N° 342.)

Diffère du type par la face frontale qui montre des cloisons internes.

Eaux douces. — Mogimont (Del.).

MERIDION Agardh. 1824.

Diffère du genre Diatoma, par la forme cunéiforme des valves et du frustule vu dans la face frontale

Endochrôme comme dans le genre précédent.

M. circulare Ag. (Kütz. Bac. Pl. 7. fig. 16. — Atl. Pl. LI fig. 10. 11 et 12. — Type N° 343.)

Valves ovales-lancéolées ou claviformes, à extrémités obtuses-arrondies, montrant des côtes transversales assez distantes (env. 3 en 1 c.d.m.) ; à pseudo-raphé difficilement visible. Stries fines, au nombre d'environ 16 en 1 c.d.m. Face frontale cunéiforme, à bords paraissant un peu ondulés par la naissance des côtes qui se terminent insensiblement vers la zône connective. Frustules réunis en bande spiralée. Longueur 2 1/2 c.d.m.

Eaux douces. — Peu rare.

var. **constrictum** (Atl. Pl. LI. fig. 14 et 15. — Type N° 344.)

Diffère du type, auquel il se relie par tous les intermédiaires, (voir fig. 13.) par l'extrémité supérieure rostrée-capitée.

Eaux douces. — Plus rare que le type. — Fays-les-Veneurs (Del.).

var. **Zinkenii.** — (*M. Zinkenii Kütz.* — Atl. Pl. LI. fig. 17.)

Face connective montrant des cloisons internes.

TRIBU VII. — TABELLARIÉES.

Frustules linéaires ou cunéiformes, montrant des vittæ moniliformes (extrémités des côtes) dans la face frontale. Valves divisées en chambres par des côtes transversales (scalariformes) ; surface extérieure de la valve finement striée transversalement (sur toute la largeur), sans pseudo-raphé . **Climacosphenia.**

Frustules non ainsi . . . . 1.

1 Frustules à face frontale courbée ; valves munies de côtes dissemblables, à cloisons rudimentaires. **Entopyla.**

Frustules non ainsi . . . . 2.

Frustules montrant des fausses cloisons droites, généralement alternantes dans la face frontale ; frustule cohérents, formant un filament en zigzag. Valves striées transversalement et renflées au milieu et aux extrémités ; marges souvent finement ponctuées . . . . **Tabellaria.**
Frustules non ainsi . . . . **3.**

3 Frustules avec des vittæ droits, opposés en paires et interrompus aux extrémités et au centre de la face frontale . . . . **Diatomella.**
Frustules non ainsi . . . . **4.**

4 Frustules avec des vittæ opposés en paires, droits ou ondulés dans la face frontale ; non interrompus ou élargis au bout ; cohérents, formant un filament en zigzag . . . . . **Grammatophora.**
Frustules non ainsi. . . . . **5.**

Frustules en filament ; face frontale montrant des cloisons internes à extrémités un peu renflées (claviformes). Valves parcourues en travers par des côtes ; côtes peu nombreuses, visibles dans la face frontale . **Tetracyclus.**
Frustules non ainsi . . . . **6.**

Valves sans côtes transversales, presque lisses ou très-finement striées, ayant souvent une ligne médiane étroite. Frustules hyalins dans la face frontale . . . . **7.**
Valves et frustules non ainsi . . . . **8.**

7 Frustules montrant dans la face frontale des épines (en forme de soie de porc) à chaque angle. . **Attheya.**
Frustules sans épines, face frontale montrant un grand nombre de fausses cloisons . . . **Striatella.**

8 Frustules composés. Valves ayant une ligne médiane et généralement des extrémités hyalines ; munies de côtes ou de stries. Cloisons réunies dans la face frontale par des stries transversales (en treillis). Frustules cohérents formant un filament plat. . . . . **Rhabdonema.**
Valves le plus souvent hyalines, ayant généralement un petit nombre de côtes transversales (scalariformes) ; linéaires, orbiculaires, contractées ou renflées . . . . **Biblarium.**

TABELLARIA Ehr. 1839.

Valves renflées à la partie médiane et aux extrémités, striées transversalement mais dépourvues de côtes. Face frontale montrant des fausses cloisons internes généralement alternantes. Frustules réunis en filament en zigzag.

Endochrôme granuleux, à granulations éparses.

ANALYSE DES ESPÈCES

Renflement médian beaucoup plus large que les terminaux ; cloisons nombreuses . . . **T. flocculosa.**
Renflements médian et terminaux égaux; deux à quatre cloisons . . . . **T. fenestrata.**

T. fenestrata (Lyngb.) Kütz. (Bac. p. 127 T. XVII fig. 22 etc. — Atl. Pl. LII. fig. 6. 7 et 8. — Type N° 346.)

Valve linéaire très-allongée, fortement renflée à la partie médiane et aux extrémités, à renflements à peu près égaux. Pseudo-raphé étroit, dilaté dans les renflements. Stries au nombre de 10 en 1 c.d.m., finement ponctuées. Face frontale étroite, montrant un petit nombre (généralement deux paires) de fausses cloisons internes. Longueur environ 7 à 10 c.d.m.

Eaux douces. — Rare. — Anvers, Louvain (P. Gautier).

T. flocculosa (Roth.) Kütz. (Bac. p. 127 T. XVII. fig. 21. — Atl. Pl. LII. fig. 10. 11 et 12. — Type N° 347.)

Valve linéaire, à renflement médian beaucoup plus considérable que les terminaux. — Pseudo-raphé très-dilaté dans le renflement médian. Stries au nombre de 13 en 1 c.d.m., finement ponctuées. — Face frontale montrant un nombre généralement considérable (de 4 à 8 en moyenne) de fausses cloisons internes. Longueur environ 2 à 4 c.d.m.

Eaux douces. — Plus commun que le précédent. — Anvers (H.V. H.), Louvain (P. Gaut.), Paliseul (Del.).

GRAMMATOPHORA Ehr. 1839.

Valves linéaires ou elliptiques, présentant parfois des renflements soit seulement à la partie médiane, soit en même temps aux extrémités, très-rarement pourvues de côtes, mais finement ponctuées ; à pseudoraphé difficilement visible ; munies de nodules terminaux ; pas de nodule médian. Face frontale quadrangulaire, allongée, à angles arrondis, montrant deux paires de fausses cloisons généralemant ondulées ou courbées, et en outre deux rudiments de cloisons provenant d'un prolongement interne de la valve. Frustules unis en zigzag.

Endochrôme granuleux épars.

ANALYSE DES ESPÈCES

Ponctuations des valves disposées en séries se coupant à angle droit.		G. angulosa.
Ponctuations en quinconce.	Fausses cloisons fortement ondulées sur toute leur longueur, se terminant par un crochet aigu dirigé vers la zone connective	G. serpentina.
	Fausses cloisons ondulées seulement à leur origine, non terminées par un crochet aigu	G. marina.

G. marina (Lyngb.) Kütz. (Bac. p. 128. T. XVII fig. 24. — Atl. Pl. LIII fig. 10 et 11.)

Valves allongées-linéaires, à extrémités arrondies ; stries au nombre de 18 à 21 en 1 c.d.m., formées de ponctuations disposées en quinconce ; extrémités des valves lisses, sans ponctuations aucunes. Face frontale large, linéaire, allongée, à angles arrondis ; fausses cloisons d'abord droites, puis largement courbées vers l'intérieur, puis redevenant de nouveau droites et semblant terminées par un épaississement longitudinal. Longueur moyenne 6 à 8 c.d.m. Largeur des valves atteignant jusqu'à 1 1/2 c.d.m. Largeur de la face connective 3 c.d.m.

Marin. — La forme type (*var. major Grun.*) n'a pas encore été trouvée jusqu'ici en Belgique.

var. communis. (*Gr. oceanica var. communis Grun.* — Type N° 355.)

Frustule et valve plus etroits que le type. Valve ord. un peu renflée à la partie médiane. Stries 23 à 24 en 1 c.d.m. Largeur de la valve, 0,45 à 0.6 de c.d.m. Longueur du frustule, 2 à 7 c.d.m. ; largeur, 0,9 à 1.4 c.d.m.

Fréquent en Europe, mais non encore signalé en Belgique.

var. vulgaris (*Gr. oceanica var. vulgaris Grun.* — Type N° 356.)

Frustules et valves étroits ; valves ord. un peu rétrécies entre le milieu et les extrémités. Stries 23 à 24 en 1 c.d.m. Largeur de la valve : 0,6 à 0,7 de c.d.m. — Longueur du frustule : 1,6 à 10 c.d.m. ; largeur : 1,3 à 1,6 c.d.m.

Fréquent en Europe ; Belgique : Nieuport (West.), Ostende (Ch. Petit).

var. macilenta (*Gr. macilenta W. Sm.* Syn. Pl. LXI. fig. 282.— **Atl. Pl. LIII bis. fig. 16. — Type N° 353**).

Face frontale et valves très-étroites ; valves légèrement rétrécies entre la partie médiane et les extrémités ; stries 23 à 31 en 1 c.d.m. Largeur de la valve : 0,4 à 0,6 de c.d.m. Largeur de la face connective : 0,8 à 1,5 c.d.m.; longeur : 1,5 à 10 c.d.m. (Grun.)

Marin. — Lavages de moules (Deby).

var. subtilissima (Bailey).

Valves un peu rétrécies entre la partie moyenne et les extrémités. Stries 34 à 36 en 1 c.d.m. Longueur de la valve: 0,6 de c.d.m. Longueur du frustule : 1,1 à 1,4 c.d.m. ; largeur : 1,1 à 1,4 c.d.m.

Cette forme appartient à l'Amérique septentrionale ; nous la signalons ici parce-qu'elle est fréquemment employée comme *test*.

G. angulosa Ehr. (Kütz. Bac. XXIX fig. 79.)

Valves allongées, à extrémités arrondies ; stries 13 à 14 1/2 en 1 c.d.m., se coupant à angle droit. Face frontale montrant des cloisons ayant de une à quatre ondulations. Largeur des valves : environ 1/2 c.d.m. Longueur 1 1/2 à 5 1/2 c.d.m.

Marin. — Cette espèce que M. Grunow indique comme très-répandue, n'a pas encore été trouvée en Belgique.

var. hamulifera Kütz. (**Atl Pl. LIII. fig. 4. — Type N° 351.**)

Extrémité de l'ondulation formant un crochet aigu vers la zone connective.

G. serpentina (Ralfs.) Ehr. (Ber. 1844.—**Atl. Pl. LIII. fig. 1, 2 et 3.— Type N° 350.**)

Valve subelliptique ; stries environ 17 en 1 c.d.m., formées de ponctuations disposées en quinconce. — Face frontale montrant de une (dans les très-petites formes) à quatre ondulations. Se distingue aisément de l'espèce précédente par la disposition de la ponctuation. Largeur des valves : environ 1 1/2 c.d.m. ; largeur de la face frontale : 3 à 4 c.d.m. ; longueur 2 1/2 à 15 c.d.m.

Marin. — Escaut (P. Gaut.). — Très-rare.

STRIATELLA Agardh. 1832.

Valves lancéolées ou linéaires-elliptiques, munies d'un pseudo-raphé ordinairement apparent, dépourvues de côtes ; stries excessivement délicates. — Face frontale montrant un grand nombre de fausses cloisons. Frustules très-peu siliceux, longuement stipités.

Endochrôme granuleux rayonnant autour d'un point central.

ANALYSE DES ESPÈCES

Cloisons continues sur toute la longueur de la face frontale, taille considérable. . . . S. unipunctata.
Cloisons paraissant alternes, interrompues. { Taille très-petite, cloisons à peine visibles. . . . . S. delicatula.
Taille moyenne, cloisons bien visibles . . . . S. interrupta.

S. delicatula (Kütz.) Grun. (*Hyalosira delicatula Kütz.* Bac. XVIII. fig. 3,1. etc. — Atl. Pl. LIV. fig. 5. et 6. — Type N° 357.)

Valve elliptique-lancéolée ; stries très-fines, au nombre de 36 en 1 c.d.m. Face frontale quadrangulaire, montrant 4 à 5 paires de cloisons alternantes, robustes sur le bord du frustule, mais s'amincissant insensiblement. Longueur env. 1 c.d.m. ; largeur jusqu'à 1 1/2 c.d.m.

Marin. — Ostende (Westendorp in N° 797).

S. interrupta (Ehr.) Heiberg. (Danske Diat. T. V. fig. 15. — Atl. Pl. LIV. fig. 8. — Type N° 358.)

Valve linéaire-elliptique, à pseudo-raphé bien visible ; face frontale quadrangulaire, à angles arrondis, montrant de nombreuses fausses cloisons alternantes, nettement visibles jusqu'au milieu de la longueur du frustule, à intervalles couverts de granulations délicates (22 en 1 c.d.m.), disposées en quinconce et pouvant dans un éclairage oblique produire l'image de fines stries très-rapprochées. Longueur env. 3 c.d.m. ; Largueur 6 c.d.m. env.

Marin. — Non encore signalé.

S. unipunctata Agardh. (Kütz. Bac. XVIII fig. 5. — Atl. Pl. LIV fig. 9 et 10. — Type N° 359.)

Valve largement lancéolée, à pseudo-raphé très-visible, couvertes de très-fines ponctuations disposées en lignes courbes ; face frontale montrant de très-nombreuses cloisons parcourant toute la longueur du frustule, à intervalles remplis de fines ponctuations (plus marquées sur le bord des fausses cloisons), disposées en lignes se coupant à angle droit et au nombre d'environ 23 en 1 c.d.m. Eclairées obliquement, ces séries de perles prennent l'aspect de lignes comme dans la fig. 9. La fig. 10 représente l'aspect des lignes que peuvent prendre les séries de perles de la valve. Longueur 6 à 8 c.d.m. environ ; largeur plus de 10 c.d.m.

Marin. — Non encore signalé.

RHABDONEMA Kütz. 1844.

Valves lancéolées ou linéaires, à pseudo-raphé distinct, à extrémités généralement lisses, munies de côtes ou de perles robustes. Face frontale montrant de nombreuses fausses cloisons. Frustules réunis en filament courtement stipité.

Endochrôme granuleux épars.

ANALYSE DES ESPÈCES

Face frontale montrant des fines perles alternant avec des côtes transversales ; Valves à extrémités lisses.
- Fausses cloisons n'ayant qu'une seule perforation ; valves munies de côtes alternant, avec des stries perlées . . . R. arcuatum.
- Fausses cloisons ayant trois perforations ; valves munies de côtes résolubles en perles. . . . . R. Adriaticum.

Face frontale ne montrant pas de côtes transversales. Valves entièrement striées . . . R. minutum.

R. Adriaticum Kütz. (Bac. p. 126. T. XVIII. fig. 7. — Atl. Pl. LIV. fig. 11. 12 et 13. — Type N° 360.)

Valves étroites, linéaires-elliptiques, à extrémités lisses montrant des fausses côtes au nombre de 8 à 9 en 1 c.d.m., qui se résolvent en perles rapprochées. Fausses cloisons à 3 ouvertures, munies de côtes transversales et d'un pseudo-raphé. Face frontale montrant de nombreuses fausses cloisons dont les intervalles sont remplis de côtes transversales (7 à 8 en 1 c.d.m.) entre chacune desquelles se trouvent un ou deux rangs de très-fines ponctuations. Longueur 6 à 9 c.d.m. ; largeur jusqu'à 20 c.d.m. par frustule.

Marin. — Non encore signalé.

R. arcuatum (Agard.) Kütz. (Bac. XVIII fig. 6. — Atl. Pl. LIV. fig. 14. 15 et 16. — Type N° 361.)

Valves lancéolées, à extrémités lisses, à pseudo-raphé bien marqué ; munies de côtes, au nombre de 8 en 1 c.d.m., alternant avec des rangées de perles assez robustes. Fausses cloisons munies d'une seule ouverture très-grande. Face frontale montrant de nombreuses fausses cloisons dont les intervalles sont remplis de côtes transversales (7 à 7 1/2 en 1 c.d.m.), entre chacune desquelles se trouvent deux rangs de très-fines perles alternantes. Longeur 4 à 6 c.d.m.

Marin. — Anvers, dans l'Escaut (Belleroche).

R. minutum Kütz. (Bac. XXI. II. 4. — Atl. Pl. LIV. fig. 17, 18, 19, 20 et 21. — Type N° 362.)

Valves largement lancéolées, à extrémités rétrécies, montrant un pseudo-raphé distinct et couvertes sur toute leur longueur de stries, au nombre d'environ 9 en 1 c.d.m., composées de grosses perles. Cloisons munies d'une seule ouverture très-grande. Face frontale présentant un petit nombre de fausses cloisons, paraissant alterner, et à bords munis de grosses perles, au nombre de 9 en 1 c.d.m. Longueur 1 à 5 c.d.m. Largeur de 1 1/2 à 3 1/2 c.d.m.

Marin. — Blankenberghe.

TETRACYCLUS (Ralfs.) Grun. 1862.

Valves à côtes transversales peu nombreuses. Face frontale montrant les côtes des valves et les cloisons internes à extrémités un peu renflées (claviformes). Frustules réunis en courtes bandes.

Endochrôme granuleux, épars.

T. rupestris (**A. Braun.**) **Grun.** (Oest. Diat. p. 412. Pl. 7. fig. 37. — Atl. Pl. LII. fig. 13 et 14. — Type N° 348.)

Valves elliptiques-lancéolées, montrant 2 à 5 côtes transversales robustes ; stries fines, au nombre d'environ 18 en 1 c.d.m. Face frontale montrant généralement 2 paires de cloisons internes. Frustules solitaires ou réunis par deux ou trois au plus. Longueur 3/4 à 2 1/2 c.d.m.

Eaux douces des régions montagneuses. — Très-rare. : Alle (Del.) sur des rochers humides.

Cette Diatomée ressemble excessivement à l'*Odontidium mesodon* ; elle s'en différencie facilement, dans la face frontale, par la présence des fausses cloisons.

TRIBUS VIII. — SURIRELLÉES.

1 { Valves ondulées transversalement, à ondulations visibles dans la face frontale, striées et montrant quelques bandes transversales ombrées. **Cymatopleura.**
Valves non ainsi. . . . . **2.**

2 { Frustules montrant dans la face frontale une rangée marginale d'appendices courts, subcapités. Valves ayant des côtes transversales (scalariformes) . . . . **Clavularia.**
Frustules non ainsi. . . . . **3.**

3 { Frustules à face valvaire courbée ; marges finement perlées. Valves striées, sans ligne médiane, ayant à l'un des bouts un renflement inégalement entaillé. Frustules cohérents en forme d'étoile. . **Actinella.**
Frustules non ainsi. . . . . **4.**

4 { Frustules à face frontale linéaire, arqués et avec des bouts arrondis sur la face valvaire ; marges lisses ou obscurément ponctuées. Valves finement striées, sans ligne médiane ; nodules terminaux petits à la marge concave. Frustules cohérents en zigzag ou en tables . . . . **Desmogonium.**
Frustules non ainsi. . . . . **5.**

5 { Frustules ailés (parfois d'une façon non apparente). Valves cunéiformes, réniformes, ovales ou suborbiculaires, rarement linéaires ou tordues, ayant une simple ligne médiane ou un espace blanc plus ou moins linéaire ; centre parfois blanc ou finement ponctué ; marges ou submarges fortement marquées (un peu radiantes) ; ayant des côtes ou des plis (canalicules de W. Sm.). . . . . **Surirella.**
Valves à ailes nulles ou réduites à une carène. . . . . **6.**

6 { Ailes nulles . . . . **7.**
Ailes imparfaitement développées et réduites à une ligne faiblement saillante (carène) généralement munie de ponctuations plus fortes nommées points carénaux. . . . . **8.**

7 { Frustules courbés en selle, pseudo-raphé opposé en croix dans les deux valves . . . **Campylodiscus.**
Frustules fusiformes, très-faiblement siliceux, muni de bandes en spirale . . . . . . **Cylindrotheca.**

8 { Carènes opposées diagonalement dans les deux valves. . . . . **Nitzschia.**
Carènes des deux valves placées du même côté du frustule. . . . . **Hantzschia.**

CYMATOPLEURA W. Smith. 1855.

Valves ondulées transversalement, finement striées, à pseudo-raphé distinct mais difficilement visible. Face frontale montrant les ondulations de la valve.

ANALYSE DES ESPÈCES

Valves largement elliptiques ou elliptiques-lancéolées.	C. elliptica.
Valves linéaires, à extrémités généralement rostrées.	C. Solea.

C. elliptica (Bréb.) W. Sm. (Brit. Diat. X. fig. 80. a. b. — Atl. Pl. LV. fig. 1.)

Valve largement elliptique ou elliptique-lancéolée, a bords munis de côtes courtes simulant de grosses perles ; stries délicates au nombre de 18 en 1 c.d.m. Face frontale montrant un petit nombre d'ondulations. Longueur 8 à 14 c.d.m.

Eaux douces. — Assez commun.

var. constricta Grun. (Atl. Pl. LV. fig. 2.)

Valves longuement elliptiques, faiblement contractées à la partie médiane.

C. Solea. (Bréb.) W. Sm. (Brit. Diat. X. fig. 78. — Atl Pl. LV. fig. 5. 6 et 7.)

Valves plus ou moins longuement linéaires, à extrémités généralement rostrées, à partie médiane contractée, à bords munis de côtes un peu plus longues que dans l'espèce précédente et montrant de grosses stries perlées au nombre d'environ 6 en 1 c.d.m. — Dans un éclairage très-oblique on voit la striation de la fig. 5. Face frontale très-étroite et montrant un grand nombre d'ondulations tantôt opposées, tantôt alternes. Longueur 5 à 13 c.d.m.

Eaux douces. — Assez commun

var. regula.

Valve à bords parallèles, non contractée à la partie médiane.

HANTZSCHIA Grun. 1877.

Valves arquées, à extrémités rostrées, munies d'une carène à points courts, prolongés en côtes courtes ou traversant toute la valve ; entre les deux points médians se trouve un rudiment de nodule. Face connective montrant les carènes placées du même côté du frustule.

ANALYSE DES ESPÈCES

Points carénaux prolongés en côtes qui traversent toute la valve.		H. marina.
Points carénaux non ou faiblement prolongés.	Points carénaux faiblement prolongés	H. virgata.
	Points carénaux non prolongés	H. amphyoxis.

H. amphyoxis (Ehr.) Grun. (Arct. Diat. p. 103.—*Nitzschia amphyoxis* W. *Sm.* — Atl. Pl. LVI. fig. 1 et 2. — Type N° 367.)

Valves faiblement arquées, à extrémités plus ou moins prolongées. Carène à gros points courts, au nombre d'environ 7 en 1 c.d.m., les deux médians écartés. Stries environ 16 en 1 c.d.m. Longueur (très-variable) environ 4 1/2 à 7 1/2 c.d.m.

Eaux saumâtre. — Fréquent.

var. major. (Atl. Pl. LVI. fig. 3 et 11.)

Beaucoup plus grand, environ 12 c.d.m., avec 5 à 6 points carénaux et environ 11 stries en 1 c.d.m.

var. intermedia. (Atl. Pl. LVI. fig. 4.)

Moyen, long environ de 8 c.d.m., avec 4 points carénaux et environ 11 stries en 1 c.d.m.

var. vivax. (*Nitzschia vivax Hantzsch* non *W. Sm.* — Atl. Pl. LVI fig. 5 et 6. — Type N° 368.)

Valve grêle, longuement rostrée ; environ 5 points carénaux et 13 stries en 1 c.d.m. Longueur 10 c.d.m.

Eaux saumâtres.

var. elongata. (Atl. Pl. LVI. fig. 7 et 8.)

Long jusqu'à 22 c.d.m., fortement rostré et arqué-genouillé ; 7 à 8 points carénaux et 17 stries en 1 c.d.m.

H. virgata (Roper) Grun.! (Arct. Diat. p. 104. — Atl. Pl. LVI. fig. 12 et 13. — Type N° 370.)

Valve robuste, arquée, à extrémités fortement rostrées, à rostre obtus; carène à 4-5 points en 1 c.d.m., à points prolongés en courtes côtes sur la valve. Stries 9 à 11 en 1 c.d.m. Longueur environ 13 c.d.m.,

Marin. — Blankenberghe (H. V. H.). — Lavage de moules (Deby).

H. marina (Donkin) Grun.! (Arct. Diat. p. 105.— *Epithemia marina Donkin.* Atl. Pl. LVI. fig. 14 et 15. — Type N° 369.)

Valve arquée, à extrémités rostrées. Carène à 6 points en 1 c.d.m., prolongés en côtes délicates qui traversent toute la valve et entre chacune desquelles se trouvent deux rangées de fines ponctuations alternantes. Face frontale linéaire, montrant les deux carènes infléchies vers la zone connective. Longeur environ 6 à 10 c.d.m.

Marin, Ostende. — Blankenberghe.

NITZSCHIA (Hassal; W. Smith). Grun. Ch. em. 1880.

Valves munies d'une carène, à points carénaux courts ou prolongés en côtes courtes, rarement traversant toute la valve. Carène des deux valves opposées diagonalement. Frustules libres, rarement renfermés dans des tubes ou réunis en table.

Endochrôme composé d'une seule lame interrompue, partiellement ou entièrement, à la partie moyenne du frustule.

Nous suivons, pour la classification de ce genre, l'excellente monographie qui a été publiée par M. A. Grunow dans les *Arctische Diatomeen*, et nous lui empruntons également un certain nombre de ses descriptions.

TABLEAU DES GROUPES.

- Valve non longuement rostrée.
  - Stries en quinconce ; valve large, contractée à la partie moyenne . . . . **2* Panduriformes.**
  - Stries non en quinconce.
    - Valve montrant des ondulations ou des enfoncements.
      - Valve linéaire, longuement lancéolée ou longuement elliptique; stries très-distinctes. . . . . **1 Tryblionella.**
      - Valve très-largement lancéolée ; stries transversales très-fines et difficilement visibles . . . . **5 Circumsutæ.**
    - Valve non ondulée.
      - Valves montrant des côtes dimidiées . . . . **9 Grunowia.**
      - Valves sans côtes.
        - Frustules plus ou moins sigmoïd.
          - Carène droite non infléchie à la partie médiane.
            - Carène presque centrique ; face connective à extrémités non atténuées . . . . . . **16 Sigmoideæ.**
            - Carène excentrique ; face connective à extrémités insensiblement atténuées. . . . . **17 Sigmata.**
          - Carène excentrique infléchie à la partie médiane. . . **18 Obtusæ.**
        - Frustules non sigmoïdes.
          - Valves arquées . . . . **19 Spectabiles.**
          - Valves non arquées.
            - Carène accompagnée de deux lignes longitudinales parallèles . . . . **14 Spathulatæ.**
            - Carène sans lignes parallèles.
              - Face connective contractée au milieu
                - Carène excentrique ; face connective peu large. . . . **6 Dubiæ.**
                - Carène peu excentrique, face connective très-large . . . **7 Bilobatæ.**
              - Face connective non contractée à la partie moyenne.
                - Points de la carène un peu prolongés . . . . . . **13 Vivaces.**
                - Points carénaux non prolongés.
                  - Valves montrant un sillon longitudinal dans lequel les stries manquent ou sont faiblement marquées . . **3 Apiculatæ.**
                  - Pas de sillon longitudinal.
                    - Carène tout à fait excentrique. . . . **21 Lanceolatæ.**
                    - Carène non complètement excentrique.
                      - Carène presque centrique ; stries très-visibles ; frustules réunis en tables . **12 Bacillaria.**
                      - Carène un peu excentrique ; frustules non réunis en tables.
                        - Valves linéaires grandes ; stries visibles . **20 Lineares.**
                        - Valves lancéolées très-petites ; stries à peine visibles . **15 Dissipatæ.**
- Valve très-longuement rostrée et à carène très-excentrique . . . . **22 Nitzschiella.**

* Les chiffres correspondent à ceux des groupes de l'Atlas ; les chiffres manquants sont ceux des groupes qui ne sont pas représentés en Belgique.

Groupe 1. TRYBLIONELLA (W. Smith, partim) Grunow.

Carène très-excentrique, à points presque toujours indistincts, généralement en nombre égal à celui des stries. Valves généralement sillonnées-ondulées.

Nous réunissons à ce groupe le groupe 4 *Pseudo-Tryblionella*, qui ne s'en distingue que parce que les points carénaux sont bien marqués.

ANALYSE DES ESPÈCES.

- Valves montrant des stries formées de grosses ponctuations . . . . **N. producta.**
- Valves non à grosses ponctuations.
  - Valves à stries très-fines au centre de la valve ; stries se terminant aux bords par un double rang de ponctuations . . . . **N. navicularis**
  - Stries non ainsi.
    - Stries traversant toute la valve linéaire . . . . **N. angustata.**
    - Valve montrant un sillon médian.
      - Valves à stries robustes; sillon non hyalin . **N. Tryblionella.**
      - Valve très-petite ; stries très-délicates ; sillon hyalin . . . . **N. debilis.**

N. navicularis (Bréb.) Grun.! (Arct. Diat. p. 67. — **Atl. Pl. LVII. fig. 1. — Type N° 371.**)

Valves elliptiques-lancéolées, à stries (7 en 1 c.d.m.) fines à la partie centrale de la valve, se terminant vers les bords de chaque côté en une double rangée de ponctuations. Longueur : environ 3 1/2 c.d.m.

Marin. — Ostende (Deby), Escaut à Anvers.

N. punctata (Sm.) Grun.! (Arct. Diat. p. 68. — **Atl. Pl. LVII. fig. 2. — Type N° 372.**)

Valve elliptique-lancéolée, à extrémités un peu rostrées ; stries au nombre de 7 à 9 en 1 c.d.m., formées de grosses ponctuations. Longueur de la valve, 2 1/2 à 3 1/2 c.d.m. ; largeur 1 à 3 c.d.m.

Eaux saumâtres. — Ostende (Deby). Anvers.

var. elongata Grun. (**Atl. Pl. LVII. fig. 3.**)

Valves linéaires, à extrémités cunéiformes ; stries 5 à 6 en 1 c.d.m. Longueur des valves, 6 à 11 c.d.m. ; largeur 2 à 2 1/2 c.d.m.

Marin. — Mêlé au type. — Ostende (Deby).

N. Tryblionella Hantzsch. (*Tryblionella Hantzschiana Grun.* — **Atl. Pl. LVII. fig. 9. et 10. fig. 15. — Type N° 375.**)

Valve elliptique-lancéolée, à extrémités subaiguës ; présentant un sillon large bien apparent ; stries robustes, au nombre de 5 à 7 en 1 c.d.m., entre lesquelles apparaissent des stries fines délicatement ponctuées. Longueur 8 à 11 c.d.m. ; largeur 2 à 3 c.d.m.

Eaux douces et saumâtres. — Non encore signalé.

var. Levidensis (*T. Levidensis W. Sm.* — **Atl. Pl. LVII. fig. 15. — Type N° 375.**)

Valves linéaires-lancéolées, à extrémités cunéiformes, à partie médiane parfois un peu rétrécie ; stries transversales robustes, 7 à 11 en 1 c.d.m. Longueur 2 à 5 c.d.m.; largeur 1 à 1 1/2 c.d.m.

Eaux saumâtres. — Anvers. — Parfois eaux douces : Jardin Botanique de Bruxelles. (Delogne).

var. calida. (*N. calida Grun.* Arct. Diat. p. 75. — **Atl. Pl. LIX. fig. 4 et 5.**)

Valve linéaire, contractée à la partie moyenne, à extrémités un peu rostrées ; sillon à peine visible ; stries 17 à 19 en 1 c.d.m. Carène à points assez visibles. Longueur 3 1/2 à 4 1/2 c.d.m.

Eaux douces chaudes. — Bruxelles, Jardin Botanique (Delogne).

var. littoralis Grun. (*N. littoralis Grun.* — **Atl. Pl. LIX fig. 1. 2 et 3. — in Type N° 190.**)

Se distingue du type par des points carénaux très-marqués et par la striation matte de la valve.

Eaux douces ou saumâtres. — Anvers: Bassin du Parc.

N. debilis (Arnott) Grun.! (Arct. Diat. p. 68. — **Atl. Pl. LVII fig. 19. 20 et 21. — in Type N° 146.**)

Valve lancéolée-elliptique, à extrémités subrostrées ; stries très-faibles, au nombre de 12 à 14 en 1 c.d.m., interrompues au milieu de la valve. Longueur 2 à 2 1/2 c.d.m. ; largeur environ 1 c.d.m.

Eaux douces. — Frahan, Groenendael (Del.).

N. angustata (W. Sm.) Grun. (Arct. Diat. p. 70. — **Atl. Pl. LVII fig. 22. 23 et 24. — in Type N° 475.**)

Valve étroitement linéaire, à extrémités diminuées ; stries robustes, non interrompues, au nombre de 13 en 1 c.d.m. Longueur env. 8 à 9 c.d.m. ; largeur environ 1 c.d.m.

Eaux douces et saumâtres. — Anvers.

var. curta. (**Atl. Pl. LVII. fig. 25. — Type N° 376.**)

Valves beaucoup plus courtes, à extrémités un peu rostrées.

Eaux douces. — Bruxelles (Delogne).

Groupe 2. PANDURIFORMES.

Valves larges, contractées à la partie médiane, montrant un sillon plus ou moins prononcé. Carène, rapprochée d'un des bords, à points ou très-distincts, ou paraissant manquer. Stries décussées.

ANALYSE DES ESPÈCES.

{Sillon très-profond, points carénaux très-distincts . . . . **N. panduriformis.**
{Sillon peu visible, points carénaux non distincts . . . . **N. constricta.**

N. panduriformis Grun.! (Diat. Clyde T. VI. fig. 102.— **Atl. Pl. LVIII fig. 1. 2. 3 et 4. — Type N° 377, forma.**)

Valve largement elliptique, à extrémités subrostrées, cunéiformes, à sillon fort marqué et bordé d'une ligne hyaline ou irrégulièrement ponctuée; stries décussées, 14 à 19 en 1 c.d.m. Points carénaux bien marqués, environ 6 en 1 c.d.m. Longueur 8 à 12 c.d.m., largeur env. 2 c.d.m. à la contraction médiane.

Marin. — Non encore signalé.

N. constricta (Greg.) Grun.! (Arct. Diat. p. 71. — **Atl. Pl. LVIII. fig. 8.**)

Diffère de l'espèce précédente par sa ponctuation plus grosse, son sillon moins prononcé et par les points de la carène qui ne sont pas distincts. Longueur: environ 5 c.d.m.

Marin. — Non encore signalé.

forma parva. (Atl. Pl. LVIII. fig. 8.)

Très-petit, n'atteignant que 1 1/2 c.d.m. de longueur environ. Stries 16 à 17 en 1 c.d.m.

Groupe 3. APICULATÆ.

Valves longuement linéaires ou un peu rétrécies à la partie moyenne, montrant un sillon sur lequel les stries manquent ou sont moins marquées que sur le restant de la valve. Carène très-rapprochée d'un des bords.

ANALYSE DES ESPÈCES.

Carène à points très-distincts.	Valve très-grande ; sillon large.	**N. plana.**
	Valve étroitement linéaire ; sillon étroit	**N. Hungarica.**
Carène à points nuls ou indistincts.	Sillon très-large ; valve moyenne robuste	**N. acuminata.**
	Sillon très-étroit ; valve petite très-étroite	**N. apiculata.**

N. plana W. Sm. (Brit. Diat. p. 42. Pl. XV. fig. 114. — **Atl. Pl. LVIII. fig. 10 et 11. — Type N° 378.**)

Valve longuement linéaire, rétrécie à la partie médiane, à extrémités cunéiformes, à sillon large très-prononcé, généralement rétréci à la partie moyenne, un peu plus éloigné du bord caréné que de l'autre bord ; stries fines, environ 18 en 1 c.d.m., remplacées habituellement dans le sillon par une ponctuation plus irrégulière. Points carénaux bien distincts, carrés ou allongés, au nombre de 3 1/2 à 6 en 1 c.d.m. Longueur : atteint jusqu'à 17 c.d.m.

Eaux saumâtres. — Non encore signalé.

N. Hungarica Grun.! (Arct. Diat. p. 73. — **Atl. Pl. LVIII. fig. 19. 20. 21 et 22.**)

Valve étroitement linéaire, généralement faiblement contractée au milieu ; extrémités cunéiformes, rostrées ; sillon étroit bien apparent ; stries fines, 16 à 18 en 1 c.d.m., très-délicates dans le sillon ; points carénaux très-distincts, 9 à 10 en 1 c.d.m. Longueur 5 à 11 c.d.m.

Eaux saumâtres, parfois eaux douces. — Anvers, Schaerbeeck (Delogne).

N. apiculata (Greg.) Grun. ! (Arct. Diat. p. 73. — **Atl. Pl. LVIII fig. 26 et 27. — in Types N°s 7. 12. 44. etc.**)

Diffère de l'espèce précédente par des valves généralement plus petites et plus étroites et par les points de la carène qui manquent ou sont indistincts. Stries env. 16 à 17 en 1 c.d.m. Longueur 2 1/2 à 5 c.d.m. Largeur des valves moins de 1 c.d.m.

Eaux saumâtres. — Anvers.

N. acuminata (W. Sm.) Grun.! (Arct. Diat. p. 73. — **Atl. Pl. LVIII. fig. 16 et 17. — Type N° 379.**)

Valve largement linéaire, parfois contractée à la partie médiane, à sillon très-large et très-apparent ; stries très-fortes, environ 12 1/2 à 13 en 1 c.d.m., très-faibles ou absentes dans le sillon. Carène privée de points. Longueur 7 à 8 1/2 c.d.m.

Eaux saumâtres. — Non encore signalé.

Groupe 5. *CIRCUMSUTÆ.*

Valves à sillon plus ou moins étroit, parfois invisible. Carène très-excentrique à points très-visibles. Valve finement striée et montrant en outre des ponctuations irrégulières. Ces deux sortes de ponctuations appartiennent à des couches différentes de la valve.

Valve elliptique très-grande ; stries très-fines, ondulées ; points carénaux très-gros, quadrangul. . **N. circumsuta.**

N. circumsuta (Bailey) Grun.! (*Surirella circumsuta Bail.*—Atl. Pl. LIX. fig. 8. — Type N° 381.)

Valve elliptique très-grande, à extrémités subaiguës ; stries très-fines, ondulées, environ 26 en 1 c.d.m. — Points carénaux très-gros, quadrangulaires, au nombre de 3 à 5 en 1 c.d.m. ; les médians un peu écartés et montrant entr'eux un vestige de nodule. Longueur jusqu'à 21 c.d.m.; largeur jusqu'à 6 1/2 c.d.m.

Saumâtre. — Très rare : Anvers (P. Gaut.), Flessingue (Hollande) (Deby).

Groupe 6. *DUBIÆ.*

Valves analogues à celles des Tryblionelles, mais privées de sillon. Carène excentrique. Face connective rétrécie à la partie médiane.

ANALYSE DES ESPÈCES.

Points carénaux allongés sur la valve; valve assez large.		**N. dubia.**
Points carénaux ronds; valve étroite.	Stries fines, valves petites, distinctement rostrées	**N. commutata.**
	Stries très-fines; valves moyennes subrostrées	**N. thermalis.**

N. dubia W. Sm. (Brit. Diat. I. p. 41. T. XIII. fig. 112. — Atl. Pl. LIX fig. 9. 10. 11 et 12. — Type N° 382.)

Valves linéaires, un peu contractées à la partie médiane, à extrémités subrostrées ; stries fines, 21 à 24 en 1 c.d.m. : Carène 9 à 10 points en 1 c.d.m., légèrement prolongés sur la valve. Longueur 9 à 16 c.d.m.

Eaux douces. — Anvers, Scharbeeck (Delogne).

N. thermalis (Kütz.) Grun. ! (Arct. Diat. p. 78. — Atl. Pl. LIX fig. 20. — in Type N° 74. *var. littoralis.*)

Diffère de l'espèce précédente par des valves plus étroites et des points carénaux ronds dont les deux médians sont un peu écartés. Stries fines, environ 28 en 1 c.d.m.; points carénaux environ 7 à 8 en 1 c.d.m. Longueur environ 8 à 10 c.d.m. ; largeur env. 1 c.d.m.

Eaux douces. - Non encore trouvé.

var. intermedia Grun. (Atl. Pl. LIX fig. 15 à 19.)
Valves petites (5 à 6 c.d.m.) et étroites (un peu plus de 1/2 c.d.m.), à points carénaux petits (9 en 1 c.d.m.), dont les deux médians sont à peine écartés ; stries très-fines, env. 32 en 1 c.d.m.
Eaux douces. — Non encore trouvé.

N. commutata Grun. (Arct. Diat. p. 79. — Atl. Pl. LIX fig. 13 et 14.)
Valves longuement linéaires, contractées à la partie médiane, à extrémités distinctement rostrées, à rostre obtus. Points carénaux ronds, les deux médians écartés. Stries fines, 21 à 24 en 1 c.d.m. Points carénaux 9 à 10 en 1 c.d.m. Longueur 5 à 7 c.d.m. ; largeur 1 1/4 à 1 3/4 c.d.m.
Eaux saumâtres. — Non encore signalé.

Groupe 7. BILOBATÆ.

Diffère du groupe précédent par la position plus centrique de la carène.

N. bilobata W. Sm. (Brit. Diat. I. p. 42. T. XV. fig. 113. — Atl. Pl. LX. fig. 1.)
Valve linéaire-lancéolée, contractée à la partie médiane, à extrémités brusquement atténuées-rostrées, aiguës. Carène presque centrale, à points carénaux allongés transversalement. Stries fines, env. 17 1/2 à 19 en 1 c.d.m. Points carénaux env. 6 1/2 à 7 en 1 c.d.m. Face connective très-large, contractée à la partie médiane, à zone connective finement plissée. Longueur 8 à 15 c.d.m.
Marin. — Non encore signalé.

var. minor Grun. (Atl. Pl. LX fig. 2 et 3.)
Petit (5 à 7 c.d.m. de long.), à stries très-fines (23 à 27 en 1 c.d.m.).
Marin.

Groupe 9. GRUNOWIA.

Carène très-excentrique, à points allongés en côtes qui généralement n'occupent que la moitié de la valve.

ANALYSE DES ESPÈCES

Valve étroitement lancéolée, à bords non sinueux ; côtes diminuant insensiblement de largeur. **N. Denticula.**
Valve à bords sinueux ou fortement renflés à la partie médiane ; côtes s'arrêtant brusquement à la moitié de la valve. . . . . **N. sinuata.**

N. Denticula Grun. ! (Arct. Diat. p. 82. — Atl. Pl. LX. fig. 10. — Type N° 384.
Valves étroitement lancéolées, à extrémités aiguës ou subaiguës, non rostrées, munies de côtes, qui le plus souvent traversent toute la valve en diminuant insensiblement de largeur ; stries fines, 15 à 18 en

1 c.d.m., distinctement ponctuées ; côtes 6 à 8 en 1 c.d.m. Longueur 1 1/2 à 4 1/2 c.d.m.

Eaux douces.

var. Delognei Grun.! (Atl. Pl. LX. fig. 9.)

Côtes n'atteignant tout au plus que la moitié de la valve ; stries très-délicates, 24 à 25 en 1 c.d.m. Longueur 1 à 2 c.d.m.

Eaux douces. — Jardin Botanique de Bruxelles (Delogne).

N. sinuata. (W. Sm.) Grun.! (Arct. Diat. p. 82. Atl. Pl. LX. fig. 11. — Type N° 385.)

Valve lancéolée, à bords triondulés, à partie médiane renflée, à extrémités rostrées-capitées ; côtes 5 à 6 en 1 c.d.m., n'occupant que la moitié de la valve et également robustes sur toute leur longueur ; stries env. 18 en 1 c.d.m., distinctement ponctuées. Longueur environ 4 c.d.m.

Eaux douces. — Frahan (Delogne).

var. Tabellaria. Grun. (Arct. Diat. p. 82. — Atl. Pl. LX. fig. 12 et 13. — Type N° 386.)

Valve à partie médiane très-renflée, à extrémités longuement diminuées-rostrées ; côtes 6 1/2 à 7 1/2 en 1 c.d.m.; stries 21 à 22 en 1 c.d.m., délicatement ponctuées.

Eaux douces. — Bruxelles (Delogne).

Groupe 12. BACILLARIA.

Carène centrique ou presque centrique, à points non allongés. Frustules droits. Striation très-visible.

Carène presque centrale; frustules réunis en table . . . . **N. paradoxa.**

N. paradoxa (Gmel.) Grun.! (*Bacillaria paradoxa Gmel.* — Atl. Pl. LXI. fig. 6. — Type N° 388.)

Valves étroitement lancéolées, à extrémités faiblement rostrées. Carène à peu près centrale, à 6 à 8 gros points ronds en 1 c.d.m. Stries au nombre de 20 1/2 à 22 1/2 en 1 c.d.m. Frustules réunis en table, se déplaçant par un mouvement de glissement l'un sur l'autre. Longueur env. 6 c.d.m.

Eaux saumâtres. — Blankenberghe, Ostende, Anvers.

Se rencontre parfois dans des eaux ne contenant que des traces de sel : Canal à Louvain (P. Gaut.).

Groupe 13. VIVACES.

Valves semi-lancéolées, à bords montrant des points carénaux allongés. Valves semblables à celles des Hantzschia, mais ne montrant pas, comme celles des espèces de ce genre, un vestige de nodule médian.

Valve semi-lancéolée, très-petite, à extrémités rostrées ; stries très-délicates . . . . . **N. Petitiana.**

N. Petitiana Grun. (Atl. Pl. LXII. fig. 6.)

Valve petite, à bord ventral droit, à bord dorsal régulièrement et insensiblement atténué jusqu'aux extrémités qui sont rostrées. Points carénaux 8 à 9 en 1 c.d.m., à peine prolongés. Stries délicates, env. 27 à 30 en 1 c.d.m.

Eaux saumâtres. — Non encore signalé.

Groupe 14. SPATHULATÆ.

Analogue aux *Bacillaria*, dont il se différencie par la striation très-délicate des valves et par deux lignes auxillaires parallèles à la carène.

ANALYSE DES ESPÈCES.

{Face frontale montrant les extrémités des carènes élargies et relevées. . . . . **N. spathulata.**
{Carènes non relevées. . . . . **N. angularis.**

N. angularis W. Sm. (Brit. Diat. T. 1. p. 40, Pl. XIII. fig. 117. — Atl. Pl. LXII. fig. 11. 12. 13 et 14).

Valve étroitement lancéolée, insensiblement attenuée jusqu'aux extrémités subobtuses. Valve à carène centrale, à 3 1/2 à 5 points marginaux en 1 c.d.m.; lignes auxillaires nettement visibles ; stries transversales délicates, au nombre de 31 ou plus en 1 c.d.m., formées de ponctuations qui peuvent également produire des stries longitudinales et des stries obliques. Face frontale largement linéaire, un peu renflée à la partie médiane, à zone connective plissée. Longueur 6 à 20 c.d.m. ; largeur des valves environ 1 à 1 1/2 c.d.m.

Marin. — Lavage de moules (Deby).

var. affinis Grun. (Atl. Pl. LXII. fig. 16.)

Diffère du type, par sa taille moindre (3 à 9 c.d.m. de longueur) et ses points carénaux plus rapprochés (6 à 9 en 1 c.d.m.) et ses stries encore plus fines.

N. spathulata Bréb. (in Sm. Brit. Diat. p. 40. Pl. XXXI fig. 268. — Atl. Pl. LXII. fig. 7 et 8. — Type N° 390.)

Diffère de l'espèce précédente par les extrémités de la carène qui sont fortement élargies et relevées. Points carénaux 4 à 5 en 1 c.d.m. Stries excessivement délicates. Longueur env. 10 c.d.m.

Marin. — Blankenberghe.

var. hyalina. (Atl. Pl. LXII fig. 9.)

Très-petit (environ 4 c.d.m.), environ 7 à 8 points carénaux en 1 c.d.m. Même habitat.

Groupe 15. DISSIPATÆ.

Diffère des deux groupes précédents, par la carène moins centrique et l'absence des lignes auxillaires. Valves très-petites et très-délicatement striées.

Carène peu centrique. Valves très-petites et délicatement striées. . . . . **N. dissipata.**

N. dissipata (Kütz.) Grun.! (Arct. Diat. p. 90. — *N. minutissima. W. Sm. ?.*— Atl. Pl. LXIII fig. 1. — Type N° 391.)

Valves lancéolées, à extrémités très-faiblement rostrées. Carène un peu excentrique, à 6 à 8 points en 1 c.d.m. Stries excessivement faibles (environ 14 en 1 c.d.m. d'après M. Kitton). Longueur 2 à 3 1/2 c.d.m.

Eaux douces et saumâtres. — Anvers (H.V.H.), Schaerbeeck (Delogne).

var. **media.** (Atl. Pl. LXIII. fig. 2. et 3. — in Type N° 190.)

Valves plus grandes, à extrémités parfois subrostrées-capitées, à carène un peu plus excentrique, à 6 à 7 points en 1 c.d.m. Longueur : 4 1/2 à 7 c.d.m.

var. **Acula.** (Atl. Pl. LXIII fig. 4.)

Valves plus longues, atteignant jusqu'à 10 1/2 c.d.m., à carène tout à fait centrale, à 6 ou 7 points en 1 c.d.m.

Groupe 16. SIGMOIDEÆ.

Valves sans sillons, carène tout à fait centrale, sans lignes auxillaires, à points carénaux non allongés. Face frontale sigmoïde, à extrémités non diminuées.

ANALYSE DES ESPÈCES.

- Stries très-robustes ; points carénaux ronds. Espèce d'eau saumâtre. . . . . **N. Brébissonii.**
- Stries fines ; points carénaux un peu allongés. Espèces d'eau douce.
  - Stries fines ; taille très-considérable ; 4 à 7 points carénaux en 1 c.d.m. . . . . **N. sigmoidea.**
  - Stries très-fines ; taille moyenne ; 7 à 9 points en 1 c.d.m. **N. vermicularis.**

N. sigmoidea (Ehr.) W. Sm. (Brit. Diat. I. p. 38. Pl. XIII. fig. 104. — Atl. Pl. LXIII. fig. 5. 6 et 7. — Type N° 392.)

Valves linéaires, à extrémités cunéiformes. Carène centrale à 5 à 7 points en 1 c.d.m. Stries fines, 23 1/2 à 26 en 1 c.d.m. Face frontale étroite, sigmoïde, à extrémités tronquées, à zone connective finement striée. Longueur : atteint jusqu'à 48 c.d.m.

Eaux douces. — Assez commune.

N. vermicularis (Kütz.) Grun.! (Arct. Diat. p. 91. — Atl. Pl. LXIV. fig. 1 et 2. — in Type N° 96.)

Diffère de l'espèce précédente, par sa taille plus petite et plus étroite, ses points carénaux plus serrés, 6 à 9 en 1 c.d.m. et plus courts au bord de la valve, de même que par ses stries plus fines et au nombre de 32 à 34 en 1 c.d.m. Longueur 9 à 22 c.d.m. ; largeur de la valve env. 1/2 c.d.m. ; largeur de la face connective, 1/2 à 1 c.d.m.

Eaux douces.

N. Brébissonii W. Sm.! (Brit. Diat. I. p. 38. Pl. XXXI. fig. 226. — Atl. Pl. LXIV. fig. 4 et 5. — Type N° 393.)

Valves droites, ou courbées, ou arquées, ou sigmoïdes ; à environ 5 points carénaux en 1 c.d.m., à extrémités assez brusquement atténuées·

aiguës ; stries très-robustes, 9 à 11 en 1 c.d.m. Longueur 22 à 34 c.d.m. largeur de la valve 1 1/3 à 1 1/2 c.d.m.
Eaux saumâtres. — Heyst (Deby). Anvers.

Groupe 17. SIGMATA.

Valve plus moins sigmoïde, carène un peu plus excentrique que dans le groupe précédent. Face frontale sigmoïde, à extrémités diminuées.

ANALYSE DES ESPÈCES.

{Carène à gros points très-saillants . . . . **N. fasciculata.**
{Carène à points assez délicats. . . . . **N. Sigma.**

N. Sigma W. Sm. (Brit. Diat. I. p. 39. Pl. 108. — Atl. Pl. LXV. fig. 7 et 8. — Type N° 394.)
Valves linéaires, un peu sigmoïdes, à extrémités insensiblement diminuées. Carène excentrique, à 7 à 9 points en 1 c.d.m. Stries fines, 22 à 24 en 1 c.d m. Face frontale sigmoïde, à extrémités diminuées. Longueur: atteint jusqu'à 25 c.d.m. ; largeur un peu plus de 1 c.d.m.
Eaux saumâtres. — Anvers, Blankenberghe.

var. intercedens Grun. (Atl. Pl. LXVI. fig. 1.)
Grand et généralement très-fortement courbé, à 6 à 7 points carénaux et 27 à 30 stries en 1 c.d.m. Valve ayant environ 1 c.d.m. de large et jusqu'à 30 c.d.m. de long.
Eaux saumâtres. — Anvers (Escaut, Belleroche).

var. rigida (Kütz.) Grun. (*Amphipleura rigida Kütz. ; A. sigmoidea W. Sm.* — Atl. Pl. LXVI. fig. 2. — Type N° 395.)
Valves étroitement lancéolées-sigmoïdes, à 7 à 9 points carénaux et 30 à 31 stries en 1 c.d.m. — Valves atteignant jusqu'à 20 c.d.m. de longueur et ayant jusqu'à 8 millièmes de millim. de large.

var. rigidula Grun. (Atl. Pl. LXVI fig. 8. — Type N° 396.)
Diffère de la var. précédente par sa taille plus petite et sa largeur moindre. 8 à 10 points carénaux et 30 à 31 stries en 1 c.d.m. Longueur environ 6 à 7 c.d.m. largeur: moins de 1/2 c.d.m.
Eaux douces. — Rouge-cloître (Delogne).

var. Sigmatella Grun. (Atl. Pl. LXVI. fig. 6 et 7. — Type N° 397.)
Valves très-étroitement lancéolées-sigmoïdes, à 8 à 11 points carénaux en 1 c.d.m. et à 25 à 26 stries en 1 c.d.m. Valves atteignant 32 c.d.m. (parfois même, mais rarement, 45 c.d.m.) et environ 1/2 c.d.m. de largeur.
Eaux saumâtres. — Ostende.

N. fasciculata Grun. (*Homœocladia sigmoïdea W. Sm.* — Atl. Pl. LXVI. fig. 11. 12 et 13.)
Valve plus ou moins sigmoïde, parfois presque droite. Carène à gros points un peu allongés, au nombre de 5 à 6 en 1 c.d.m. Stries fines,

au nombre de 28 à 29 en 1 c.d.m. Frustules souvent réunis en petits faisceaux. Longueur 5 à 10 c.d.m.

Marin ou saumâtre. — Ostende (Grunow), Anvers.

Groupe 18. OBTUSÆ.

Analogue aux groupes précédents, dont il se distingue par la carène qui, au milieu de la longueur, présente une inflexion vers la partie interne et montre là deux points un peu éloignés, entre lesquels se trouve un rudiment de nodule.

Carène présentant au milieu de sa longueur une inflexion dont les deux points médians sont un peu plus éloignés et montrent entr'eux un rudiment de nodule. . . . . **N. obtusa.**

N. obtusa W. Sm. (Brit. Diat. Pl. I fig. — Atl. Pl. LXVII. fig. 1. — Type N° 398.)

Valve linéaire, à extrémités arrondies ou brusquement atténuées unilatéralement. Carène à 5 ou 6 gros points. Inflexion médiane très-visible. Stries fines au nombre de 26 à 27 en 1 c.d.m. Longueur 12 à 25 c.d.m. ; largeur des valves un peu moins de 0.8 à 0.9 de c.d.m.)

Eaux saumâtres. — Blankenberghe.

var. scalpelliformis Grun. (Arct. Diat. p. 92. — Atl. Pl. LXVII. fig. 2.)

Plus court, plus étroit et à extrémités plus sigmoïdes et plus brusquement atténuées unilatéralement, 7 à 8 points carénaux et 26 à 27 stries en 1 c.d.m. Longueur : 6 à 8 c.d.m. ; largeur des valves : env. 3/4 de c.d.m.

Eaux saumâtres. — Non encore signalé.

var. nana Grun. (Atl. Pl. LXVII. fig. 3. — Type N° 399.)

Tout petit, sigmoïde, à 10 à 11 points carénaux et environ 35 stries en 1 c.d.m. Longueur environ 4 c.d.m.

Se distingue des formes analogues du *N. Sigma* par le pseudo-nodule médian très-apparent (Grunow).

Eaux saumâtres. — Non encore signalé.

var. brevissima Grun. (Atl. Pl. LXVII fig. 4. — Type N° 400.)

Valves linéaires, assez larges, un peu contractées à la partie médiane, à extrémités rostrées, faiblement sigmoïdes. — Points carénaux gros, environ 8 en 1 c.d.m. ; stries 30 à 36 en 1 c.d.m.

Eaux saumâtres. — Pilotis de l'Escaut à Anvers.

Groupe 19. SPECTABILES.

Valves grandes, faiblement arquées, à carène excentrique. Points carénaux un peu prolongés sur la valve.

Valves grandes, faiblement arquées, à carène excentrique, à points carénaux un peu prolongés sur la valve . . . . **N. spectabilis.**

N. spectabilis (Ehr.) Ralfs. (*Synedra spectabilis. Ehr.* Amer. et Mikrog. figures nombreuses. — Atl. Pl. LXVII fig. 8 et 9. — Type N° 401.)

Valves linéaires, plus ou moins arquées, à extrémités atténuées, souvent rostrées- capitées, à carène très-excentrique, à 4 à 6 points en 1 c.d.m., prolongés souvent sur la valve en une très-courte côte ; stries 10 à 12 en 1 c.d.m., distinctement ponctuées. Longueur : atteint jusqu'à 45 c.d.m.

Eaux saumâtres. — Escaut à Anvers.

Groupe 20. LINEARES.

Valves sans sillons. Carène un peu excentrique, à points carénaux ronds ou un peu anguleux, à peine un peu allongés transversalement. Face connective droite, parfois faiblement retrécie à la partie médiane.

ANALYSE DES ESPÈCES.

8 à 12 points carénaux faibles en 1 c.d.m. ; valve présentant une petite inflexion à la partie médiane . . . . **N. linearis.**
5 à 7 1/2 points carénaux très-robustes en 1 c.d.m. ; valve sans inflexion médiane. . . **N. vitrea.**

N. linearis (Ag.) W. Sm. (Brit. Diat. I. p. 39. Pl. XIII. fig. 110 et suppl. Pl. XXXI. fig. 110. — Atl. Pl. LXVII. fig. 13. 14 et 15. — Type N° 404).

Valves longuement linéaires, presque en forme de nacelle, à extrémités arrondies vers la partie externe, atténuées vers la partie interne. Carène 8 à 10 points en 1 c.d.m., les deux médians plus écartés que les autres, écartement correspondant généralement à une petite inflexion de la valve. Stries au nombre de 29 à 30 en 1 c.d.m. ; finement ponctuées. Longueur 7 à 18 c.d.m. — Largeur de la valve environ 1/2 c.d.m.

Eaux douces. — Assez commun.

var. tenuis Grun. (Atl. Pl. LXVII. fig. 16. — Type N° 406.)

Valve étroite (0,4 à 0,7 de c.d.m.). Carène 11 à 12 p. en 1 c.d.m. Stries plus de 30 en 1 c.d.m., généralement interrompues à la partie médiane de la valve. — Face frontale 0,4 à 0,9 de c.d.m. Longueur 7 à 15 c.d.m.

Eaux douces. — Commun.

N. vitrea Norman. (Mic. Journ. IX. Pl. II. fig. 4. — Atl. Pl. LXVII. fig. 10.)

Diffère de l'espèce précédente, par les points carénaux (5 à 6 en 1 c.d.m.) beaucoup plus gros et quadrangulaires-arrondis et par la face frontale très-large, parfois retrécie et à zone connective à plis nombreux. Stries au nombre de 20 à 22 en 1 c.d.m. Longueur 6 à 13 c.d.m. ; largeur des valves 1/2 c.d.m.; largeur de la face frontale jusqu'à 2 1/2 c.d.m.

Eaux saumâtres. — Escaut à Anvers.

forma major. (Atl. Pl. LXVII. fig. 11. — Type N° 402.)

Valves ayant jusqu'à 12 1/2 c.d.m. de longueur et 1 1/4 c.d.m. de largeur avec 17 stries en 1 c.d.m.

var. salinarum Grun. (Arct. Diat. p. 94. — **Atl. Pl. LXVII. fig. 12. — in Type N° 431.**)

Plus petit que le type (3 1/2 à 8 1/2 c.d.m. de long.). Valves larges de 0,5 à 0,9 de c.d.m. et à stries plus étroites (28 à 30 en 1 c.d.m.).

Eaux saumâtres. — Ostende (Grunow).

var. recta. (*N. recta Hantzsch.* — **Atl. Pl. LXVII. fig. 17 et 18.**)

Carène un peu plus excentrique, à 6 1/2 à 7 1/2 points en 1 c.d.m., les médians aussi rapprochés que les autres. Plus de 30 stries en 1 c.d.m. Frustules plus étroits que la var. précédente, large env. 0,6 à 1,2 c.d.m.)

Eaux douces (?) et saumâtres. — Non encore signalé.

Groupe 21. LANCEOLATÆ.

Valves lancéolées, linéaires-lancéolées ou plus rarement ovales. Carène très-excentrique, à points non allongés.

ANALYSE DES ESPÈCES.

- Zone connective très-large et fortement plissée. . . . . **N. lanceolata.**
- Zone connective étroite.
  - Points carénaux médians un peu plus écartés que les autres. . . . . . **N. subtilis.**
  - Points carénaux tous équidistants.
    - Valves à extrémités rostrées-capitées . . . . **N. microcephala.**
    - Valves à extrémités non capitées.
      - Stries très-visibles, (16 à 17 en 1 c.d.m.). . . . . . **N. amphibia.**
      - Stries peu visibles, plus de 20 en 1 c.d.m.
        - Valves linéaires, brusquement diminuées-subrostrées ; points carénaux bien marqués ; stries très-délicates (environ 30 en 1 c.d.m.). **N. communis.**
        - Valves lancéolées, notablement rostrées ; points carénaux faibles ; stries très-délicates (30 à 36 en 1 c.d.m.) . . . . **N. Palea.**
        - Valves étroitement lancéolées ou linéaires, plus ou moins rostrées ; points carénaux faibles ; stries plus visibles (20 à 22 en 1 c.d.m.). . . . . **N. Frustulum.**
  - Points carénaux non visibles . . . . **N. Delognei.**

N. lanceolata W. Sm. (Brit. Diat. Pl. XIV. fig. 118. — **Atl. Pl. LXVIII. fig. 1 et 2. — Type N° 407.**)

Valve étroitement lancéolée, à extrémités aiguës. Carène très-excentrique, 5 à 7 points env. en 1 c.d.m., tous équidistants. Stries fines, environ 30 en 1 c.d.m. Face frontale linéaire, fortement renflée à la partie médiane, à extrémités obtuses, à zone connective fortement plissée. Longueur : jusqu'à 20 c.d.m. ; largeur de la valve, 1 3/4 c.d.m.

Eaux saumâtres.

forma minor. (**Atl. Pl. LXVIII. fig. 3. — in Type N° 397.**)

N'atteignant que 5 1/2 à 6 c.d.m.

forma minima. (**Atl. Pl. LXVIII. fig. 4.**)

Encore plus petite et longue à peine de 2 c.d.m.

var. incrustans. (**Atl. Pl. LXVIII. fig. 5 et 6.**)

Valves plus étroitement lancéolées, à carène à 5 à 7 points en 1 c.d.m. Stries très-fines, au delà de 30 en 1 c.d.m. Face frontale non ou à peine renflée à la partie médiane. Longueur environ 2 à 5 c.d.m. ; largeur des valves 0,4 à 0,6 c.d.m. ; largeur de la face frontale jusqu'à près de 2 c.d.m.

Sur les poteaux etc. des ports. — Non encore signalé.

N. subtilis Grun.! (Arct. Diat. p. 95. — Atl Pl. LXVIII. fig. 7 et 8. — in Types Nos 165 et 190.)

Valves très-étroitement lancéolées, insensiblement atténuées jusqu'aux extrémités. Carène à 7 à 10 points en 1 c.d.m., les deux médians généralement un peu plus écartés. Stries fines, au nombre de 30 à 32 en 1 c.d.m. Face frontale étroite, à extrémités insensiblement atténuées. Longueur jusqu'à 9 1/2 c.d.m. ; largeur de la valve : environ 1/2 c.d.m. ; de la face frontale : env.. 0,6 c.d.m.

Eaux douces. — Assez commun. (?)

var. paleacea Grun. (Arct. Diat. p. 95. — Atl. Pl. LXVIII. fig. 9 et 10. — in Type No 10.)

Plus petit et plus étroit ; valves atteignant de 2 1/2 à 3 1/2 c.d.m. de longueur, sur 0,3 à 0,4 de c.d.m. de largeur. Carène à 12 à 14 points en 1 c.d.m. Stries très-fines.

Eaux douces et saumâtres. — Commun. (?)

N. Palea (Kütz.) W. Smith. (Brit. Diat. II. p. 89. — Atl. Pl. LXIX. fig. 22. b. et 22. c. — in Types Nos 165. 196. 343 et 479. — variétés diverses : Types Nos 411 et 413.)

Diffère du précédent, par des valves plus linéaires-lancéolées, à extrémités courtement rostrées ; 10 à 12 points carénaux, les médians non écartés et 33 à 36 stries en 1 c.d.m. Face frontale linéaire-lancéolée, à extrémités arrondies ou tronquées. Longueur : 2 1/2 à 6 1/2 c.d.m. Largeur des valves environ 1/2 c.d.m.

Eaux douces. — Très-commun.

var. debilis. (Atl. Pl. LXIX. fig. 28 et 29. — Type. No 412.)

Valves un peu plus étroites.

var. tenuirostris. (Atl. Pl. LXIX. fig. 31.)

Extrémités à rostre étroit, assez long.

St Josse ten Noode (Delogne).

var. fonticola Grun. (Atl. Pl. LXIX fig. 15 et 20. — in Type No 148.)

Valves lancéolées, à rostre bien marqué. 14 à 15 points carénaux et 28 à 30 stries en 1 c.d.m. Longueur : 1 à 3 c.d.m. Largeur des valves 3 1/2 à 4 millièmes de millimètre.

Eaux douces. — Bruxelles (Delogne).

N. microcephala Grun.! (Arct. Diat. p. 96. — Atl. Pl. LXIX. fig. 21. — in Type No 12.)

Très-petit ; valves lancéolées-linéaires, à extrémités rostrées-capitées ; 12 à 13 points carénaux et 33 stries en 1 c.d.m. Longueur 1 à 1 1/2 c.d.m. ; largeur des valves env. 0.3 c.d.m.

Eaux douces.

van. elegantula. (Atl. Pl. LXIX. fig. 22 a.)

Valves plus régulièrement linéaires ; 12 points carénaux et 26 stries en 1 c.d.m.

Eaux saumâtres. — Blankenberghe.

N. communis Rabenh. (Alg. 949.—Grun. Arct. Diat. p. 97. —Atl. Pl. LXIX. fig. 32. — Type N° 219.)

Valves un peu allongées, à extrémités brusquement diminuées, non rostrées. Points carénaux très-marqués, environ 10 à 11 en 1 c.d.m. Longueur 2 1/2 à 3 1/2 c.d.m. Largeur des valves 1/2 c.d.m. ; largeur de la face frontale 0,8 de c.d.m.

Eaux douces. — Commun.

var. abbreviata Grun. (Atl. Pl. LXIX. fig. 35. — in Type N° 144.)

Très-petite et assez large, 12 à 14 points carénaux et 30 stries en 1 c.d.m. Longueur 0.6 à 1,3 c.d.m. Largeur 0,25 à 0,3 c.d.m.

Eaux saumâtres. Sur les pilotis de l'Escaut à Anvers.

var. obtusa Grun. (Atl. Pl. LXIX. fig. 33 et 34.)

Valves lancéolées, à extrémités retrécies, subrostrées, tronquées.

Eaux douces.

N. amphibia Grun.! (Arct. Diat. p. 98. — Atl. Pl. LXVIII. fig. 15. 16 et 17. — Type N° 408.)

Valves longuement linéaires ou lancéolées et courtes, à extrémités diminuées-subrostrées. 7 à 8 1/2 gros points carénaux et 16 à 17 stries très-visibles en 1 c.d.m. Longueur, 2 à 4 1/2 c.d.m. Largeur des valves environ 1/2 c.d.m.

Eaux douces. — Commun.

N. Frustulum (Kütz.) Grun.! (Arct. Diat. p. 98. — Atl. Pl. LXVIII. fig. 28 et 29. — Type N° 410 *var. tenella.*)

Valves étroitement lancéolées ou linéaires, à 9 à 11 points carénaux et 20 à 22 stries en 1 c.d.m. Longueur 2 à 4 c.d.m. Largeur environ 1 c.d.m.

Eaux saumâtres. — Non encore signalé.

var. minutula. (Atl. Pl. LXIX. fig. 5.)

Petit, trés-étroitement linéaire, avec 12 à 12 1/2 points carénaux et 30 à 31 stries en 1 c.d.m.

Groenendael (Delogne).

var. perpusilla Rabenh. (Atl. Pl. LXIX. fig. 8.)

10 à 12 points carénaux et 23 à 24 stries en 1 c.d.m. Frustules souvent réunis en bandes courtes.Longueur 1 1/2 à 4 1/3 c.d.m.Largeur des valves env. 0,4 de c.d.m.

Commun.

N. Delognei Grun.! (in Types du Syn. N° 106. — Atl. suppl. fig. 38.

Valves lancéolées-linéaires, un peu rostrées-apiculées. Points carénaux non distincts ; stries transversales environ 19 en 1 c.d.m., fortement ponctuées. Largeur de la valve environ 1 1/2 millièmes de mill. Longueur: environ 1 1/2 c.d.m.

Eaux douces. — Bruxelles (Delogne).

On pourrait à première vue prendre cette espèce pour un *Synedra* qui n'aurait pas de trace de pseudo-raphé.

Groupe 22. NITZSCHIELLA Rabenhorst.

Valves à carène très-excentrique et à extrémités longuement rostrées.

ANALYSE DES ESPÈCES.

Valves se terminant insensiblement en rostre ; stries transversales très-visibles. . . . **N. Lorenziana.**
Valve se terminant brusquement en rostre ; stries non ou à peine visibles { Rostres plus longs que la valve. Espèce d'eau salée . **N. longissima.**
Rostres moins longs que la valve. Espèce d'eau douce. **N. acicularis.**

N. longissima (Bréb.) Ralfs. (in Pritch. p. 783. — Atl. Pl. LXX. fig. 1 et 2.)
Valves lancéolées, à rostres excessivement longs et égalant ou dépassant la longueur de la valve. Carène très-excentrique à 6 à 12 points en 1 c.d.m. Stries env. 16 en 1 c.d.m., excessivement faibles et difficiles à voir. Longueur : atteint jusqu'à 50 c.d.m. ; largeur de la valve 0,4 à 0,8 de c.d.m.
Marin. — Non signalé.

forma parva. (Atl. Pl. LXX. fig. 3.)
Petit et atteignant à peine 12 à 13 c.d.m.

var. Closterium. (*N. Closterium W.Sm.* — Atl. Pl. LXX. fig. 5. 7 et 8. — Type N° 416.)
Se distingue du type par ses rostres courbés du même côté en croissant. Longueur moyenne 26 à 32 c.d.m.
Saumâtre. — Blankenberghe.

N. acicularis W. Sm. (Brit. Diat. p. 43. Pl. XV. fig. 122. — Atl. Pl. LXX. fig. 6. — Type N° 415.)
Valve lancéolée, à rostre plus court que la valve. Points carénaux 18 en 1 c.d.m. Stries non visibles, à peine en voit-on des traces aux bords de la valve. Longueur 6 à 7 c.d.m.
Eaux douces. — Bruxelles (Delogne), Anvers, etc.

N. Lorenziana Grun. ! (Arct. Diat. p. 101. — Atl. Pl. LXX. fig. 12.)
Valve très-étroitement lancéolée, insensiblement atténuée en rostres courbés, à extrémités dirigés en sens opposé. Points carénaux 6 à 7 en 1 c.d.m., très-visibles jusqu'à l'extrémité des rostres ; stries 13 1/2 à 14 en 1 c.d.m. au milieu de la valve et très-visibles, devenant moins visibles et plus serrées (20 en 1 c.d.m.) vers les extrémités de la valve. Longueur 13 à 19 c.d.m. Largeur des valves 0,6 à 0,7 de c.d.m.
Saumâtre. — Non encore signalé.

var. incurva Grun. — (Atl. Pl. LXX. fig. 13. et 14.)
Petit, se plaçant souvent dans une position telle (fig. 13 b.) qu'il paraisse tout à fait droit. 6 à 7 points carénaux en 1 c.d.m. Stries moyennes 14 1/2, terminales 18 à 20 en 1 c.d.m. Longueur 5 à 6 c.d.m. ; largeur des valves environ 1/2 c.d.m.
Marin. — Entre des oscillaires sur les poteaux du port d'Ostende (Grunow).

CYLINDROTHECA Rabh. 1859.

Frustules fusiformes munis de 2 à 3 lignes (carènes ?) disposées en spirale et montrant des points (carénaux ?) juxtaposés.

Une espèce:

C. gracilis (**Bréb.**) **Grun.!** (*Ceratoneis Bréb. — Nitzschia Taenia W. Sm.— Cylindrotheca Gerstenbergeri Rab.* — Atl. Pl. LXXX. fig. 2. — Type N° 417.)

Frustule devenant brusquement fusiforme ; ligne spiralée à 20 à 22 points allongés en 1 c.d.m. Longeur environ 7 à 8 c.d.m.

Eaux douces. — Bruxelles (Delogne), Anvers.

SURIRELLA Turpin 1827.

Valves cunéiformes, réniformes, elliptiques ou linéaires, parfois tordues ; ayant un pseudo-raphé linéaire ou lancéolé ; munies de côtes courtes ou atteignant le pseudo-raphé, et d'une carène submarginale plus ou moins grande ; pseudo-raphé parallèle dans les deux valves. Face frontale montrant des ailes produites par la carène saillante.

Endochrôme formé de deux lames, chacune d'elles reposant à plat, par le milieu, sur le côté interne des valves.

ANALYSE DES ESPÈCES.

Valves planes.	Valves montrant des côtes robustes sur toute leur longueur et atteignant la ligne médiane.	Les deux extrémités également coniques				**S. biseriata.**
		Valve ovale, l'une extrémité aiguë, l'autre obtuse.	Stries n'atteignant pas le pseudo-raphé. Taille très-considérable.			**S. elegans.**
			Stries atteignant le pseudo-raphé.	Côtes ne laissant libre qu'un pseudo-raphé très-étroit		**S. Gemma.**
				Côtes laissant près du pseudo-raphé un espace strié assez large.	Valve longuement ovale; ailes très-robustes, plus ou moins rapprochées de la zone connective. . . .	**S. robusta.**
					Valve largement ovale; ailes bien visibles, tout à fait marginales .	**S. striatula.**
	Côtes marginales ou s'affaiblissant vers le centre de la valve.	Côtes très-robustes sur le bord des valves, s'affaiblissant vers la partie moyenne. Espèce marine. Très-robuste				**S. fastuosa.**
		Côtes marginales ou devenant très-délicates vers la partie centrale de la valve. Espèce d'eau douce ou saumâtre. Assez délicate.				**S. ovalis.**
Valve tordue autour du pseudo-raphé. Frustule en 8 de chiffre						**S. spiralis.**

I. Valves planes.

A. Valves montrant des côtes robustes sur toute leur longueur et atteignant la ligne médiane.

a. Les deux extrémités de la valve également coniques.

S. biseriata Bréb. (Alg. Falaise. Pl. VII. — Atl. Pl. LXXII. fig. 1. 2. et 3. — Type Nos 420 et 421).

Valve largement lancéolée, à extrémités parfois un peu subrostrées, subobtuses, à côtes robustes, les médianes droites, les terminales radiantes.

Pseudo-raphé à aire hyaline plus ou moins large et plus ou moins lancéolée. Stries très-délicates. Face frontale linéaire-oblongue, à angles arrondis, montrant la carène ailée robuste. Longueur : 10 à 17 c.d.m.

Eaux douces. — Assez commun.

aa. Valve ovale, l'une des extrémités plus ou moins aiguë, l'autre obtuse.

S. elegans Ehr. (Verb. p. 136. T. III. 1. fig. 22. — Atl. Pl. LXXI. fig. 3. — Type N° 419.)

Valve plus ou moins largement ovale, très-grande, à ligne médiane étroite, entourée d'une aire hyaline, lancéolée, large, à côtes assez fortes, au nombre d'environ 1 1/2 en 1 c.d.m. ; stries fines, excessivement délicates, au nombre de 22 en 1 c.d.m. Face frontale cunéiforme, à extrémités obtuses, arrondies, à ailes assez robustes, très-rapprochées du bord. Longueur 18 à 22 c.d.m.

Eaux douces. — Bruxelles (Del.).

S. robusta Ehr. (M. b. 1840. p. 215. — Mikr. XV. fig. 43. *Surirella nobilis. W. Sm.* — Atl. Pl. LXXI. fig. 1 et 2. — Type N° 418.)

Diffère de l'espèce précédente, par sa taille plus considérable, l'absence d'aire hyaline autour de la ligne médiane, les côtes plus robustes, les stries mieux marquées et par les ailes rapprochées de la zone connective.

Eaux douces. - Le type n'a pas encore été signalé en Belgique.

var. splendida (*Nav. ? splendida Ehr.* Inf. T. XIV. p. I. *S. splendida Kütz.* — Atl. Pl. LXXII. fig. 4. — Type N° 422.)

Se distingue du type par ses dimensions plus faibles et ses côtes plus longues, se rapprochant davantage de la ligne médiane.

Eaux douces. — Assez fréquent.

var. tenera. (*S. tenera Greg.* — in Type N° 62, rare).

Diffère de la var. précédente par sa forme plus étroite et ses ailes moins marquées.

Eaux douces. — Frahan (Del.).

S. striatula Turpin. (Mem. du. Mus. d'hist. Nat. XVI.— Atl. Pl. LXXII. fig. 5. — Type N° 423.)

Valve largement ovale, à côtes robustes, distantes, environ 1 en 1 c.d.m., atteignant la ligne médiane ; stries assez visibles, environ 14 en 1 c.d.m. Face frontale très-cunéiforme, montrant des ailes peu robustes tout à fait marginales. Longueur : 10 à 16 c.d.m.

Marin et saumâtre. — Blankenberghe, Anvers (Escaut).

var. biplicata Grun. (Atl. Pl. LXXII. fig. 6.)

Présentant un pli longitudinal vers la partie médiane.

Anvers (Escaut, P. Gaut.) — Très-rare.

S. Gemma Ehr. (Abh. 1840. p. 76. T. IV. fig. 5. — Atl. Pl. LXXIV. fig. 1. 2 et 3. — Type N° 433.)

Valve plus ou moins longuement ovale, à côtes peu distantes, environ

2 à 3 en 1 c.d.m., atteignant la ligne médiane qui est étroite ; stries fines, transversales, au nombre de 20 à 21 en 1 c.d.m., se résolvant en perles dans un éclairage convenable. Face frontale fortement cunéiforme, ailes marginales à peine visibles. Longueur environ 7 à 12 c.d.m.

Marin. — Blankenberghe, Anvers (Escaut).

AA. Côtes marginales ou devenant graduellement plus faibles.

a. Côtes très-robustes sur le bord des valves.

S. fastuosa Ehr. (Abh. 1841 p. 19. — Atl. Pl. LXXIII fig. 18. —Types N° 432.)

Valves largement ovales, à côtes très-robustes au bord, mais diminuant insensiblement de largeur jusqu'au tiers de la valve où elles laissent un espace lancéolé bordé de points allongés, parfois elles continuent dans cet espace, mais en y devenant très-délicates. Pseudo-raphé étroit. Stries délicates, au nombre d'environ 19 en 1 c.d.m. Face frontale cunéiforme, à bords arrondis, montrant des ailes robustes, rapprochées de la zône connective. Longueur 5 à 12 c.d.m.

Marin. — Lavages de moules (Deby).

var. lata. (*S. lata W. Sm.* Atl. Pl. LXXIII. fig. 17.)

Diffère du type par sa taille plus grande et par la constriction médiane des valves.

Non encore signalé.

Les innombrables formes du *S. lata* ont été élevées par certains auteurs au rang d'espèces. Gregory a déjà signalé les formes intermédiaires qui relient le *S. fastuosa* au *S. lata*.

aa. Côtes marginales ou très-délicates au milieu de la valve.

S. ovalis Bréb. (Kütz. Bac. p. 61. T. 30. fig. 64. — Atl. Pl. LXXIII. fig. 2. — Type N° 425.)

Valve ovale-elliptique ou oviforme, à côtes marginales courtes, étroites, au nombre de 5 en 1 c.d.m. Pseudo-raphé étroit. Stries assez délicates, au nombre de 18 en 1 c.d.m. Face frontale faiblement cunéiforme, à ailes peu visibles. Longueur 5 à 8 c.d.m.

Eaux douces et saumâtres. — Bruxelles (Del.), Anvers.

var. Crumena. (*S. Crumena Bréb.* !. — (Atl. Pl. LXXIII. fig. 1. — Type N° 421.)

Valve presque disciforme. Pseudo-raphé très-étroit.

Eaux douces et saumâtres. —Anvers, commun dans l'Escaut ; La Hulpe (Brabant Del.).

var. ovata. (*S. ovata Kütz.* — Atl. Pl. LXXIII. fig. 5. 6 et 7. — Type N° 426.)

Plus petit que le type (4 à 5 c.d.m.) et tout à fait oviforme. Dans une forme de l'Escaut (fig. 6 et 7), les côtes se prolongent jusqu'à la ligne médiane en s'amincissant insensiblement.

Mêmes stations. — Assez commun.

var. minuta. (*S. minuta Bréb.* — Atl. Pl. LXXIII fig. 9. 10 et 14. — Type N° 428.)
Encore plus petit que la variété précédente (2 à 3 c.d.m. de long) et plus allongé, à côtes généralement prolongées délicatement jusqu'à la ligne médiane.
Mêmes stations.

var. salina. (*S. salina. W. Sm.* — Atl. Pl. LXXIII. fig 15. — Type N° 431.)
Valves ovales-elliptiques ; côtes 5 à 6 en 1 c.d.m.
Eaux saumâtres. — Anvers dans l'Escaut.

var. angusta. (*S. angusta Kütz.* — Atl. Pl. LXXIII fig. 12. — in Type N° 430.)
Valve très-étroitement ovale-linéaire ou parfois panduriforme, à extrémités arrondies. Longueur 3 à 5 c.d.m.
Eaux douces. — Koeckelberg (Del.).

var. pinnata. (*S. pinnata W. Sm.* — Atl. Pl. LXXIII fig. 13. — Type N° 429.)
Valve linéaire-étroite, à extrémités cunéiformes. Longueur moyenne 4 à 5 c.d.m.
Eaux douces. — Laeken (Del.)

Toutes ces formes qui se relient les unes aux autres ne peuvent être séparées spécifiquement.

B. Valves tordues, raphé des deux valves parallèles.

S. spiralis Kütz. (Bac. Pl. III. fig. 64. — *Campylodiscus spiralis W. Sm.* Syn. p. 29. Pl. VII. fig. 54. *S. flexuosa Ehr.* Amer, 1843. p. 136. J. III, 1-20 *S. torta Bréb.* — Atl. Pl. LXXIV. fig. 4. 5. 6 et 7. — Type N° 434.)
Valve elliptique-lancéolée, tordue autour de l'axe longitudinal ; côtes robustes, 2 à 3 en 1 c.d.m., allant jusque près de la ligne médiane ; stries fines, mais bien marquées, environ 26 à 28 en 1 c.d.m. ; ça et là, surtout le long des côtes, de grosses ponctuations éparses. Frustule tordu en 8 de chiffre, à zone connective assez large, montrant bien les ailes, à raphé parallèle et superposé dans les deux valves. Longueur 10 à 13 c.d.m.
Eaux douces. — Assez rare : Dieghem (Del.) Anvers.

CAMPYLODISCUS Ehr. 1841.

Valves circulaires, munies de côtes ordinairement courtes. Frustules courbés en selle, à lignes médianes des deux valves opposées en croix.

La valve est parfaitement circulaire, mais elle parait être irrégulièrement circulaire par suite de sa courbure.

Endochrôme comme dans les *Surirella*.

ANALYSE DES ESPÈCES.

I. Côtes distinctes plus ou moins longues.
A. Valve ne montrant pas de pseudo-raphé ; partie centrale occupée par un espace subquadrangulaire grossièrement ponctué. . . . . C. Noricus.
AA. Valve à pseudo-raphé distinct :
Côtes non interrompues par un sillon. Structure rappelant celle du *Surirella fastuosa* . C. Thuretii.
Côtes interrompues par un sillon. Sillon très-étroit. Valve très-petite . . . . C. parvulus.
Sillon très-large. Valve très-grande. . . . . C. Clypeus.
II. Côtes à peine indiquées au bord de la valve qui est entièrement couverte de stries très-grossièrement ponctuées. C. Echeneis.

I. Côtes distinctes plus ou moins longues.

A. Valves ne montrant pas de pseudo-raphé.

C. Hibernicus Ehr. (Mik. Pl. XV. A. fig. 9.— *C. Costatus W. Sm.* — Atl. Pl. LXXVII. fig. 3. — Type N° 440.)

Valve paraissant irrégulièrement circulaire, munie de côtes (1 1/2 à 2 en 1 c.d.m.) très-robustes au bord, mais s'amincissant graduellement vers la partie centrale de la valve où elles laissent un espace subquadrangulaire ponctué ; stries fines, intercostales, accompagnées de gros points éparpillés surtout le long des côtes. Frustule très-courbé ; zone connective assez large, bordée de grosses aréoles produites par le commencement des côtes. Diamètre environ 10 c.d.m.

Eaux douces. — Assez rare et peu abondant : Louvain (P. Gaut.) ; Anvers.

var. Noricus. (*C. Noricus Ehr.* — Atl. Pl. LXXVII. fig. 4. 5 et 6. — Type N° 441.)
Côtes plus rapprochées (2 à 3 en 1 c.d.m.) que dans le type.
Eaux douces. — Rare : Rouge-cloître (Delogne).

AA. Valves à pseudo-raphé distinct.

b. Côtes non interrompues par un sillon.

C. Thuretii Bréb. (Diat. Cherbourg Pl. 1 fig. 3. — Atl. Pl. LXXVII. fig. 1. — Types N°s 438 et 439.)

Valve paraissant irrégulièrement circulaire ou largement ovoïde, à grosses côtes robustes (2 à 3 en 1 c.d.m.) devenant brusquement plus étroites vers la partie centrale de la valve qui est couverte de stries délicates transversales, environ 10 en 1 c.d.m., interrompues par le pseudo-raphé de chaque côté, à une petite distance de celui-ci, par un sillon parallèle à lui. Valve rappelant la structure du *Surirella fastuosa.* Diamètre env. 5 c.d.m.

Marin. — Rare : Blankenberghe. Lavage de moules (Deby.)

Remarques : Quelques micrographes pensent que le *C. Thuretii* et le *C. simulans* de Gregory sont une forme du *Surirella fastuosa Ehr.* (*de Bréb.* in *Remarques et additions.*

bb. Côtes interrompues par un sillon.

C. parvulus W. Sm. (Diat. I. p. 30. VI. fig. 56. — Atl. Pl. LXXVII. fig. 2.)

Valve petite, circulaire, à côtes assez faibles, environ 4 en 1 c.d.m., interrompues vers les 2/3 de leur longueur par un sillon très-étroit. Pseudo-raphé assez large. Stries intercostales très-délicates, finement ponctuées. Diamètre : env. 4 c.d.m.

Marin. — Rare : Anvers (Escaut) ; Blankenberghe.

C. Clypeus Ehr. (Mikr. X. I. 1. — Atl. Pl. LXXV. fig. 1. — Type N° 435.)

Valve très-grande, régulièrement circulaire, à côtes (au nombre de 1 1/2 en 1 c.d.m.) n'occupant environ que la moitié du rayon, interrompues de deux côtés par un sillon (inflexion de la valve) très-large. Partie centrale de la valve occupée par de grosses ponctuations disposées irrégulièrement, interrompues par un pseudo-raphé assez large et circonscrites par une deuxième dépression large de la valve. Stries intercostales au nombre de 21 en 1 c.d.m., formées de ponctuations allongées et accompagnées de grosses ponctuations disposées sur tout le long des côtes. Diamètre : env. 20 c.d.m.

Eaux saumâtres. — Ostende (Grunow), Heyst (Deby).

II. Côtes à peine indiquées sur le bord des valves.

C. Echeneis (Ehr.) (*Coronia Echeneis Ehr.* Ber. 1841. — *C. cribrosus W. Sm.* — Atl. Pl. LXXVI fig. 1 et 2. — Type N° 437.)

Valve paraissant irrégulièrement circulaire, à côtes à peine indiquées au bord, remplacées sur le restant de la longueur par des rangées, en nombre très-variable, de grosses perles allongées. Pseudo-raphé indiqué par un espace blanc plus ou moins large. Diamètre : 8 à 14 c.d.m.

Eaux douces et saumâtres. — Lavage de moules (Deby), Anvers (Escaut). — Très rare.

SOUS-FAMILLE III.

CRYPTO-RAPHIDÉES.

Frustules à face valvaire généralement circulaire, subcirculaire ou angulaire, plus rarement elliptique, ovale ou bacillaire.

- **fréquemment . .** très-développés dans la face frontale et filamenteux ; *ou* avec des appendices, des dents, des épines, des piquants, *ou* plus au moins hyalins *ou* irréguliers, *ou* munis de côtes transversales dans la face frontale.
- **jamais . . . . .** avec un espace central *linéaire* blanc (hyalin) ou un véritable raphé sur les valves.

Toutes les Crypto-raphidées ont un endochrôme granuleux ; dans les formes cylindriques les granules sont épars à la surface interne des valves ; dans les formes discoïdes ou analogues, les granules rayonnent autour d'un point central.

ANALYSE DES TRIBUS.

Frustules cylindriques ou aplatis. Valves semblables, terminées par une calyptra (coiffe) munie d'une pointe en forme de soie de porc. . . . . **Chætocérées.**
Frustules non ainsi . . . . **1.**

1 Frustules à valves dissemblables ou généralement lisses ; munies de piquants, cornes (appendices allongés), épines ou soies, qui, dans les formes fossiles, sont parfois imparfaites ou manquent ; frustules souvent imparfaitement siliceux. Valves sans côtes radiales ou celluleuses . . . . **Chætocérées.**
Frustules non ainsi. . . . . **2.**

2 Frustules imparfaitement siliceux, réunis en séries distantes; zone connective plus ou moins turgide. Valves angulaires, ayant une longue épine centrale . . . . **Chætocérées.**
Frustules non ainsi . . . . **3.**

3 Valves avec un seul pseudo-nodule marginal ou submarginal. . . . . . . **Coscinodiscées.**
Valves non ainsi . . . . **4.**

4 Valves en forme de lune; ni cloisonnées transversalement ni munies de côtes. . . **Coscinodiscées.**
Valves non ainsi . . . . **5.**

5 Valves un peu hispides avec des lignes sinuées-réticulées (non rayonnées). . . . **Coscinodiscées.**
Valves non ainsi. . . . . **6.**

6 Valves un peu lisses (hyalines), à lignes radiantes (rayons linéaires non terminés par une épine) ; rayons en nombre défini (peu nombreux). Frustules à face frontale conique ou apiculée. . **Astérolamprées.**
Valves non ainsi. . . . . **6.**

7 Valves circulaires ou angulaires, à face frontale non fortement développée (à centre [obscurément] réticulé et muni de points apparents semblables à des pores), sans appendices marginaux, mais ayant parfois des épines marginales ou submarginales. . . . . 12.
Valves non ainsi . . . . 8.

8 Frustules à face frontale cunéiforme ou montrant des *ocelli*, des appendices ou des tubercules, généralement en petit nombre et saillants dans la face frontale (non des épines seules) . . . . 11.
Frustules non ainsi . . . . 9.

9 Frustules à face valvaire cylindrique ou ovale ; face frontale plus ou moins quadrangulaire ; extrémités un peu prolongées en appendices obscurs. . . . . 11.
Frustules non ainsi . . . . 9bis.

9 bis Frustules cloisonnés transversalement ou munis de côtes, cunéiformes, angulaires ou subangulaires . . 11.
Frustules non ainsi. . . . . 10.

10 Frustules cohérents ; face frontale généralement très-développée et cylindrique ; fortement siliceux. Valves rarement hyalines ; dissemblables ou elliptiques et sans ligne médiane, parfois apiculées ou coniques ou avec un nodule central particulier (épine) ; ou ombilic lisse, ponctué ou celluleux ; ayant fréquemment des épines marginales ou submarginales. Frustules cohérents ou bien par des lignes suturales lisses, ou bien par des dents ou des épines marginales ou enfin par une épine centrale ou un court coussinet central. **Mélosirées.**
Frustules et valves non ainsi. 12.

11 Frustules non fortement développés dans la face frontale ; généralement circulaires (libres), rarement angulaires ; ni en forme de lune, ni cunéiformes. . . . . **Eupodiscées.**
Tous autres filamenteux à face frontale généralement très-développée . . . . . **Biddulphiées.**

12 Disques valvaires plus ou moins ondulés, divisés en compartiments réguliers, généralement alternativement sombres et éclairés ; souvent avec des dents ou des épines marginales ou submarginales. **Héliopeltées.**
Valves non ainsi. . . . . 13.

13 Valves hyalines avec des lignes ombilicales. . . . . **Astérolamprées.**
Valves non ainsi. . . . . 14.

14 Valves avec rayons linéaires définis, irréguliers, flexueux ou bifurqués ; non hispides et sans épines marginales . . . . **Astérolamprées.**
Valves non ainsi. . . . . 15.

15 Valves hyalines, rayons définis ne touchant pas le bord . . . . **Astérolamprées.**
Valves non ainsi. . . . . 16.

16 Valves ayant des rayons spathulés, cordiformes ou deltoïdes, dont la base forme souvent une aire centrale hyaline . . . . **Astérolamprées.**
Valves non ainsi. . . . . 17.

17 Valves avec grands espaces marginaux, hyalins, larges, qui ne sont ni circulaires ni hexagonaux. **Astérolamprées.**
Toutes autres, à face frontale angulaire, ovale, circulaire ou en forme de lune . . **Coscinodiscées.**

TRIBU IX. — CHÆTOCÉRÉES.

Frustules annelés, cohérents, allongés ; bouts semblables, calyptriformes ; terminés par une épine ou un mucron ; souvent imparfaitement siliceux. . . . . **Rhizosolenia.**
Frustules non ainsi . . . . 1.

1 Frustules munis de deux ou plusieurs cornes (appendices allongés, non simplement des épines). Valves fréquemment dissemblables . . . . 2.
Frustules lisses ou munis de soies, d'épines ou de piquants. . . . . 3.

2 Frustules comprimés, à portion suturale étroite ; cornes souvent ramifiées ou bifurquées ; parfois mucronées. Valves et cornes parfois munies d'épines courtes éparpillées ; cornes parfois courtes, obtuses (mamelons). **Dicladia.**
Frustules allongés ; cornes mucronées. Valves dissemblables, généralement l'une des valves n'a qu'une corne (ou appendice), tandis que l'autre en a deux. . . . . **Syringidium.**

3 Une seule valve épineuse ; épines souvent longues et parfois ramifiées. . . . . . **Syndendrium.**
Frustules non ainsi. . . . . **4.**

4 Valves angulaires ; épine centrale ; portion suturale plus ou moins turgide (imparfaitement siliceuse) ; valves ayant une série de granules radiants. Frustules unis en série à individus distants . . . **Ditylum.**
Valves non ainsi. . . . . **5.**

5 Epines (soies ?) marginales sur les deux valves. Valves dissemblables, le plus souvent hyalines. **Hercotheca.**
Toutes autres formes, valves fréquemment munies de piquants ou à petites épines éparpillées, ou dissemblables, hyalines ou imparfaitement siliceuses ; ou frustules composés ; piquants fréquemment absents dans les formes fossiles ; valves restantes entièrement lisses. . . . . **Chætoceros.**

RHIZOSOLENIA Ehr. 1843.

Frustules annelés, cohérents, allongés, à extrémités semblables, calyptriformes, terminés par une épine ou un mucron.
Frustules souvent imparfaitement siliceux.

ANALYSE DES ESPÈCES.

Frustule terminé par des pointes courtes, raides . . . . **R. styliformis.**
Frustule terminé par des pointes longues, flexibles. . . . . **R. setigera.**

R. styliformis Brightw. (Mic. Journ. VI. p. 94. pl. 5. fig. 5. — **Atl. Pl. LXXVIII. fig. 1 à 5. — Pl. LXXIX. fig. 1. 2 et 4. — Type N° 442.**)

Frustule subcylindrique, environ 6 à 20 fois aussi long que large, formé d'articles distincts, à surface couverte de stries décussées, au nombre d'environ 20 en 1 c.d.m., terminé par un appendice calyptriforme spatulé, bifide à la base, à partie supérieure finissant en pointe droite raide. Largeur du frustule de 2 à 4 c.d.m. Longueur très-variable.

Marin. — Assez rare. — Blankenberghe, 2e bassin.

R. setigera Brightw. (Mic. Jour. VI. p. 94. pl. 5. fig. 6. — **Atl. Pl. LXXVIII. fig. 6 et 8.**)

Frustule subcylindrique, environ 5 à 15 fois aussi long que large, à articles visibles seulement dans la lumière oblique. Stries excessivement délicates ; appendice calyptriforme terminé par une très-longue soie délicate généralement courbée. Largeur du frustule 1 1/2 à 2 c.d.m. — On ne trouve habituellement que des fragments.

Marin. — Rare. — Blankenberghe, 2e bassin.

CHÆTOCEROS Ehr. 1844. Char. emend.

Valves convexes, elliptiques ou circulaires, munies de piquants très-allongés. Frustules réunis en un long filament cylindrique.

Sous Genre I. CHÆTOCEROS.

Valves elliptiques, à piquants non disposés en cercle sur le bord de la valve.

Ch. armatum West. (Trans. mic. Soc. VIII. fig. 151. t. VII. fig. 12. — Atl. Pl. LXXXI. fig. 1. 2. 3 et 4. — Type N° 446.)

Valve elliptique, ayant à chaque extrémité un long piquant, à extrémité obtuse-élargie, entouré à la base de quelques piquants aigus, beaucoup plus courts. Face frontale du frustule quadrangulaire-allongée. Frustule à peine siliceux, de grandeur très-variable et ayant de 3 à 6 c.d.m. de largeur.

Marin. — Trouvé en abondance sur le sable de la plage à Blankenberghe, où les flots le laissent parfois sous formes de longues raies brunâtres.

Ch. Wighamii Brigthw. (Mic. Journ. IV. p. 108. pl. VII. fig. 19 à 36. — Atl. Pl. LXXXII. fig. 1.)

Valve convexe, ovale, couverte de petites épines, ayant à chaque bout deux très-longs piquants aigus. Frustules réunis en un long filament. Valve longue (dans l'individu observé) de 2 1/2 c.d.m. sur 2 c.d.m. de largeur.

Marin. — Très-rare. — Blankenberghe, dans le 2e bassin.

Sous Genre II. BACTERIASTRUM.

Valve circulaire portant sur les bords une couronne de longs piquants.

Ch. (Bacteriastrum) varians Lauder. (Trans. Mic. Soc. 1865. p. 6.— *Actiniscus Ehr.* — Atl. Pl. LXXX. fig. 3. 4 et 5. — Type N° 445.)

Valve circulaire, couverte de granulations plus ou moins éparses, montrant un point médian bien distinct et portant sur ses bords une couronne de longs piquants en nombre variable ; à extrémité souvent ondulée, tantôt droits, bifurqués dans les individus de la partie médiane du filament, simples et plus ou moins courbés dans les individus terminaux. Frustules réunis par une vingtaine en un filament.

Marin. — Rare. — Blankenberghe, 2e Bassin.

NOTE. Les formes pour lesquelles Ehrenberg a constitué le genre *Actiniscus*, n'étaient pas des Diatomées et les auteurs subséquents qui ont écrit sur ces formes n'auraient pas dû les admettre dans leur classification. Ehrenberg a rapporté le genre *Bacteriastrum* à son genre *Actiniscus* mais sans avoir aucune raison plausible et il a continué à agir ainsi jusque dans son dernier ouvrage : *Fortsetzung der Mikr. Studien. 1875.* — Toutes les formes de *Bacteriastrum* doivent être ramenées au genre *Chætoceros* (Note de M. Kitton).

DITYLUM Bailey 1861.

Valve angulaire, munie d'une longue épine centrale, à ponctuations radiantes. Frustules distants, faiblement siliceux, à côtés ondulés.

ANALYSE DES ESPÈCES.

{Stries excessivement fines ; valves non bordées de dentelures. . . . . D. **intricatum.**
{Stries bien marquées ; valves bordées de dentelures. . . . . D. **Brightwellii.**

D. Brightwellii (West.) Grun. (*Triceratium Brightwellii* West. Trans.Mic. Soc. VIII. p. 149. pl. 8. fig. 1. 5 et 8. — *D. trigonum et inæquale Bail.* — *Triceratium undulatum Brightw.* Mic. J. VI. p. 153. pl. VIII.— Atl. Pl. CXIV. fig. 4, 8 et 9. — in Type N° 529.)

Valve triangulaire ou tétrangulaire, à côtés droits ou ondulés, munie de petites épines, à centre un peu relevé et portant une longue épine entourée d'une petite aire hyaline étroite ; stries rayonnantes (au nombre de 12 en 1 c.d.m., au bord de la valve), à ponctuations bien distinctes. Face frontale à membrane connective paraissant lisse. Largeur du côté du frustule : environ 3 1/2 à 4 1/2 c.d.m.

Marin. — Rare. — Blankenberghe.

D. intricatum (West.) Grun. (*Triceratium intricatum.* West. Trans. Mic. Soc. VIII. p. 148. pl. 7. fig. 5. — Atl. Pl. CXIV. fig. 2.)

Valve triangulaire, à angles relevés, à bord triondulé, dépourvues de dentelures ; centre à épine assez courte ; stries radiantes, très-fines, environ 20 en 1 c.d.m. au bord de la valve. Frustules distants, unis en filament. Longueur du côté du frustule : environ 6 c.d.m.

Marin. — Très-rare. — Blankenberghe, 2e bassin.

NOTE. Ces deux *Ditylum* sont probablement des formes d'une seule espèce.

TRIBU X. — MÉLOSIRÉES.

{Frustules apiculés (les extrémités des bords s'amincissant en pointe), non rayonnés . . . . . **1.**
{Frustules non ainsi . . . . **2.**

1 {Frustules cylindriques, apiculés dans la face frontale. Valves dissemblables. . . . . . . **Pyxilla.**
{Frustules non cylindriques, apiculés dans la face valvaire. Valves semblables . . . . . **Peponia.**

2 {Valves avec une épine centrale ou des épines coronales ou éparses ; pas de côtes. Frustules cohérents par les épines. . . . . **Stephanopyxis.**
{Valves et frustules non ainsi. . . . . **3.**

3 {Frustules cylindriques, ayant une denture marginale régulière assez grande et une épine centrale spéciale en agrafe. . . . . **Syndetocystis.**
{Frustules non ainsi. . . . . **4.**

4 {Valves elliptiques ou contractées, ayant des épines ou des dents marginales et un nodule central particulier. **Rutilaria.**
{Valves non ainsi . . . . **5.**

5 {Frustules cylindriques ; bouts d'abord contractés et finalement élargis en un nodule d'union. **Strangulonema.**
{Frustules non ainsi . . . . **6.**

6 { Frust. cylindriques, ayant dans la face frontale, au point d'union, un bord de cellules très-allongées. **Skeletonema.**
{ Frustules non ainsi . . . . **7.**

7 { Valves circulaires, avec des rayons marginaux courbes et de petites dents marginales . **Discosira-Melosira.**
{ Valves non ainsi. . . . . **8.**

8 { Valves un peu hyalines et coniques ou renflées sur la face frontale, ayant des côtes ou des lignes radiantes dans la face valvaire ; extrémités souvent tronquées et épineuses ; intervalles ponctués. **Stephanogonia.**
{ Frustules non ainsi. . . . . **Melosira.**

MELOSIRA Agardh. 1824.

Valves circulaires, planes ou convexes, souvent munies de petites dents à la jonction des frustules qui sont réunis en un filament plus ou moins long.

ANALYSE DES ESPÈCES.

I. Valves simplement ponctuées : MELOSIRA.

* Surface de jonction des frustules convexe.

Valves munies d'une ou de deux carènes saillantes.
- Valves n'ayant qu'une seule carène. Frustules globuleux-elliptiques, généralement en bandes longues. . . . . **M. nummuloides.**
- Valves à deux carènes subconiques. Frustules généralement isolés ou réunis par deux individus. . . . . **M. Westii.**

Valves dépourvues de carène.
- Frustules très-robustes, généralement plus larges que longs, subglobulaires ou disciformes, à valves non rétrécies entre la zone de suture et les extrémités qui sont fortement convexes . . . . **M. Borreri.**
- Frustules rétrécis entre la zone de suture et les extrémités qui sont plus ou moins applaties.
  - Frustule moyennement robuste, généralement à peine plus long que large, à extrémités très-applaties . . . . **M. varians.**
  - Frustule peu robuste, généralement plus long que large, à extrémités très-peu applaties. . . . **M. Jurgensii.**

** Surface de jonction des frustules plane, souvent denticulée.

1 *Frustule montrant un sillon près du bord sutural,*

- Frustule robuste, large. Valve montrant au centre quelques gros granules isolés . . . **M. Roeseana.**
- Frustule plus ou moins étroit, délicat. Valve entièrement couverte de granulations.
  - Frustule ord. à peine plus long que large. Valve à granulations assez fortes. . . . . **M. distans.**
  - Frustule ord. beaucoup plus long que large. Valve à très-fines ponctuations . . . . **M. crenulata.**

2. *Frustule n'ayant pas de sillon de chaque côté de la zone connective.*

- Frustule très-robuste, à parois très-épaisses, beaucoup plus large que long, finement strié ; disque muni de côtes. **M. arenaria.**
- Frustule médiocrement robuste ; disque granulé dépourvu de côtes.
  - Filament formé de frustules allongés, munis de grosses granulations très-visibles. . . . . **M. granulata.**
  - Filament formé de frustules courts, à granulation nulle ou très-délicate et peu visible ; frustule renfermant souvent de. cloisons imparfaites . . . . **M. Dickici.**

II. Valves ponctuées et aréolées : PARALIA.

Une seule forme . . . . **M. sulcata.**

I. Valves simplement ponctuées : MELOSIRA.

* Surface de jonction des frustules convexe.

M. nummuloides (Bory) Agardh. (Syst. Alg. p. 8. — Atl. Pl. LXXXV. fig. 1 et 2. — Type N° 457).

Valve circulaire, très-convexe, munie d'une carène assez élevée, couverte de stries concentriques ondulées, à ponctuations fines (18 à 20 points en 1 c.d.m.), centre lisse. Frustules globuleux, elliptiques, réunis par paires, formant un long filament moniliforme. Diamètre : environ 3 c.d.m.

Marin. — Couvre les pilotis de l'Estacade à Blankenberghe.

M. Westii W. Sm. (Syn. Brit. Diat. II. p. 59. Pl. 52. fig. 333. — Atl. Pl. XCI. fig. 11 et 12. — in Type N° 320.)

Valve circulaire, fortement convexe, munie de deux carènes, l'une marginale, l'autre près de l'extrémité ; carène externe entourée d'un cercle de ponctuations en quinconce, au milieu desquelles se trouve, du côté interne de la carène, un cercle de grosses perles ou petits appendices, inégalement distants, environ 2 en 1 c.d.m., excessivement fines, centre mat. Frustules globulaires ou subconiques, solitaires ou réunis par deux. Diamètre : 3 à 4 c.d.m.

Marin. — Blankenberghe, Anvers (Escaut).

M. Borreri Grev. (Brit. flor. de Hooker. p. 401. — Atl. Pl. LXXXV. fig. 5. 6. 7 et 8. — Type N° 458.)

Valve fortement convexe, à grosses ponctuations, entre lesquelles se trouvent de fines ponctuations irrégulièrement en quinconce, visibles seulement dans l'éclairage oblique, environ 20 séries en 1 c.d.m. ; surface de jonction hyaline montrant parfois quelques points isolés. Frustules géminés, très-robustes, généralement plus larges que long. Diamètre 2 1/2 à 4 c.d.m. Frustules sporangiaux beaucoup plus grands : environ 6 c.d.m.

Marin et saumâtre. — Blankenberghe.

M. varians Ag. (Consp. 1830. p. 64. — Atl. Pl. LXXXV. fig. 10. 11. 14 et 15. — Type N° 459).

Valve circulaire, presque plane, couverte de fines ponctuations, entre lesquelles se trouvent quelques points plus gros. Frustules géminés, à ponctuation fine, entremêlée de quelques points plus gros, avec un rang de grosses perles distantes, submarginales. Zone connective qui renferme les deux frustules finement striée. Frustules sporangiaux, presque globulaires. Diamètre 1 1/2 à 3 1/2 c.d.m.

Eaux douces. — Très-commun.

M. Jurgensii Ag. (Syst. alg. p. 9. — *M. subflexilis W. Sm.* — Atl. Pl. LXXXVI. fig. 1. 2. 3 et 5. — Type N° 460).

Diffère du précédent par ses frustules plus allongés et ses valves plus convexes et fort rétrécies près des bords.

Saumâtre. — Anvers.

var. octogona Grun. ! (in Atl. Pl. LXXXVI. fig. 9. — in Type N° 460.)

Zone connective à pans coupés.

Eaux saumâtres. — Austruweel près d'Anvers. — Mêlé au type.

** Surface de jonction des frustules plane, souvent denticulée.

1. *Frustules montrant un sillon au bord sutural.*

M. Roeseana Rabenh. (Alg. Nos 383 et 504. Sussw. Diat. Pl. X. — *Orthosira spinosa W. Sm.* — Atl. Pl. LXXXIX. fig. 1. 2. 3. 4. 5 et 6. — Type N° 465.)

Valves circulaires, à stries radiantes, ponctuées, à ponctuations devenant de plus en plus fines vers le centre, qui est hyalin et muni de 2 à 5 gros granules ; stries au bord du disque environ 7 en 1 c.d.m. Frustules à valves rétrécies vers le disque, dont les bords sont denticulés et ayant vers le bord sutural un sillon large et profond. Membrane connective très-finement striée, environ 21 stries en 1 c.d.m. Diamètre de la valve : 1 1/4 à 4 1/2 c.d.m. Frustule sporangial presque sphérique.

Sur des mousses, etc. — Frahan (Delogne).

var. spiralis (*Liparogyra spiralis Ehr.* — Atl. Pl. LXXXIX. fig. 7 et 8. — in Type N° 465).

Frustules étroits et très-allongés, munis intérieurement d'une bande spiralée, striée en travers.

Avec le précédent — Très-rare.

M. distans Kütz. (Bac. p. 54. pl. 2. fig. 12. — Atl. Pl. LXXXVI. fig. 21. 22 et 23. — Type N° 461.)

Valve circulaire, à ponctuations assez fortes, éparses. Frustule à valves très-épaisses, à sillon peu large, mais très-profond. Stries 14 en 1 c.d.m.

Eau douce. — Hatrival. (Del.).

var. nivalis (W. Sm.). (*Coscinodiscus minor W. Sm. nec. Kütz.* — Atl. Pl. LXXXVI. fig. 25. 26. et 27. — Type N° 462.)

Valve à ponctuations plus fortes et plus rapprochées.

M. crenulata Kütz. (Bac. p. 35. Pl. 2. fig. 8. — *M. orichalcea W. Sm.* — Atl. Pl. LXXXVIII. fig. 3. 4 et 5. — in Types Nos 401, 481, etc.)

Valve à disque finement ponctué, à ponctuations éparses, à bords montrant les dentelures bien marquées et nombreuses. Frustule beaucoup plus long que large, montrant au bord des valves un sillon peu marqué, strié, à stries généralement un peu obliques, au nombre d'environ 18 en 1 c.d.m., composées de ponctuations un peu allongées. Diamètre 2/3 à 2 c.d.m.

Eau douce. — Probablement peu rare.

forma tenuis. (*M. tenuis Kütz.* — Atl. Pl. LXXXVIII. fig. 9 et 10.)

Diffère du type par la longueur plus considérable des frustules et leur faible diamètre qui n'atteint qu'un 1/2 c.d.m.

Eaux douces. — Non encore observé.

forma Binderiana. (*M. Binderiana Kütz.* — Atl. Pl. LXXXVIII. fig. 1c.)

Frustules excessivement allongés. Longueur égalant 5 à 8 fois le diamètre.

Eaux douces. — Rouge-cloître (Delogne).

Toutes ces formes se rencontrent parfois dans une même récolte et même dans un seul filament, ce ne sont donc que des formes qui ne méritent pas d'être élevées au rang de variété (M. Kitton).

2. *Frustule n'ayant pas de sillon de chaque côté de la zone connective.*

M. arenaria Moore. (in Ralfs. Ann. XII. Pl. IX. fig. 4. — Atl. Pl. XC fig. 1. 2 et 3. — Type N° 468.)

Valve à parois très-épaisse, à disque muni de côtes qui vont en augmentant de largeur et de hauteur, de près du centre à la circonférence où elles simulent des épines ; centre légèrement déprimé et couvert de ponctuations ; côtes environ 6 en 1 c.d.m., engrenant parfaitement avec celles du disque voisin. Frustule plus large que long, finement strié ; stries ponctuées en quinconce (environ 18 séries longitudinales en 1 c.d.m.). Valve à bord sutural muni de côtes sur son épaisseur et dont les extrémités engrènent et simulent deux rangées de perles. (Ces rangées de perles ont été dans la fig. 1 dessinées écartées par suite d'une erreur ; elles doivent se toucher.) Diamètre 6 à 10 c.d.m.

Dans les mousses humides, etc. — Rare ?. — Alle (Delogne), Schooten près d'Anvers (H. Van den Broeck).

M. granulata (Ehr.) Ralfs. (in Pritch. p. 820. — Atl. Pl. LXXXVII. fig. 10. 11 et 12. — Type N° 463.)

Valve à disque à grandes granulations éparses, écartées, faiblement marquées, à bord bien denté. Frustules allongés, à valves marquées de très-grosses granulations fortement marquées, disposées en lignes longitudinales, au nombre de 7 à 9 en 1 c.d.m. Diamètre 1/2 à 1 3/4 c.d.m.

Eaux douces : Bruxelles, Anvers. — Rare ?

var. curvata Grun. (Atl. Pl. LXXXVII. fig. 18.)

Valves très-longues, filament très-étroit, courbé.

Eaux douces : Anvers. — Mêlé au type.

M. Dickiei (Thwaites) Kütz. (Spec. alg. p. 889. — *Orthosira Dickiei Thw.* — Atl, Pl. XC, fig. 10, 12, 15, et 16. — Type N° 469.)

Valves à fines granulations n'occupant que la partie centrale. Frustules courts, à ponctuations très-fines et un rang de ponctuations plus fortes le long de la zone connective. Les frustules typiques sont souvent mélangés d'autres frustules allongés, ellipsoïdes, formés de plusieurs individus incomplètement cloisonnés, emboités les uns dans les autres. Diamètre : 1 1/4 à 1 3/4 c.d.m. Long. des frustules typiques : 1 1/2 à 2 1/2 c.d.m. ; des frustules cloisonnés : jusqu'à 5 à 6 c.d.m.

Eau douce. — Très-rare ? — Frahan (Delogne).

II. Valve ponctuée et aréolée : PARALIA.

M. sulcata (**Ehr.**) **Kütz.** (Bac. p. 55 Pl. 2. fig. 7. *Orthosira marina W. Sm. Paralia sulcata Heib.*— Atl. Pl. XCI. fig. 16. — in Types Nos 470, 490, etc.)

Valve à disque bordé d'une série de grosses perles, alternant avec une série de perles plus petites et plus ou moins visibles et d'un large cercle de fines ponctuations en quinconce. Partie centrale entièrement hyaline (*var. genuina Grun.*) ou portant autour du centre hyalin une série de fines côtes radiantes, plus ou moins longues (*var. radiata Grun. fig.* 16.). Frustule montrant au bord sutural une série de grandes alvéoles allongées, suivies d'alvéoles alternantes plus petites. Diamètre : 3 à 5 c.d.m.

Marin. — Assez rare. — Blankenberghe, Anvers (Escaut).

TRIBU XI. — BIDDULPHIÉES.

	Frustules avec un appendice en forme de goulot ; généralement obliques ; cohérents irrégulièrement. Valves dissemblables	**Isthmia.**
	Frustules non ainsi	**1.**
1	Frustules montrant des côtes transversales dans la face frontale ; côtes plus ou moins capitées, ressemblant à des notes de musique. Valves ayant des côtes transversales, sans épine ou ligne médiane.	**Terpsinoe.**
	Frustules non ainsi	**2.**
2	Frustules à côtes transversales ou scalariformes. Côtes (cloisons) visibles sur la face frontale, non capitées. Valves souvent lunées, zone connective hyaline ou striée	**Anaulus.**
	Frustules non ainsi	**3.**
3	Frustules généralement hyalins ou faiblement siliceux, formant un filament droit ou courbé . . .	**4.**
	Frustules non ainsi.	**6.**
4	Frustules à appendices courts, obtus. Valves dépourvues de piquants.	**5.**
	Frustules munis de piquants robustes	**Lithodesmium.**
5	Filament courbé. Valve à 2 appendices	**Eucampia.**
	Filament droit. Valve à 3-4 appendices.	**Bellerochea.**
6	Appendices souvent allongés, généralement droits, placés à la marge externe sur la face frontale et terminés par une épine ou mucron parfois peu apparent.	**Hemiaulus.**
	Tous autres.	**Biddulphia.**

ISTHMIA Ag. 1830.

Frustules comprimés, trapézoïdaux, à valves munies d'un appendice en forme de goulot, généralement obliques, cohérents irrégulièrement.

I. enervis Ehr. (Inf. p. 209. T. XVI. fig. VI. — Atl. Pl. XCVI. fig. 1, 2 et 3. — Type No 486.)

Valve ovale-elliptique, à grosses cellules irrégulièrement hexagonales placées en séries rayonnantes autour d'un groupe de cellules centrales ;

cellules de l'appendice diminuant insensiblement de grandeur jusqu'au bout. Face suturale allongée trapézoïdale, à appendice bien visible, à partie valvaire ayant 1 et 1/2 rang de cellules en 1 c.d.m.

Membrane connective à cellules en séries longitudinales régulières, plus petites que celles de la valve, environ deux et demi rangs en 1 c.d.m. Longueur de la valve 5 1/2 à 21 c.d.m.

Marin. — Très-rare. — Dans un lavage de moules.

L'Isthmia nervosa Kütz. (Type N° 485.) se distingue du précédent, surtout par ses valves munies de côtes, souvent anastomosées ; il n'a pas encore été trouvé.

ANAULUS Ehr. 1844. Char. emend.

Frustule simple, à face suturale subquadrangulaire, munie de côtes transversales ou scalariformes, non capitées, à zone connective lisse ou finement striée. Valve oblongue, souvent lunée, à bords droits ou ondulés.

Sous-genre : EUNOTOGRAMMA.

Valve à bord dorsal ondulé.

A. debilis (Grun.) H. Van Heurck. (*Eunotogramma Grun.* — in Atl. Pl. CXXVI. fig. 17. 18 et 19.)

Valve à bord ventral droit, à bord dorsal ondulé, munie de 6 à 14 côtes transversales, finement striée, à stries formant des lignes transversales au nombre de 17 à 21 en 1 c.d.m. Longueur 2 3/4 à 4 1/2 c.d.m.

Marin. — Ostende (Grunow).

LITHODESMIUM Ehr. 1840.

Valves triangulaires, à angles renflés, élevés et terminés par un piquant robuste. Frustules à peine siliceux, réunis en un long filament et reliés entr'eux par une membrane celluleuse.

L. undulatum Ehr. (Kreideth p. 75. N° 49. T. IV. fig. XIII. — Atl. Pl. CXVI. fig. 8 à 11. — Type N° 506.)

Valve triangulaire à bords ondulés, à extrémités élevées et terminées par un piquant robuste, simple ou bifurqué ; centre élevé et muni d'une forte épine ; stries délicates (environ 10 à 14 en 1 c.d.m. au bord de la valve), rayonnantes, finement ponctuées. Longueur d'une extrémité à l'autre de la valve : 4 à 6 c.d.m. Face suturale quadrangulaire, à zone connective à stries longitudinales excessivement délicates, environ 20 en 1 c.d.m., interrompues par des lignes hyalines transversales. Frustules réunis en filament et étroitement reliés entr'eux par une membrane marquée de grosses ponctuations en quinconce et formant 10 à 12 stries longit. en 1 c.d.m.

Marin. — Peu rare. — Blankenberghe, dans le 2e Bassin.

EUCAMPIA Ehr. 1839. Char. emend.

Frustules imparfaitement siliceux, cunéiformes, unis en un filament en spirale. Valve elliptique, à appendice faible ou nul.

E. Zodiacus Ehr. (Kreideth. p. 71. N° 41. T. IV. fig. VIII. — Atl. Pl. XCV. fig. 17 et 18. — Pl. XCVbis. fig. 1 et 2.)

Valve elliptique, s'élevant insensiblement vers les extrémités de façon à former deux robustes appendices arrondis, munie d'un pseudo-nodule central, à stries délicates, rayonnantes, finement ponctuées, au nombre d'environ 16 à 18 au bord de la valve. Face suturale cunéiforme, striée dans la partie valvaire, à zone connective montrant quelques plis longitudinaux. Longueur de la valve : 4 à 5 1/2 c.d.m.

Marin. — Rare. — Blankenberghe, 2e bassin.

BELLEROCHEA H. Van Heurck. 1885. Gen. nov.

Frustule à peine siliceux, unis en un long filament étroit laissant entr'eux des ouvertures elliptiques. Valve triangulaire ou quadrangulaire à côtés inégaux profondément excavés, ondulés, à extrémités faiblement relevées en un appendice peu robuste.

B. Malleus (Brightwell.) H. Van Heurck. (*Triceratium Malleus Brightw.* — Mic. Jour. vol. VI. p. 154. — Atl. Pl. CXIV. fig. 1.)

Caractères du genre. Longueur des valves d'un angle à l'autre : 10 c.d.m.

Marin. — Très-rare ? — Escaut à Anvers (Belleroche).

Cette espèce renferme un endochrôme verdâtre ; les valves paraissent tout à fait lisses ; aucun éclairage n'a pu y faire découvrir un détail quelconque. Cette forme est très-voisine des *Eucampia*. Nous nous sommes cru fondés à en faire le type d'un nouveau genre que nous dédions à la mémoire de feu notre excellent ami le Professeur John Belleroche, diatomophile passionné, qui a trouvé le seul spécimen qui est en notre possession. Brightwell qui avait rapporté cette forme au *Triceratium* avait trouvé ses spécimens dans l'estomac de noctiluques.

BIDDULPHIA Gray. 1831.

Frustules libres ou réunis en filaments continus ou en zigzag. Valves elliptiques, suborbiculaires, triangulaires, quadrangulaires, etc ; à bords entiers ou ondulés, ordinairement plus ou moins renflés à la partie médiane, rarement déprimés, montrant des appendices élevés, obtus aux extrémités et portant parfois en outre des appendices en forme de cornes. Face connective plus ou moins quadrangulaire, montrant nettement les appendices qui sont peu visibles dans la face valvaire. Zone connective très-visible.

ANALYSE DES ESPÈCES.

- Valves munies de côtes . . . . **B. pulchella.**
- Valves dépourvues de côtes.
  - Valves munies d'épines.
    - Valves (vues dans la face de suture) partagées par les élévations terminales et médiane en trois parties à peu près égales . . . . **B. aurita.**
    - Élévation (ou dépression) médiane beaucoup plus large que les élévations terminales.
      - Valve munie de deux longues épines en alène, à partie médiane plate ou arrondie.
        - Valve imparfaitement siliceuse, non munie de petits aiguillons. . . . **B. Baileyi.**
        - Valve très-siliceuse portant de nombreux petits aiguillons . . . . **B. granulata.**
      - Valve à centre élevé et arrondi ne portant pas deux très-longues épines en alène.
        - Plusieurs épines placées entre les appendices qui sont brusquement diminuées vers l'extrémité. Valves largement lancéolées et rétrécies à l'extrémité ou trigones . . . . **B. Rhombus.**
        - Epines alternant avec les appendices qui sont robustes et non brusquement diminuées. Valves non lancéolées.
          - Valves suborbiculaires à suture celluleuse . . . . . . **B. Smithii.**
          - Valves ordin. elliptiques non celluleuses.
            - Epines peu visibles, placées près du centre de la valve. **B. laevis.**
            - Epines très-apparentes, submarginales, très-robustes, à extrémité souvent applatie ou bifurquée . . . . **B. turgida.**
  - Valves sans épines.
    - Valves à structure celluleuse.
      - Valves triangulaires, à cellules disposées en lignes droites. **B. Favus.**
      - Valves quadrangulaires, à cellules disposées en rangées concentriques . . . . **B. antediluviana.**
    - Valves ponctuées, non celluleuses.
      - Valves munies de nervures qui traversent la valve irrégulièrement et séparent les angles de la partie médiane. . . . **B. alternans.**
      - Valves sans nervures, à ponctuations moyennes dans la partie médiane, à ponctuations très-fines sur les angles . . . . **B. sculpta.**

1. Valves munies de côtes,

B. pulchella Gray. (Arrang. of Brit. Plants I. p. 294. — Atl. Pl. XCVII fig. 1. 2 et 3. — Type N° 487.)

Valve elliptique, à bords ondulés, à ondulations au nombre de 3 à 7, chacune d'elles prenant naissance à une des côtes. Valve à structure celluleuse, à cellules disposées en rangées concentriques autour du centre de la valve, devenant de plus en plus petites à mesure qu'elles se rapprochent du centre, où se trouvent 2 ou 3 courtes cornes généralement en alène, parfois capitées ; appendices ponctués, à ponctuation de plus en plus fine vers l'extrémité. Face suturale subquadrangulaire, montrant aux extrémi és les ondulations en hauteur de la valve, chacune d'elles correspondant à une des côtes ; zone connective à cellules petites, disposées en lignes droites (au nombre de 5 à 6 environ en 1 c.d.m.) interrompues par quelques lignes hyalines irrégulières. Longueur de la valve de 5 à 17 c.d.m., largeur de 6 à 9 c.d.m. à la partie moyenne.

Marin. — Trouvé une seule fois dans un lavage de moules.

2. Valves dépourvues de côtes.

a. Valves munies d'appendices en forme d'épines.

B. aurita (Lyngb.) Bréb. (Considér. sur les Diat. 1838. p. 12. — Atl. Pl. XCVIII. fig. 4 à 9. — Type N° 488.)

Valve lancéolée-elliptique, à extrémités souvent diminuées, munie au centre de 3 épines assez longues en alène, à grosses ponctuations (env. 10 à 12 en 1 c.d.m.) disposées en lignes rayonnantes, environ 10 à 12 en 1 c.d.m. Face suturale montrant à ses extrémités les trois épines et les trois élévations : la médiane notablement moins haute que les terminales, ces dernières brusquement rétrécies à l'extrémité, ponctuées, à ponctuation devenant de plus en plus fine ; zone connective à ponctuations à peu près de même grandeur que celles des valves et disposées en lignes longitudinales. Frustules formant de très-longues chaînes. Longueur de la valve 3 à 8 c.d.m.

Marin. — Assez fréquent. — Blankenberghe, Anvers (Escaut).

var. minima Grun. (Atl. Pl. XCVIII. fig. 10.)

Plus petit, environ 1 1/4 c.d.m. ; ponctuation fine, environ 14 à 15 stries en 1 c.d.m.

Marin. — Blankenberghe.

var. minima Grun. Très-petit ; valve à extrémités longuement diminuées-rostrées.

Marin. — Blankenberghe.

B. Rhombus (Ehr.) W. Sm. (Syn. Brit. Diat. II. p. 49. Pl. XLV. fig. 320 et Tab. LXI fig. 320. — Atl. Pl. XCIX fig. 1 et 3. — Type N° 489.)

Valve elliptique-rhomboïdale, à extrémités brusquement diminuées-arrondies, munie d'épines submarginales courtes, en alène, en nombre variable ; striation confuse au centre de la valve, radiante sur le restant, mais convergente sur la partie correspondante aux extrémités ; stries, au centre de la valve, environ 9 en 1 c.d.m., formées de grosses ponctuations un peu disposées en quinconce. Face suturale à partie valvaire médiane arrondie, faiblement élevée, à appendices entièrement ponctués, à bouts légèrement capités-tronqués. Membrane connective régulièrement ponctuée en quinconce, à ponctuations formant des stries longitudinales, au nombre de 12 à 14 en 1 c.d.m. Longueur de la valve 5 à 18 c.d.m.

Marin. — Plus rare que le précédent. — Blankenberghe, Anvers (Escaut.)

var. trigona. Cleve. (*Triceratium striolatum Ehr.*, *Roper.* — Atl. Pl. XCIX. fig. 2. — Type N° 490.)

Diffère du type par la forme triangulaire des valves et par ses trois appendices.

Marin. — Blankenberghe, Anvers (Escaut).

B. Baileyii W. Sm. (Syn. Brit. Diat. II. p. 50. T. LXII. fig. 322.— *Zygoceros mobiliensis Bail.* — Atl. Pl. CI fig. 4. 5 et 6.)

Diatomée très-imparfaitement siliceuse, délicate. Valve largement lancéolée, portant deux épines alternes avec les appendices terminaux et

situés au tiers inférieur et supérieur près de l'axe longitudinal de la valve ; ponctuation en quinconce très-délicate, environ 12 à 14 stries en 1 c.d.m. Face suturale montrant la partie valvaire à centre plat ou concave, les appendices terminaux coniques complètement ponctués, à bouts tronqués un peu capités les et épines très-longues, un peu bifurquées à l'extrémité, portées chacune sur une petite élévation de la valve. Membrane connective à ponctuation en quinconce, excessivement délicate, à environ 18 stries en 1 c.d.m. Longueur de la valve 7 à 16 c.d.m.
Marin. — Blankenberghe.

B. granulata Roper. (in Trans. Mic. Journ. VII p. 13. T. I. fig. 10. 11 et 12. — **Atl. Pl. XCIX fig. 7 et 8 et Pl. CI fig. 4.** Dans cette dernière figure, très-exacte pour l'ensemble, on a oublié dans la mise au net du dessin, de marquer les petites épines de la valve. — **Type N° 492.**)

Valve elliptique-lancéolée, portant deux épines très-longues alternes avec les appendices terminaux, rapprochés de ceux-ci et de l'axe longitudinal de la valve, striée en quinconce (environ 13 à 14 en 1 c.d.m.) et portant de nombreux petits aiguillons, environ 4 en 1 c.d.m, placés en lignes irrégulières. Face suturale quadrangulaire, montrant la partie valvaire à centre plat ou concave, les appendices renflés puis brusquement diminués du côté externe, ponctués jusqu'à l'extrémité qui est un peu arrondie et les épines très-longues, souvent pliées à angle obtus vers leur milieu. Zone connective à ponctuation en quinconce, à 14 stries en 1 c.d.m. Longueur de la valve 5 à 8 c.d.m. (dans les échantillons observés).
Marin. — Très-rare. — Anvers (Escaut).

B. turgida W. Sm. (Syn. Brit. Diat. II. p. 50. T. LXII. fig. 38 ;— *Cerataulus turgida Ehr.* — **Atl. Pl. CIV. fig. 1 et 2. — Type N° 495.**)

Valve variant de la forme ronde à la forme longuement elliptique ; munie parfois près du bord d'une couronne de très-courtes épines, partant diagonalement deux larges appendices tronqués et deux vigoureuses épines ; stries ondulées, 9 en 1 c.d.m., formées de perles assez grosses et entremêlées d'innombrables épines minuscules. Face suturale subquadrangulaire, légèrement tordue, à partie valvaire montrant les appendices terminaux très-larges, tronqués, complètement ponctués et les deux épines très-robustes, à extrémités souvent bifurquées. Zone connective à stries formées de ponctuations placées en quinconce ; un peu ondulées, délicates, au nombre de 12 environ en 1 c.d.m. Longueur de la valve 7 à 13 c.d.m.
Marin. — Très rare. — Anvers (Escaut), Blankenberghe.

B. laevis Ehr. (Ber. 1843. p. 122. — *Odontella polymorpha Kütz.* — **Atl. Pl. CIV. fig. 3 et 4. — Type N° 496.**)

Valve suborbiculaire ou largement elliptique, portant près de l'axe longitudinal deux épines opposées, courtes, peu visibles, à stries ponctuées radiantes, un peu ondulantes et comme guillochées, délicates, environ 15 à 16 en 1 c.d.m., entremêlées de minuscules épines éparpillées. Face suturale à appendices terminaux très-courts, obtus, tronqués, ponctués jusqu'au bout. Zone connective à stries délicates (environ 16 en 1 c.d.m.), ponctuées en quinconce. Longueur de la valve 5 à 12 c.d.m.

Marin. — Anvers (Escaut).

forma minor. (Atl. Pl. CV. fig. 4.)
Plus petit, appendices terminaux à peine marqués.

B. Smithii (Ralfs.) H. Van Heurck. (*Cerataulus Smithii Ralfs. — Eupodiscus radiatus W. Sm. nec Bailey.* — Atl. Pl. CV. fig. 1 et 2. — Type N° 497.)

Valves à peu près orbiculaires, portant parfois de nombreux petits aiguillons, à cellules hexagonales munies de deux appendices marginaux et deux épines en alène assez courtes, submarginales, formant un angle de 90° avec les appendices terminaux. Face suturale montrant dans la partie valvaire les deux longs appendices terminaux qui sont coniques, tronqués et entièrement ponctués et les 2 épines en alène peu robustes. Zone connective finement ponctuée, à ponctuations en lignes régulières, environ 10 en 1 c.d.m. Frustules libres. Longueur de la valve : 4 à 12 c.d.m.

Marin. — Très rare. — Blankenberghe (2e Bassin) 1878 ; Anvers (Escaut).

b. Valves dépourvues d'épines.

*** Valves à structure celluleuse.**

B. antediluviana (Ehr.) H. Van Heurck. (*Amphitetras. Ehr.* — Atl. Pl. CIX. fig. 4 et 5. — Type N° 501).

Valve quadrangulaire, à bords droits ou concaves, à centre déprimé, à quatre appendices robustes, finement ponctués ; structure celluleuse, cellules en cercles concentriques laissant apercevoir faiblement, dans leur partie transparente, la ponctuation de la couche inférieure de la valve. Face suturale quadrangulaire, à valves rétrécies vers la zone suturale. Membrane connective à grosses ponctuations formant des lignes longitudinales irrégulières, environ 4 à 5 en 1 c.d.m., interrompues par des espaces hyalins transversaux. Frustules formant des bandes généralement en zigzag, Longueur de la valve : 2 1/2 à 14 c.d.m. (dans cette dernière mesure on a fait abstraction de la concavité de la valve; d'un creux à l'autre, la longueur ne serait que de 11 c.d.m.)

Fossile : Argile des polders à Ostende (Deby).

var. pentagona. (*Amphipentas Ehr.*) Valve à 5 angles.
Non encore trouvé en Belgique.

B. Favus (Ehr.) H. Van Heurck. (*Triceratium Favus Ehr.* — Atl. Pl. CVII. fig. 1 à 4. — Type N° 500.)

Valve triangulaire, à centre bombé, à 3 appendices terminaux robustes élevés, ponctués finement jusqu'aux bouts, à côtés droits ou un peu convexes. Structure à grosses cellules hexagonales laissant apercevoir la fine ponctuation de la face inférieure de la valve. Cloisons des cellules couronnées de petites épines. Face suturale beaucoup plus longue que large, à zone connective délicatement striée en longueur (environ 16 stries en 1 c.d.m.), à ponctuations en quinconce. Longueur au bord de la valve de grandeur moyenne 9 à 15 c.d.m.

Marin. — Assez commun. — Blankenberghe, Ostende, Anvers (Escaut).

** Valves ponctuées, non celluleuses.

B. alternans (Bail.) H. Van Heurck. (*Triceratium alternans Bailey.* — Mic. Observ. South Carol. — Atl. Pl. CXIII. fig. 4. 5 et 7. — Type N° 505.)

Valve triangulaire à côtés droits, à 3 appendices terminaux faiblement élevés, séparés par des nervures de la partie médiane, et, ayant en outre, çà et là, des nervures qui parcourent la valve entièrement ou en partie. Structure celluleuse ; cellules irrégulières diminuant insensiblement vers le bord et les appendices qui sont ponctués jusqu'au bout. Face suturale beaucoup plus large que longue, montrant 3 ou 4 côtes, à bords ondulés, à cellules petites en rangées longitudinales, environ 12 rangées en 1 c.d.m. Zone connective très-étroite. Frustules ordinairement réunis par deux. Longueur de la valve 4 1/2 à 5 c.d.m.

Marin. — Assez fréquent. — Blankenberghe, Anvers (Escaut).

B. sculpta (Shadb.) H. Van Heurck. (*Triceratium sculptum Shadb.* — Trans. Mic. Soc. II. pl. 1. fig. 4. — Atl. Pl. CIX fig. 7 et 8. — Type N° 502).

Valve triangulaire, à côtés droits, à 3 appendices terminaux faiblement élevés ; structure celluleuse, cellules irrégulières, à peu près également grandes sur toute la valve ; appendices finement ponctués. Face suturale plus longue que large ; partie valvaire ondulée, à cellules disposées en séries longitudinales ; 6 lignes en 1 c.d.m. Membrane connective assez large, ayant 7 ou 8 séries longitudinales de gros points en 1 c.d.m.

Marin. — Rare. — Anvers (Escaut), Polders d'Ostende (Deby).

TRIBU XII. — EUPODISCÉES.

Valves à rayons en forme de barbes de plumes ou à granules placés autour des appendices mastoïdes plats (ou ocelli) ; rarement peu apparents ; parfois avec une portion centrale subcarrée ; ou à ce une structure celluleuse radiante, interrompue par une série linéaire se terminant dans les ocelli. . . . **Auliscus.**

Valves non ainsi . . . . **1.**

1 Valves avec des côtes, des rayons moniliformes ou des sillons bien marqués, reliant entre eux les appendices ou tubercules (généralement grands). . . . . **Aulacodiscus.**
Valves non ainsi . . . . **2.**

2 Valves circulaires ou ovales ; ocelli ou pseudo-ouvertures placés dans des compartiments. **Craspedoporus.**
Valves non ainsi . . . . **3.**

3 Valves à ponctuation très-fine, indistinctement radiante, montrant vers le centre un cercle de points plus gros. . . . . **Micropodiscus.**
Valves non ainsi . . . . **4.**

5 Valves circulaires, ayant une série radiante de petites ponctuations et des tubercules marginaux. . **Perithyra.**
Tubercules marginaux plus petits, valves granulées, radiées, circulaires ou ovales. . . . **Cestodiscus.**
Toutes autres, ocelli (tubercules ou appendices) généralement très-grands, peu nombreux, ordinairement submarginaux ; cellules ou granules rarement radiants ou petits . . . . **Eupodiscus.**

AULISCUS (Ehr.) Bailey emend. 1854.

Frustule cylindrique ou discoïde. Valve à rayons ou plissures en forme de barbes de plume ou à granules placés autour de deux appendices mastoïdes plats (ou ocelli), rarement peu apparents, parfois avec une portion centrale subcarrée, ou avec une structure celluleuse, radiante, interrompue par une série linéaire se terminant dans les ocelli.

A. sculptus (W. Sm.) Ralfs. (in Pritch. Inf. p. 845. Pl. 4. fig. 3. — *Eupodiscus sculptus W. Sm.* — Atl. Pl. CXVII. fig. 1 et 2. — Type N° 507.)

Valve suborbiculaire, marquée au bord de plis radiants et laissant au centre un espace quadrilobé : dans cet espace naissent quatre autres séries de plis, dont les deux, partant des ocelli, rayonnent de ceux-ci vers le centre de la valve, tandis que les deux autres rayonnent du centre vers le bord de la valve. Longueur de la valve 4 à 9 1/2 c.d.m.

Marin. — Rare : Anvers (Escaut), Canal du dam (argiles des polders [fossile]) à Bruges (Deby).

Cette espèce est probablement identique avec l'*A. caelatus* de Bailey (note de M. Kitton).

EUPODISCUS Ehr. 1844.

Valve housing disciforme, à structure celluleuse, munie de 3 à 5 appendices. Face suturale étroite.

E. Argus Ehr. (Kreideth. p. 77. N° 60. — Atl. Pl. CXVII fig. 3. 4. 5 et 6. — Type N° 508.)

Valve orbiculaire, convexe, munie de 3 à 5 appendices assez robustes, renflés à l'extrémité ; formée de deux couches très-différentes : la supérieure à grosses alvéoles irrégulières, ouvertes par le haut, l'inférieure à ponctuations disposées en séries rayonnantes. Face suturale à bords convexes ; zone connective présentant quelques plis transversaux et des stries longitudinales ponctuées, délicates, environ 18 à 20 en 1 c.d.m. Diamètre de la valve : 8 à 20 c.d.m.

Marin. — Blankenberghe, Ostende, Anvers (Escaut).

MICROPODISCUS Grun. 1883.

Valve à bord muni d'une couronne de points (ou petits aiguillons) et d'un petit appendice allongé. Ponctuation très-fine, indistinctement radiante ; un cercle de points plus gros vers la partie centrale.

Une seule espèce :

M. Weissflogii Grun. ! (— in Types du Synopsis Nos 11 et 416.)

Caractères du genre ; aiguillons de la couronne au nombre de 10 à 13 en 1 c.d.m. Diamètre : de 1/2 à 1 1/2 c.d.m.

Saumâtre. — Blankenberghe.

TRIBU XIII. — HÉLIOPELTÉES.

D'après la manière de voir adoptée dans notre Synopsis, cette famille ne renferme plus qu'un seul genre. Nous donnons ci-dessous le tableau des genres qui étaient anciennement admis, et qui ne peuvent plus être considérés que comme des sections du genre *Actinoptychus*.

	Valves à épines marginales manquantes ; ou, quand il y en a, en petit nombre et dans des compartiments alternants	**Actinoptychus.**
	Valves non ainsi	**1.**
1	Valves ayant un ombilic hyalin (étoilé) avec des épines ou des dents marginales reliées par une côte radiale	**Halionix.**
	Valves ayant de nombreuses épines ou dents marginales et un ombilic hyalin ; souvent il y a des espaces hyalins à la base (aux angles) de chaque compartiment	**Heliopelta.**

ACTINOPTYCHUS Ehr. 1838. Char. emend.

Valves circulaires, ondulées, à compartiments triangulaires, successivement lisses, élevés ou abaissés ; à structure ordinairement alvéolaire et à ombilic polygonal central. Alvéoles placées sur une lame ponctuée (qui seule est quelquefois présente), munies ou non munies, à la circonférence des valves, d'espaces hyalins et de petites épines submarginales. Frustule disciforme, ondulé, divisé en compartiments, à face suturale étroite.

A. undulatus (Ehr.). (*Act. biternarius Ehr.* Mik. pl. 18. fig. 20. — Atl. Pl. CXXII. fig. 1 et 3 et Pl. XXII bis. fig. 14. — Type No 514.)

Valve ordinairement à 6 compartiments, à grand ombilic polygonal central lisse et munie habituellement d'un petit appendice placé à la partie médiane submarginale de chaque compartiment alterne. Couche alvéolée, à grandes alvéoles hexagonales ; couche ponctuée, à ponctuations fines en quinconce ; environ 16 stries en 1 c.d.m. Diamètre de la valve : environ 4 à 12 c.d.m.

Marin. – Peu rare : Blankenberghe, Ostende, Anvers (Escaut).

A. splendens (Shadb.) Ralfs. (in Pritch. P. 840. — *Actinophenia splendens Shadb.* J. M. S. vol. II. — Atl. Pl. CXIX. fig. 1. 2 et 4. — Type N° 511).

Valve ayant 12 à 20 compartiments, s'élevant insensiblement du milieu jusqu'au bord, où, une côte le sépare du compartiment voisin ; munis d'une bande submarginale, paraissant lisse (par sa situation hors du foyer); côtes portant une petite épine à l'extrémité marginale ; ombilic denté, à dents tronquées, chaque dentelure correspondant à la partie basse d'un compartiment. Couche alvéolaire faiblement développée, couche inférieure à ponctuations bien visibles, en quinconce, formant environ 12 stries en 1 c.d.m. Diamètre de la valve 7 à 18 c.d.m.

Marin. — Peu rare : Blankenberghe, Ostende, Anvers (Escaut).

TRIBU XIV. — ASTÉROLAMPRÉES.

	Valves hyalines, angulaires ou circulaires, avec des côtes ou des rayons droits, non élargis vers le bord ou vers le centre et ne touchant pas le bord.	**Liostephania.**
	Valves non ainsi	1.
1	Disque radié, ponctué, celluleux ou granulé, ayant de nombreux espaces blancs (côtes) linéaires, bien définis, prenant naissance au bord ; centre granulé non étoilé	**Actinodiscus.**
	Valves non ainsi	2.
2	Valves enflées, hyalines ou ponctuées ; centre parfois étoilé, rayons linéaires, se bifurquant plus ou moins et un peu irréguliers ; interstices blancs, ou avec des lignes courbes ou sinueuses	**Cladogramma.**
	Valves non ainsi	3.
3	Valves hyalines, avec un large bord divisé par des rayons simples ; centre hyalin ou granulé, réticulé ou finement ponctué	**Mastogonia.**
	Toutes autres	**Asterolampra.**

Tous ces genres sont exotiques.

TRIBU XV. — COSCINODISCÉES.

	Disque ayant un cercle de grandes cellules marginales ou intra-marginales et des cellules ou ponctuations radiantes ou éparses et sans épines	**Heterodictyon.**
	Valves non ainsi	1.
1	Disque ayant un anneau intérieur de cellules séparant le centre du large bord marginal ; cellules du centre disposées en lignes courbes ou spirales	**Brightwellia.**
	Valves non ainsi	2.

2 Disque très-convexe ou conique sur la face frontale, ayant à la partie centrale une pseudo-ouverture très-apparente . . . . **Porodiscus.**
Valves non ainsi . . . . **3.**

3 Disque (celluleux) grand, avec un bord large d'une structure différente de celle du centre, séparé par une marge bien définie et sans épines. . . . . **Craspedodiscus.**
Valves non ainsi. . . . . **4.**

Disque hyalin, à ombilic distinct et très-finement marqué, ayant des rayons ou des lignes décussantes. **Hyalodiscus.**
Valves non ainsi. . . . . **5.**

5 Disque celluleux, avec un bord étroit (un peu denté). Zône connective celluleuse. . **Endyctia (Melosira).**
Valve non ainsi. . . . . **6.**

6 Disque sans épines, dents ou pseudo-nodules marginaux ; ordinairement de dimension petite ou moyenne ; ayant une partie annulaire extérieure unie ou striée ; centre souvent bulleux, lisse ou granulé ; granules égaux, épars ou rayonnés . . . . **Cyclotella.**
Valves non comme ci-dessus. . . . . **7.**

7 Frustules complexes ? Disque circulaire ayant généralement un pseudo-nodule (manquant parfois) marginal ou submarginal ; ayant fréquemment de petites épines ou dents marginales, ayant aussi une série simple ou double de granules ou de points en forme de < et souvent des espaces blancs subulés (!). **Actinocyclus.**
Frustules non ainsi. . . . . **8.**

8 Frustules à face frontale généralement cunéiforme, à face valvaire lunée. . . . . **9.**
Frustules non ainsi. . . . . **11.**

9 Valves celluleuses, centre blanc, marge veinée. . . . . **Hemidiscus.**
Valves non ainsi. . . . . **10.**

10 Valves à ombilic non distinct, finement ponctuées, à lignes radiantes ; marges dorsales et ventrales munies de petites dents ou épines. . . . . **Palmeria.**
Toutes autres, marge dorsale sans épines, marge ventrale ayant souvent un petit pseudo-nodule. **Euodia.**

11 Disque avec une série radiante de granules petits, égaux ou subégaux ; ayant généralement un ombilic ou centre granuleux ; ayant des épines ou dents marginales qui manquent rarement. **Stephanodiscus.**
Valves non ainsi. . . . . **12.**

12 Valves circulaires très-enflées. Frustules montrant dans la face frontale l'axe longitudinal beaucoup plus long que l'axe transversal ; sans côtes, non celluleux ; portion suturale (zône connective) étroite ; parfois de petites dents marginales. . . . . **Pyxidicula.**
Valves non ainsi. . . . . **13.**

13 Valves elliptiques, circulaires ou subangulaires ; ayant un aspect hérissé (hispide) ; ayant souvent de petites épines et des rayons ou lignes sinuées-réticulées . . . . **Liradiscus.**
Valves non ainsi. . . . . **14.**

14 Disque circulaire ou angulaire, à points apparents et divisé en compartiments plus ou moins pliés ; division, souvent obscure, par des lignes ou espaces blancs radiants souvent divisés dichotomiquement ; centre souvent bulleux ou plus ou moins distinctement réticulé . . . . **Stictodiscus.**
Valves non ainsi. . . . . **15.**

15 Frustules composés. Disque circulaire ayant de nombreuses côtes radiantes, fortes, droites et un centre hyalin ; côtes reliées par des lignes concentriques ou des rangées de granules (perles) sans dents ou épines. **Arachnoidiscus.**
Frustules non ainsi . . . . **16.**

16 Disque ayant un cercle bien défini d'épines (subulées) marginales ou intra-marginales ; cellules disposées en rangées parallèles. **Systephania.**
Cellules non en rangées parallèles ; valves de . . . . **Cresswellia-Stephanopyxis ?**
Valves non ainsi. . . . . **17.**

17 { Disque très-convexe, fortement celluleux, sans dents ou épines marginales . . . . . **Dictyopyxis.**
Valves non ainsi. . . . . **18.**

18 { Disque sans rayons, souvent hyalin et muni d'épines éparses . . . . **Xanthiopyxis.**
Toutes autres, sans rayons linéaires, robustes sans grandes dents ou épines . . . **Coscinodiscus.**

HYALODISCUS Ehr. 1854.

Valve orbiculaire, à ombilic très-distinct et finement marqué, munie de rayons ou de lignes décussées.

H. stelliger Bailey. (New. Spec. p. 10.— *Podosira maculata W. Sm.*— Atl. Pl. LXXXIV. fig. 1 et 2. — Type N° 454.)
Valve orbiculaire paraissant divisée en un grand nombre de compartiments. Ombilic très-visible, finement granulé, à bords irréguliers souvent déchiquetés, se prolongeant pour former les bords des compartiments. Valve à granulations disposées en quinconce formant environ 16 lignes en 1 c.d.m. Diamètre 3 1/2 à 8 1/2 c.d.m.
Marin. — Fréquent : Blankenberghe, Ostende, Heyst, Anvers (Escaut).

CYCLOTELLA Kütz. 1833.

Valve à disque divisé en deux parties, l'extérieure annulaire, à stries lisses (côtes) ou ponctuées, plus ou moins fines, parfois entremêlées de petites épines ; toujours sans pseudo-nodule ; centre souvent bulleux, lisse ou granulé, à granules épars ou rayonnés. Face connective droite ou onduiée. Frustules non réunis en bande.

ANALYSE DES ESPÈCES.

- Valve à bord fortement strié, à centre grossièrement ponctué et portant habituellement vers le bord de ce dernier un demi cercle de grosses ponctuations . . . . **C. striata.**
- Valve non ainsi.
  - Valve portant dans la partie centrale une resette de points triangulaires élevés . . **C. antiqua.**
  - Valve sans points triangulaires élevés.
    - Stries marginales entremêlées de stries beaucoup plus fortes régulièrement espacées. . . . . **C. comta.**
    - Toutes les stries également marquées.
      - Stries marginales entremêlées de petites épines. . . **C. operculata.**
      - Stries sans petites épines.
        - Stries marginales très-robustes, à ponctuations radiantes. . . . . . . **C. Meneghiniana.**
        - Stries marginales faibles ; centre à fines ponctuations éparses, parfois mêlées de quelques gros points . . . . . . **C. Kützingiana.**

C. striata (Kütz.) Grun. (*Coscinodiscus striatus Kütz.*— *Cyclotella Dallasiana W. Sm.* — Atl. Pl. XCII. fig. 6 à 10. — in Type N° 320 ; *var. stylorum:* Type N° 474.)
Valve à bord fortement strié, à centre grossièrement ponctué, à ponctuations éparses. Centre souvent bordé d'un demi cercle de ponctuations plus visibles ; 7 à 12 côtes en 1 c.d.m. au bord des valves. Diamètre 3 à 8 c.d.m.
Marin. — Anvers (Escaut).

C. antiqua W. Sm. (Syn. Brit. Diat. I. p. 28. Pl. V. fig. 49. — Atl. Pl. XCII. fig. 1).

Valves à côtes marginales bien marquées, entremêlées d'épines ou gros points, centre finement granulé avec 6 à 15 élévations triangulaires. Diamètre 1 1/2 à 3 c.d.m.

Eaux douces : Non encore signalé.

C. comta (Ehr.) Kütz. (Spec. alg. p. 20. — *Discoplaca comta Ehr.* — Atl. Pl. XCII. fig. 16. 17. 18. 19. 20. 21 et 22.— in Type N° 424.)

Valve à côtes marginales bien marquées avec chaque troisième ou quatrième côte beaucoup plus vigoureuse que les autres ; partie centrale finement striée, à stries ponctuées et plus ou moins radiantes. Face connective un peu renflée au milieu. Frustule plan non ondulé. Diamètre 3/4 à 3 c.d.m.

Eaux douces. — Anvers.

var. radiosa Grun. (in Atl. Syn. Pl. XCII. fig. 23 et Pl. XCIII. fig. 1 à 9. — in Type N° 475.

Plus grand que le type, à centre montrant des stries ponctuées nettement radiantes. Atteint jusqu'à 4 c.d.m.

Non encore signalé.

C. operculata Kütz. (Bac. p. 50. T. I. fig. 1. 12 et 15.— Atl. Pl. XCIII fig. 22 à 28. — Type N° 476. *var. mesoleia.*)

Valve à côtes marginales assez marquées, entremêlées de petites épines régulièrement disposées. Centre finement ponctué, à ponctuations éparses (*var. mesoleia Grun.*) ou radiantes (*var. radiosa Grun.*). Face connective ondulée; 16 à 17 côtes en 1 c.d.m. Diamètre 1 1/4 à 3 c.d.m.

Eaux douces. — Non encore signalé.

C. Meneghiniana Kütz. (Bac. p. 50. T. 30. fig. 68.—*C. Kützingiana W. Sm.* ! — Atl. Pl. XCIV. fig. 11. 12 et 13. — Type N° 478 ; *forma minor* : Type N° 479; *var. rectangulata Bréb.*: Type N° 480.)

Valve à stries marginales robustes, délicatement ponctuées en travers ; centre à points fins, radiants et un ou deux gros points placés à peu près au milieu du rayon. Face connective ondulée. Stries 7 à 9 en 1 c.d.m. Diamètre 1 à 2 c.d.m.

Eaux douces. — Anvers.

C. Kützingiana Chauvin. (Atl. Pl. XCIV. fig. 1. 4 et 6. — Type N° 477.)

Valve à côtes marginales fines, à centre très-finement ponctué, à ponctuation éparse avec quelquefois 1 à 3 gros points isolés. Face connective fortement ondulée. Stries 12 à 14 en 1 c.d.m. Diamètre 1 1/4 à 2 1/2 c.d.m.

Eaux douces. — Anvers.

ACTINOCYCLUS Ehr. 1840.

Valve orbiculaire convexe, ayant un pseudo-nodule marginal ou submarginal, fréquemment munie de petites épines marginales ou submarginales ; ponctuations en séries rayonnantes d'inégale longueur, laissant ordinairement des espaces hyalins subulés. Frustule disciforme.

ANALYSE DES ESPÈCES.

Valve ordinairement iridescente à un faible grossissement, ponctuations bien visibles.	Espaces hyalins de la valve nettement subulés-aigus.	Espaces subulés très-larges, produisant l'apparence de zones concentriques bien marquées; ponctuations très-vigoureuses	**A. Ralfsii.**
		Espaces subulés très-étroits ; ponctuations plus délicates	**A. Ehrenbergii.**
	Espaces hyalins non subulés ; ponctuations fortes, formant des lignes concentriques ondulées		**A. crassus.**
Valve non iridescente ; ponctuation très-délicate ; espaces subulés très-faibles ou nuls . .			**A. subtilis.**

A. Ralfsii (W. Sm.) Ralfs. (in Pritch. p. 835. — *Eupodiscus Ralfsii W. Sm.* — Syn. Brit. diat. II. fig. 86. — Atl. Pl. CXXIII fig. 6. — in Type N° 518.— *var.* in Type N° 516 et *var.* Type N° 517.)

Valve circulaire à grand pseudo-nodule submarginal. Ponctuations interrompues par de très-nombreux espaces subulés hyalins, disposés sur plusieurs rangs et donnant, à un faible grossissement, l'apparence de zones concentriques ; 5 rangs de ponctuations, au milieu du rayon, à l'extrémité supérieure de la zone la plus intérieure, en 1 c.d.m. Bord muni de petites épines presque marginales, distantes d'environ 1 c.d.m. ; ponctuations en quinconce très-fines, environ 14 rangs en 1 c.d.m. Diamètre de la valve 10 à 13 c.d.m.

Marin. — Peu rare : Blankenberghe, Ostende, Anvers (Escaut).

A. Ehrenbergii Ralfs. (in Pritch. Inf. p. 834. — Atl. Pl. CXXIII. fig.7 — Type N° 518.)

Valve circulaire ; pseudo-nodule très-grand, submarginal ; zones concentriques peu ou pas marquées ; espaces hyalins très-étroits et peu nombreux ; ponctuation rapprochée, 8 séries radiantes en 1 c.d.m. Bord à petites épines distantes environ de 1 c.d.m. ; ponctuation en quinconce, environ 16 séries en 1 c.d.m. Diamètre de la valve : 6 à 11 c.d.m.

Marin. — Blankenberghe.

A. crassus (W. Sm. !) Ralfs. (*Eupodiscus crassus W. Sm.* Syn. Brit. Diat. p. 24. Pl. IV. fig. 41. — Atl. Pl. CXXIV. fig. 6 et 8.)

Valve orbiculaire, à pseudo-nodule submarginal et munie de très-petites épines submarginales, peu visibles dans les petits individus. Ponctuation forte au centre de la valve, devenant de plus en plus fine vers les bords, disposée en séries radiantes formant des cercles concentriques ondulés ; environ 8 ponctuations en 1 c.d.m. au milieu du rayon et 18 au bord, où elles sont disposées en quinconce. Diamètre 4 à 8 c.d.m.

Marin. — Blankenberghe 2e bassin.

A. subtilis (**Greg.**) **Ralfs.** (in Pritch p. 835. — *Eupodiscus subtilis Greg.* Diat. of Clyde p, 29. pl. 3 fig. 50. — **Atl. Pl. CXXIV. fig. 7. — Type N° 519** et *var.* **Type N° 520.**)

Valve jaunâtre, presque hyaline, non iridescente ; pseudo-nodule submarginal moins visible que dans les espèces précédentes. Stries radiantes, environ 13 à 14 au milieu du rayon, finement ponctuées, ne laissant guère d'espaces hyalins subulés. Bord à petites épines distantes d'environ 75 millièmes de millimètre, à stries un peu plus serrées qu'au milieu du rayon. Diamètre de la valve : 5 à 9 c.d.m.

Marin. — Non encore observé.

STEPHANODISCUS (Ehr. 1845.) Grun.

Valves circulaires, à fines stries radiantes, ponctuées, laissant entre-elles des espaces lisses, radiants, simulant des lignes ; bord muni de petites épines ; ombilic ou centre granulé.

S. Hantzschianus Grun. (Arct. Diat. p. 115. — **Atl. Pl. XCV. fig. 10. Type N° 482.**)

Valve petite, à épines marginales assez robustes, au nombre de 6 à 9 en 1 c.d.m ; stries radiantes, formées de deux séries parallèles de ponctuations très-fines et fort difficiles à voir. Diamètre : 1 à 1 3/4 c.d.m.

Eaux douces. — Bruxelles (Delogne), Anvers.

COSCINODISCUS Ehr. 1838.

Valves circulaires, dépourvues de tout appendice, (parfois munies de petites dents submarginales), de côtes ou de cloisons. Structure alvéolée ou ponctuée. Frustule disciforme.

ANALYSE DES ESPÈCES.

Valves distinctement alvéolées.	Alvéoles en séries radiantes.	Alvéoles centrales non groupées en étoile et à peu près de même grandeur que les alvéoles de la partie moyenne. . . .	**C. radiatus** *type.*
		Alvéoles centrales groupées en étoile et beaucoup plus grandes que les alvéoles de la partie moyenne de la valve.	**C. radiatus var. Oculus-Iridis.**
	Alvéoles non en séries radiantes.	Alvéoles disposées en séries rectilinéaires	**C. lineatus.**
		Alvéoles disposées en séries courbes formant des lignes excentriques	**C. excentricus.**
Valves ponctuées.	Ponctuations très-grandes formant des séries plus ou moins radiantes		**C. nitidus.**
	Ponctuations très-fines.	Ponctuations en séries linéaires formant des fascicules. . .	**C. subtilis.**
		Ponctuations formant des lignes divisées dichotomiquement. .	**C. lacustris.**

C. radiatus Ehr. (Kreideth. Pl. 3. fig. 1. a. b. c. — A. Schm. Atl. Pl. 60. fig. 9 etc. — **Atl. Pl. CXXIX. fig. 5. — Type N° 529**).

Valves à alvéoles disposées en séries radiantes, environ 2 à 2 1/2 en

1 c.d.m., partout de la même grandeur, sauf vers le bord où se trouve une zone d'alvéoles plus petites (environ 5 à 6 en 1 c.d.m.). Alvéoles ponctuées réparties sur toute la valve et ne laissant pas d'espace hyalin à la partie centrale. Grandeur excessivement variable ; moyenne des échantillons belges : 5 à 7 c.d.m.

Marin. — Blankenberghe.

La description ci-dessus correspond à la forme que M. Grunow considère comme type, mais il y a toutes les variations possibles quant à la taille et à la grandeur des alvéoles.

var. Oculus-Iridis Ehr. (Type N° 528.)

Alvéoles centrales groupées en étoile, beaucoup plus grandes que les autres et non ou très faiblement ponctuées ; alvéoles moyennes grandes, environ 3 à 4 en 1 c.d.m. dans la variété typique ; alvéoles du bord deux fois plus petites.

Les plus grands individus de cette forme, observés par M. Grunow, atteignent jusqu'à 30 c.d.m.

Marin. — Rare. — Blankenberghe, 2e bassin.

sous-var. Asteromphalus Ehr. (Atl. Pl. CXXX. fig. 1. 2 et 5. — in Type N° 508.)

Semblable à la variété dont il ne diffère que par la forte ponctuation des alvéoles centrales; cette ponctuation est parfois excessivement visible (forme *Conspicua Grun.*)

Blankenberghe. — Très-rare.

sous-var. concinnus W. Sm.

Valves centrales groupées en étoile, distinctement ponctuées ; alvéoles moyennes très petites, formant 7 à 10 séries radiantes en 1 c.d.m. Bord muni d'une couronne de petites épines submarginales, assez rapprochées et inégalement distantes. Diamètre des échantillons belges : environ 20 c.d.m.

Blankenberghe, 2e bassin, assez commun ; cette espèce est très-fragile et l'on n'en rencontre généralement que des fragments.

NOTE. — Dans son travail sur les Diatomées de Franz-Joseph Land, M. Grunow dit que toutes ces formes sont reliées entr'elles par tous les passages possibles, et que le mieux serait de les réunir sous le nom de *C. radiatus*, la première espèce de ce groupe qui a été décrite.

C. lineatus Ehr. (Kütz.). (Bac. page 131; pl. I. fig. 10. — Atl. Pl. CXXXI. fig. 3. 5 et 6.)

Valve circulaire, à bord muni de petites épines et parfois d'un petit appendice (*var. leptopus Grun.*) ; alvéoles disposées en séries formant des lignes droites dans tous les sens, et, dans une zone marginale assez étendue, beaucoup plus petites qu'au milieu de la valve. Environ 7 à 7 1/2 séries d'alvéoles en 1 c.d.m. Diamètre environ 3 à 10 c.d.m.

Marin. — Assez abondant : Blankenberghe, 2e bassin.

C. excentricus Ehr. (Kütz. Bac. page 131; Pl. I. fig. 9.— Atl. Pl. CXXX. fig. 4. 7 et 8. — Type N° 530.)

Valve circulaire, à bord muni de nombreuses petites épines ; alvéoles diminuant faiblement et insensiblement jusqu'au bord, où se trouve une zone très-étroite d'alvéoles beaucoup plus petites. Les séries d'alvéoles forment des lignes excentriques ; environ 5 séries en 1 c.d.m., au centre de la valve. Diamètre environ 5 à 6 c.d.m.

Marin. — Très-fréquent : Blankenberghe, Anvers.

C. nitidus Greg. (Diat. of Clyde p. 27. Pl. X. fig. 45. — Atl. suppl. fig. 41.)

Valve circulaire à très-grandes ponctuations très-distantes et formant des lignes plus ou moins radiantes. Ponctuations du bord petites, disposées en deux séries concentriques et au nombre d'environ 6 à 7 en 1 c.d.m. Diamètre 4 à 5 c.d.m., dans les échantillons observés.

Marin. — Rare : Blankenberghe, 2e Bassin.

C. subtilis (Ehr. ?) Grun. (Kaspisch. Meer. p. 27.— Diat. Franz. J. Land. p. 29. Pl. C. fig. 26.)

Valve circulaire, à bord non épineux, à alvéoles petites, paraissant facilement ponctiformes, disposées en séries fasciculées.

Marin.

Ce type est représenté en Belgique par les variétés suivantes :

var. Normannii Greg. (*Coscinodiscus fasciculatus A. Schmidt.* — *Coscinodiscus subtilis Eul.* N° 115. — Atl. Pl. CXXXI fig. 1.)

Valve dépourvue d'épines, à alvéoles petites, très-petites à la marge ; séries d'alvéoles se bifurquant de façon à former, près du bord, des fascicules formés de 6 séries ; près du bord : 9 séries d'alvéoles en 1 c.d.m. Diamètre de la valve : 3 1/2 à 7 c.d.m.

Marin. — Fréquent : Blankenberghe, Anvers (Escaut).

var. Rothii. (Grun.) ! (*Cosc. Rothii Grun.* — Kasp. M. p. 28. — Types Nos 532. et 533.)

Valve petite, à bord muni de petites épines placées juste au milieu des fascicules ; environ 12 stries en 1 c.d.m. au bord de la valve. Diamètre 2 1/2 à 3 1/2 c.d.m.

Marin. — Anvers, très-fréquent dans l'Escaut.

C. lacustris Grun.! (Diat. Fr. J. Land. p. 33. Pl. D. fig. 300. — *Cyclotella punctata W. Sm.* — Atl. suppl. fig. 42. — in Type N° 535.)

Valve orbiculaire, ondulée d'un côté, à bord muni de petites épines rapprochées (6 en 1 c.d.m.) et très-distinctes. Ponctuation fine, disposée en séries radiantes, divisées dichotomiquement. Environ 10 à 11 séries en 1 c.d.m. au bord de la valve. Diamètre : 1 1/2 à 6 c.d.m.

Eau douce. — Deurne, près d'Anvers (P. Gautier).

NOTES ADDITIONNELLES.

PAGE 16. — *Éclairage artificiel : Éclairage électrique par incandescence. — Disposition de MM. Helot, Trouvé et Van Heurck.*

En Février 1882 [1] nous avons fait connaître le résultat de nos recherches sur l'emploi de l'éclairage électrique. Cette lumière permet de voir, avec facilité, des détails invisibles ou peu visibles avec les moyens d'éclairage ordinaires, et ce, d'abord, parce qu'elle renferme plus de rayons bleus et violets que la lumière des lampes ou du gaz et, ensuite, parce qu'elle a une intensité spécifique plus considérable que les autres lumières artificielles et permet donc l'emploi de rayons beaucoup plus obliques.

Les résultats obtenus par nous ont été confirmés, d'abord par le Dr. Von Voit et une réunion de savants de Berlin, ensuite par le Dr. Stein de Munich et enfin par M. le Prof. Max. Flesch, de Berne. Comme nous l'avions dit, dès 1882, ces savants ont reconnu que la lumière par incandescence réalise l'éclairage par excellence que peut désirer le micrographe.

L'éclairage électrique du microscope qui, jusqu'ici, s'était peu répandu, vient d'entrer dans une phase nouvelle et est maintenant réellement à la portée de chacun, grâce à de nouveaux petits appareils fabriqués par M. Trouvé.

Le savant constructeur a bien voulu tenir compte des divers points que nous lui avons signalés et qu'il fallait observer pour que l'eclairage fût réellement pratique pour le micrographe. Nous pouvons dire que l'appareil actuel réalise tout ce qui peut être désiré pour les recherches les plus difficiles de la micrographie et de la photomicrographie.

On connait la pile Trouvé : c'est une pile à treuil de 6 éléments. Chaque élément, composé d'une plaque de charbon et d'une plaque de zinc, plonge dans un bac en ébonite, contenant une solution sursaturée de bichromate de potasse, faite d'après une formule publiée par M. Trouvé [2].

[1] Consulter : La lumière électrique appliquée aux recherches de la micrographie et de la photomicrographie par le Dr Henri Van Heurck. 1e édition, Bruxelles Février 1882. — 2e édition, Anvers 1883.

[2] Cette solution se fait ainsi : dans un grand vase en grès on met 1 kilo de bichromate de potasse ; on ajoute d'abord 8 litres d'eau et ensuite deux litres d'acide sulfurique du commerce que l'on verse très-lentement, par mince filet, en remuant constamment à l'aide d'un tube de verre. Le liquide s'échauffe fortement pendant l'opération et on le laisse refroidir avant de l'employer. Avec les quantités que nous venons d'indiquer on peut charger douze fois la pile.

C'est une modification de sa grande pile que l'inventeur vient de disposer pour les recherches de la microscopie.

La lanterne électrique, pour microscope, se compose du générateur électrique et de la lampe, unis ensemble, ou séparables à volonté. Le tout réuni forme un appareil aussi élégant que commode à employer et que le micrographe peut disposer sur un coin de sa table de travail.

La pile fig. 1 se compose d'un petit bac en ébonite D mesurant 15 centim. de long., sur 10 c. de largeur et 18 c. de hauteur, divisé intérieurement, jusqu'aux 2/3 de la hauteur, en 6 compartiments destinés à former autant d'éléments.

Inférieurement ces compartiments communiquent par une très petite ouverture.

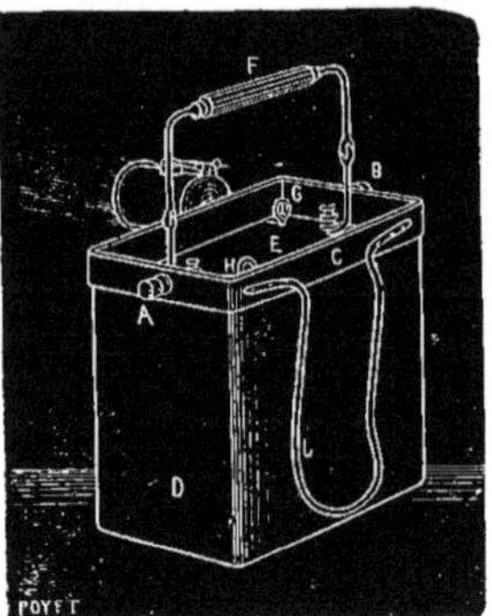

Pile-Lanterne de M. Trouvé avec le Photophore y attaché.

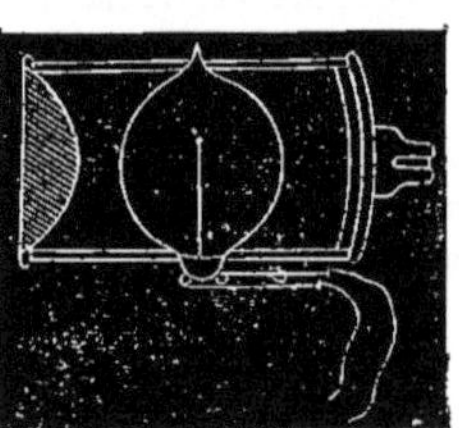
Coupe du Photophore.

Les parties actives, attachées inférieurement au couvercle E, sont disposées en six rangées, chacune d'elles correspondant à une des cases du bac en ébonite. Chacune de ces rangées constitue un élément et est formée de deux baguettes de zinc allié placées entre trois baguettes de charbon. Les 6 éléments sont accouplés en tension par des contacts disposés symétriquement et élégamment sur la surface supérieure du couvercle qui porte aussi deux bornes pour la prise du courant.

L'appareil d'éclairage est disposé sur la face antérieure de la boite et est formé par le photophore du Dr Hélot.

En 1882 lorsque nous décrivîmes l'installation de la lumière electrique pour le microscope, nous placions la lampe dans une caisse sur laquelle nous mettions le microscope. La lumière arrivait directement au condenseur à travers une lentille plano convexe disposée au dessus d'une ouverture de la caisse.

Le photophore, imaginé par M. le Dr Hélot, et destiné par lui à servir pendant diverses opérations chirurgicales, de même qu'à l'examen des cavités du corps : gorge, oreilles etc., est au fond la même disposition que la nôtre mais réalisée d'une façon beaucoup plus pratique.

Le photophore est constitué par un tube en cuivre nickelé (toutes les autres pièces de l'appareil sont également nickelées) où la lampe, qui est d'un modèle spécial, à filament droit, occupe la partie médiane. Postérieurement le tube porte un miroir réflecteur en verre argenté et antérieurement, un 2e tube, qui glisse dans le premier, et porte une lentille condensatrice. Ce deuxième tube permet de varier l'écartement de la lentille à la lampe, et par suite, permet d'obtenir à volonté des rayons convergents, divergents ou parallèles. La lentille condensatrice étant libre dans sa monture, elle peut être tournée avec la face bombée en avant ou en arrière.

Comme la lumière du réflecteur peut nuire dans certaines observations très-délicates, nous avons ajouté un petit disque noirci, qui peut, dans ces cas, recouvrir le réflecteur ; dans ces mêmes occasions nous plaçons, devant ou derrière la lentille, un diaphragme qui enlève la lumière donnée par les bords du condenseur.

Toutefois, quand le micrographe voudra obtenir de l'appareil tous les résultats qu'il peut donner, ce n'est pas l'ensemble que nous venons de décrire qu'il faudra employer, mais dans ce cas, le photophore devra être isolé de la pile et disposé sur la monture spéciale que nous avons dessinée ci-contre.

Le pied, qui est très lourd, porte un tube fendu de 20 centimètres de hauteur, faisant office de ressort, sur lequel glisse, à frottement très-doux, un deuxième tube pouvant être arrêté à toutes les hauteurs. Ce second tube porte deux attaches *a a'* ; l'une placée à la partie inférieure, l'autre à la partie supérieure. Chacune de ces attaches consiste en une petite sphère en acier portant une tige munie d'un pas de vis. La sphère est serrée entre deux plaques métalliques concaves dont l'antérieure, percée au milieu, laisse passer la tige filletée. Le photophore se visse sur cette tige et peut donc, par suite des mouvements de la sphère, être placé dans toutes les directions désirées.

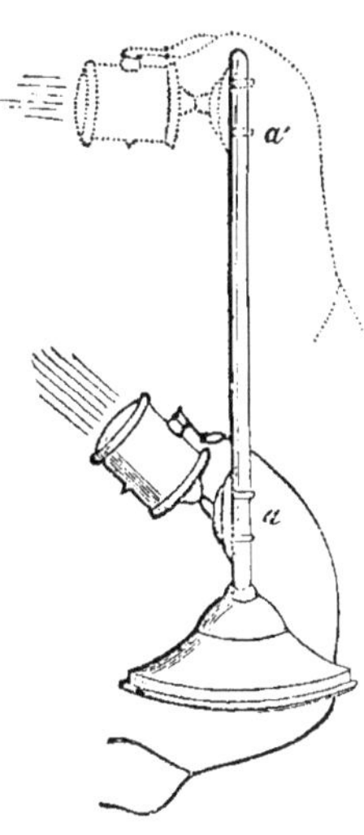

La pile peut alimenter fort bien, pendant environ deux heures, la lampe spéciale que M. Trouvé met dans son photophore, en donnant une lumière qui peut être utilisée dans certains cas de photomicrographie, mais qui est beaucoup trop vive pour les recherches microscopiques usuelles.

Nous avons, en conséquence, fait une petite modification à la pile : les éléments étant montés en tension sur le couvercle et l'accouplage des éléments étant visible à la surface extérieure de celui-ci, nous avons simplement établi une prise de courant à chaque élément. Il en résulte que l'on peut ou bien n'èmployer d'abord que 4 ou 5 des éléments et ajouter les autres quand la pile s'affaiblit, ou bien utiliser des lampes beaucoup plus faibles et leur donner juste la force électro-motrice voulue tout en prolongeant le temps d'éclairage. Même, si l'on voulait, par exemple, employer les lampes Stearn qui ne prennent que deux éléments et accoupler les six éléments en trois séiies de deux éléments chacun, on pourrait avec une seule charge de la pile obtenir de 4 à 5 heures de lumière suffisante pour les travaux les plus délicats et même suffisante pour la photomicrographie à l'aide de forts grossissements.

L'entretien de la pile est fort simple et ne demande guère plus de temps que la préparation d'une lampe à pétrole.

Lorsque la pile est épuisée, on dévisse les deux boutons A. B. et on enlève la bague qu'ils maintiennent. On prend ensuite la poignée F. et, en la soulevant, on enlève du coup le couvercle et les éléments ; on verse le liquide épuisé, on lave à l'eau le petit bac, on y verse 800 grammes du liquide neuf qu'on a préparé d'avance, on remet le couvercle, la bague et les deux boutons, et la pile est prête à fonctionner.

Tout cet ensemble prend beaucoup plus de temps à décrire qu'à exécuter.

La pile ne répand aucune odeur, aucune vapeur acide; elle fonctionne à titre d'essai, depuis plusieurs jours, sur notre table de travail, placée à côté du microscope, et la vue seule nous révèle sa présence.

Les frais d'entretien sont minimes : la charge de la pile revient à environ 20 centimes, usure des zincs compris ; c'est donc 10 cent. par heure si l'on emploie la grande lampe Trouvé, moins de 5 cent. si l'on emploie la lampe Stearn. La charge ne doit pas être épuisée en une fois : quand on n'a plus besoin de la lumière, on remonte le couvercle et on tourne quatre petites clefs qui se trouvent sur ce couvercle et qui le maintiennent relevé. Dans cet état la pile est au repos et peut rester ainsi un temps indéfini.

On voit donc, que, comme nous le disions plus haut, la lumière électrique est réellement maintenant à la portée de chacun, et nous ne pouvons trop engager les micrographes, surtout les diatomophiles, à qui la lumière électrique est indispensable, à se donner un de ces appareils dont le prix est fort modique. Une expérience continue de plus de trois ans nous a montré que, quand on a une fois essayé la lumière électrique et que quand on a vu avec quelle facilité, réellement merveilleuse, on résoud pour ainsi dire d'emblée, les détails de structure les plus difficiles, alors, disons nous, on ne peut plus s'en passer, et l'on relègue bien loin ces lampes perfectionnées et fort coûteuses (nous en avons qui ont coûté le double de l'appareil Trouvé) dont nous devions nous contenter il y a encore peu de temps.

PAGE 17. — *Condenseurs.* — A côté des condenseurs perfectionnés que nous signalons, nous devons encore mentionner un condenseur très-simple et cependant très-efficace, le *Diatomescope.*

Le *Diatomescope* est un instrument inventé il y a quelques mois par Lord Osborne, et qui, malgré son prix modique (il ne coûte qu'une quinzaine de francs), permet la résolution des diatomées les plus difficiles. (¹) Le petit appareil peut s'adapter en un instant sur n'importe quel microscope. On le construit sous deux formes : ou bien monté dans un tube destiné à être placé dans le substage des grands instruments anglais, ou bien, sous forme d'une platine destinée à être placée sur la platine d'un microscope quelconque. Dans les deux cas la partie optique consiste en deux lentilles plano-convexes *montées excentriquement l'une par rapport à l'autre* et entre lesquelles se trouve une très-mince plaque de cuivre percée d'une ouverture carrée correspondant à l'extrême bord de la lentille supérieure. Le Diatomescope s'emploie à sec ou avec une goutte d'eau ou de liquide homogène interposé entre la préparation et la partie optique.

Employé avec des objectifs faibles (jusqu'à ceux de 1/4 de pouce), le Diatomescope donne de belles images sur fond noir.

Ajusté sur un ancien microscope de Ch. Chevalier muni du 1/12e homogène de Zeiss, nous avons pu résoudre l'*Amphipleura*, ce que nous n'avions jamais réussi auparavant, ce microscope ne permettant pas une lumière assez oblique.

PAGE 35. — *Structure de la valve.* — De nouvelles recherches, que nous avons pu faire, sur des diatomées argentées, sont venues confirmer, en grande partie, nos vues sur la structure de la valve et élucider certains points douteux. Nous devons ici adresser nos remerciements à Monsieur J. D. Möller, le célèbre préparateur de Wedel, qui a facilité nos recherches en mettant à notre disposition une série de grandes formes pour cette étude.

Dans les grandes Crypto-Raphidées, à structure grossement alvéolée, on voit que les alvéoles peuvent avoir une membrane supérieure et une membrane inférieure ou n'avoir une membrane que d'un seul côté. L'*Eupodiscus Argus* est ouvert au dessus et possède inférieurement une membrane ponctuée. Le *Triceratium Favus* (Suppl. fig. 43 et 44) semble être constitué d'une façon identique, c'est ce que M. Otto Müller avait d'ailleurs déjà reconnu en 1871. L'examen de diverses formes et spécialement une brisure d'un individu à grosses ponctuations, que nous a communiqué M. Max. Defrenne, montre que les ponctuations sont évidem-

(¹) Le Diatomescope est construit par M. *E. Hinton* préparateur d'objets microscopiques, ancien élève de *Wheeler* avec qui il est resté 20 ans. Son adresse est : *12, Vorley Road, Upper Holloway, London, N.*

ment des perforations. Dans le *Coscinodiscus Oculus-Iridis*, on peut distinguer une membrane supérieure ponctuée, un chassis formé de tubes plus ou moins hexagonaux et une membrane inférieure percée de grandes ouvertures. Ces parties peuvent se séparer les unes des autres comme on le voit suppl. fig. 45. Nous avons pu retrouver la membrane supérieure même sur certains exemplaires fossiles du Jutland (Suppl. fig. 46 et 47). dans une recolte pure préparée et communiquée par M. Möller. Sur d'autres individus fossiles, de la même roche, nous n'avons pu retrouver cette membrane : il a déjà été dit, par M. Grunow, que des causes quelconques peuvent l'avoir fait disparaître, ce qui parait fort admissible, quand on voit qu'elle peut se séparer du chassis sur des individus encore vivants. Nous possédons une préparation, provenant des collections d'EULENSTEIN, où bon nombre d'exemplaires sont dans l'état de celui photographié fig. 45.

Dans d'autres Diatomées où les alvéoles sont assez grandes, comme p. ex. dans les *Raphoneis*, on peut, sur les diatomées argentées, reconnaitre un point central qui est probablement une ouverture, dans un cas même nous avons trouvé un véritable chassis comme dans les *Coscinodiscus* fig. 44. Nous avons aussi pu apercevoir le point central des alvéoles sur des *Pleurosigma* à grandes ponctuations.

Il semble donc possible que le contenu du frustule communique, plus ou moins librement, par endosmose à travers la membrane primordiale, (et par les ponctuations ou ouvertures quelconques de la valve) avec l'eau ambiante.

PAGE 37. — *Stries.* — De nouvelles recherches nous ont démontré que le mot *stries* est employé dans certains cas pour désigner des choses tout-à-fait différentes et qu'il importe de préciser sa signification.

Nous avons dit que les stries des diatomées, sont composées, en réalité, d'alvéoles ou de cavités (voire même de perforations) qui se trouvent dans l'épaisseur des valves. Entre ces cavités se trouvent donc des endroits épaissis (a. a. a. a. et b. b. b. b.) et ce sont ces épaississements (fausses stries) qui se montrent comme des stries quand on examine une valve avec un objectif ou un éclairage incapable de résoudre les alvéoles. Ces fausses stries sont plus ou moins fortes, selon que la distance entre les alvéoles est plus ou moins grande et que la bande siliceuse qui les sépare est plus ou moins robuste.

```
O | O | O | O | O | O
                      a
O | O | O | O | O | O
                      a
O | O | O | O | O | O
                      a
O | O | O | O | O | O
                      a
O | O | O | O | O | O a
    b   b   b   b
```

Nous proposons donc de réserver le mot de ***strie*** ou de ***strie résoluble***, à l'ensemble d'une rangée d'alvéoles et de donner le nom d'*interstries* aux fausses stries ou bandes de silice épaissies. Ce que nous voyons, par exemple, dans l'*Amphipleura*, avec nos éclairages obliques ordinaires, ce sont les *interstries.*

PAGE 71. — *Perles des Pinnulariées.*— En Novembre 1884, nous avons reconnu que toutes les *navicules* de la section des *Pinnularia*, décrits dans le Synopsis, possèdent des perles excessivement délicates et difficiles à voir, et qui, probablement pour cette cause, ont échappé à tous les observateurs. Ces perles se voient le plus facilement sur le *Navicula Cardinalis*, N° 60 de nos *types* ; pour les distinguer nettement, on doit examiner la diatomée sur la face de suture et employer un éclairage parfaitement axial. Dans l'éclairage oblique, on ne voit que des interstries croisées.

Ces rangées de perles s'étendent sur la valve aussi loin que les côtes. D'après notre photographie, il y aurait dans le *N. Cardinalis* environ 26 rangées de perles en 1 c.d.m.

ERRATA.

PAGE	37	LIGNE	6	lisez	*Pleurosigma*	au lieu de	*Tleurosigma.*
»	57	»	2	»	*fig. 18*	»	*fig. 13.*
»	58	»	6	»	*Veneta*	»	*veneta.*
»	75	»	42	»	**polyonca**	»	**mesolyta.**
»	81	»	7	»	*cancellata*	»	*Cancellata.*
»	82	»	11	»	*Meniscus*	»	*meniscus.*
»	»	»	15	»	*Menisculus*	»	*menisculus.*
»	89	»	18	»	*Deux rangées de petites perles entre les* CÔTES.		
»	96	»	33	»	*Synopsis*	au lieu de	*Synopsis.*
»	99	»	16	»	*Schumanniana*	»	*Schumaniana.*
»	113	»	40	»	(*leg. Grunow*)	»	*leg.* (*Grunow.*)

» 132 MODIFIEZ comme suit le tableau des *Cocconéidées* :

Valves munies de cellules marginales . . . . **Orthoneis.**
Valves non ainsi . . . . 1.

1 Valves simples, dissemblables, la supérieure n'ayant qu'un pseudo-raphé, l'inférieure ayant des nodules et un vrai raphé . . . . **Cocconeis.**
Valve inférieure composée de deux couches : la supérieure formée d'un chassis de côtes robustes, l'inférieure constituée par une valve normale . . . . **Campyloneis.**

PAGE	141	LIGNE	19	lisez	*praerupta*	au lieu de	*procrupta.*
»	143	»	28	»	*praerupta*	»	*procrupta.*
»	151	»	13	»	*Danica*	»	*Dunica.*
»	151	»	22	»	*vitrea*	»	*Vitrea.*
»	160	»	26	»	*la var.*	»	*Le var.*
»	173	»	35	»	*constricta*	»	*Constricta.*
»	179	»	21	»	*Sigmoidea*	»	*Sigmoïdea.*
»	179	»	36	»	*id.*	»	*id.*
»	183	»	42	»	*var.*	»	*van.*
»	205	»	20	»	*minuscula*	»	*minima.*
»	206	»	27	»	*Cerataulus turgidus*	»	*C. turgida.*
»	215	»	16	»	*p. 86*	»	*fig. 86.*

TABLES DES MATIÈRES.

I. TABLE SYSTÉMATIQUE.

INTRODUCTION.

CHAPITRE I. Structure, Vie, Étude, Recherche et Préparation des Diatomées.

CHAPITRE II. Terminologie et Classification des Diatomées.

CHAPITRE III. Bibliographie.

CHAPITRE IV. Matériaux pour la connaissance de la dispersion des Diatomées en Belgique.

Notes additionnelles.

II. TABLE ALPHABÉTIQUE.

TABLE ALPHABÉTIQUE

DES FORMES DÉCRITES OU SIGNALÉES

dans le TEXTE du SYNOPSIS.

(Les Synonymes sont imprimés en italiques).

FIN.

SUPPLEMENT.

PLANCHE A.

CYMBELLA.

1. C. SUBAEQUALIS GRUN !
2. C. LEPTOCERAS EHR. VAR. ELONGATA.

ENCYONEMA.

3. E. CAESPITOSUM KÜTZ.

STAURONEIS.

4. S. GREGORII RALFS.

NAVICULA.

5. N. CARDINALIS EHR.
6. N. TREVELYANA DONK.
7. N. RECTANGULATA GREG.
8. N. CRUCIFORMIS DONK.
9. N. RETUSA BRÉB.
10. N. RETUSA VAR. SUBRETUSA GRUN.
11. N. HILSEANA JANISCH.
12. N. GIBBA KÜTZ.
13. N. GLOBICEPS GREG.
14. N. POLYONCA BRÉB. !
15. N. COSTULATA GRUN. !
16. N. CANCELLATA DONK.
17. N. CANCELLATA VAR. SCALDENSIS H. VAN HEURCK.
18. N. DISTANS W. SM.

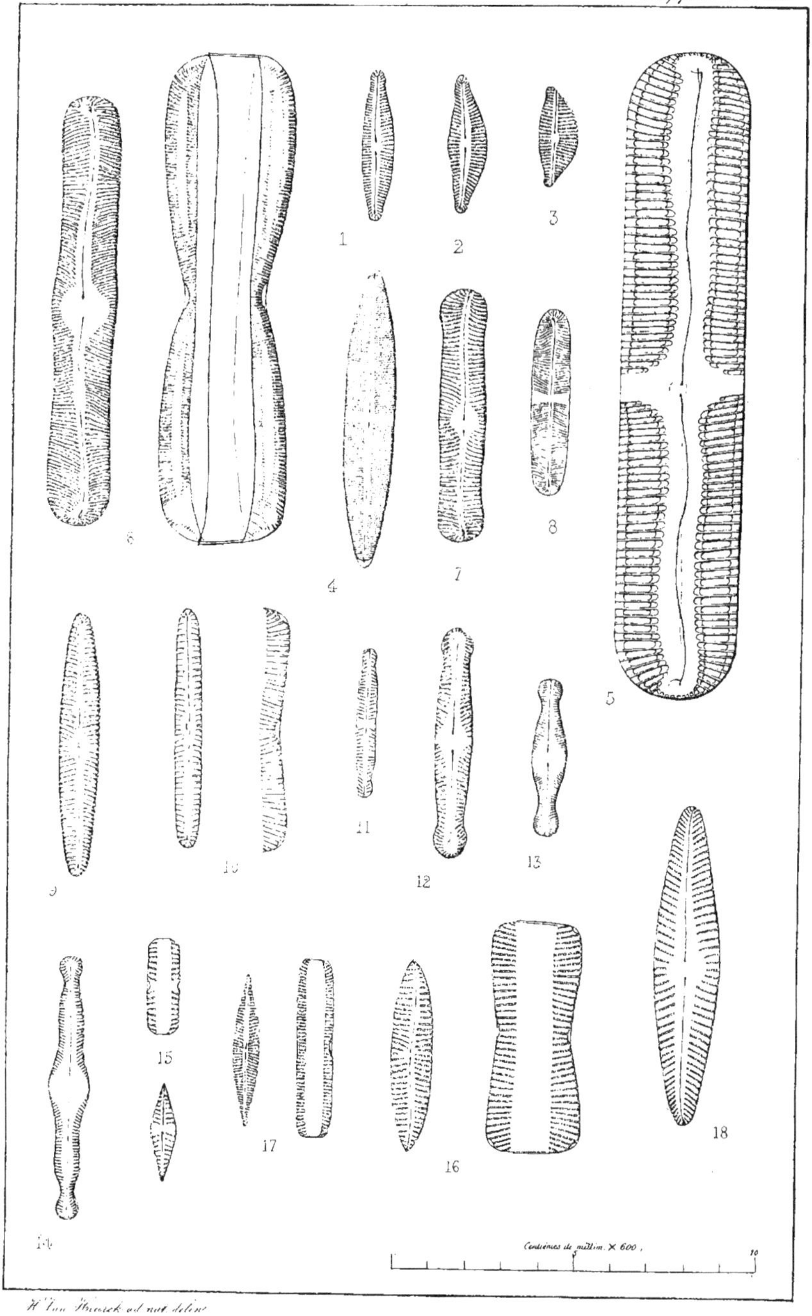

1 2 3 6 4 7 8 5

9 10 11 12 13

14 15 17 16 18

Centièmes de millim. × 600.

5 10

H. Van Heurck ad nat. delin.

SUPPLEMENT.

PLANCHE B.

NAVICULA.

19. N. BOMBOIDES A. Schm.
20. N. DIDYMA Ehr.
21. N. WEISSFLOGII A. Schm.
22. N. BOMBUS Ehr.
23. N. SMITHII Bréb. var.
24. N. FUSCA Greg.
25. N. LITTORALIS Donk.
26. N. ASPERA Ehr. vu sous diverses mises-à-point.
27. N. CRUCICULA (W. Sm.) var. protracta Grun. !
28. N. JOHNSONII W. Sm. !
29. N. JOHNSONII var. Belgica H. Van Heurck.

29b. N. PATULA W. Sm.

30. N. CUSPIDATA var. halophila Grun.
31. N. SERIANS var. brachysira Bréb.
32. N. IRIDIS var. dubia.
33. N. BINODIS Ehr.

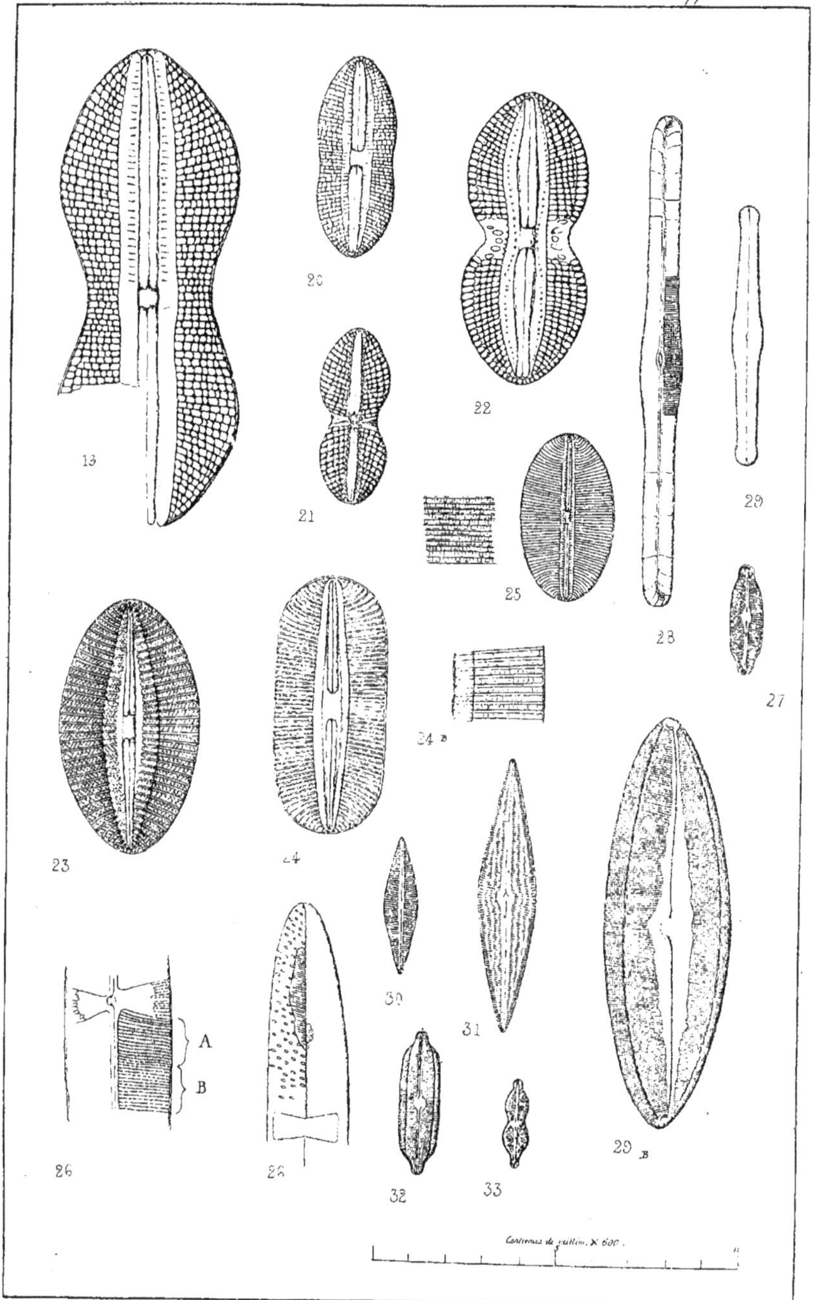

19 20 21 22 25 28 29 23 24 24 B 27 30 31 29 B 26 A B 26 32 33

Centièmes de millim. × 600.

5

H. Van Heurck ad nat. delin.

SUPPLEMENT.

PLANCHE C.

PLEUROSIGMA.

34. P. AFFINE var. Nicobarica Grun.
35. P. NAVICULACEUM Bréb. !

EPITHEMIA.

36. E. GIBBA ; vue de la valve.
37. E. CONSTRICTA ; vue de la valve.

NITZSCHIA.

38. N. DELOGNEI Grun.

SURIRELLA.

39. S. TENERA Greg.
40. S. SALINA W. Sm.

COSCINODISCUS.

41. C. NITIDUS.
42. C. LACUSTRIS Grun.

STRUCTURE DE LA VALVE.

TRICERATIUM.

43. T. FAVUS ; mise-à-point de la surface supérieure de la valve.
44. IDEM. mise-à-point de la membrane ponctuée inférieure.

COSCINODISCUS.

45. C. OCULUS-IRIDIS ; valve décomposée.
    a membrane supérieure adhérente au chassis ; *b* membrane supérieure seule ; *c* chassis isolé. — Exemplaire de la Baie de Melville.
46. C. OCULUS-IRIDIS du Cement-Stein du Jutland ; mise-à-point de la membrane supérieure, montrant les ponctuations. Medium 2, 4.
47. IDEM. d'après une préparation argentée.
    L'argenture a envahie presque toute la surface supérieure de la valve et n'a respectée que les ponctuations d'un petit nombre d'alvéoles. La mise-à-point, très difficile sur les préparations argentées, est cause que les ponctuations n'ont pas été reproduites aussi nettement qu'on les voit à l'œil dans l'oculaire M. Nachet attribue la difficulte de reproduction des préparations argentées aux reflets nuisibles produits par le Cover du Vertical Illuminator.
48. C. OCULIS-IRIDIS var. Asteromphalus de la mer Baltique.
49. C. indéterminé du *London Clay*.
    On voit en *b* une membrane ponctuée, dans une alvéole et en *a* une pareille membrane brisée et montrant sur le bord de cassure des dentelures de ponctuations semblables à celles que l'on voit dans des *Triceratium* à membrane grossièrement ponctuée.

Observation. La photolithographie n'est pas parvenue à reproduire nettement les détails des épreuves photographiques originales

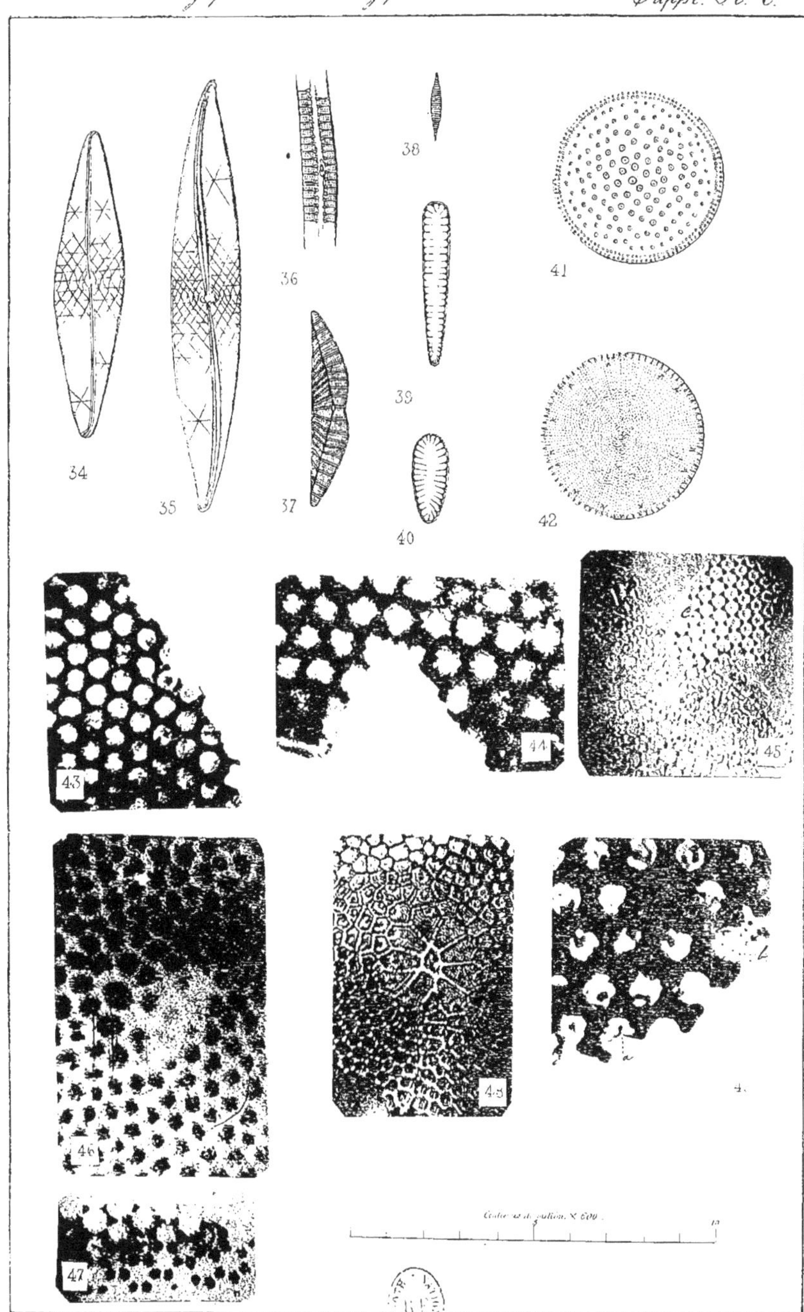
34
35
36
37
38
39
40
41
42
43
44
45
46
47
48
× 600
5
10

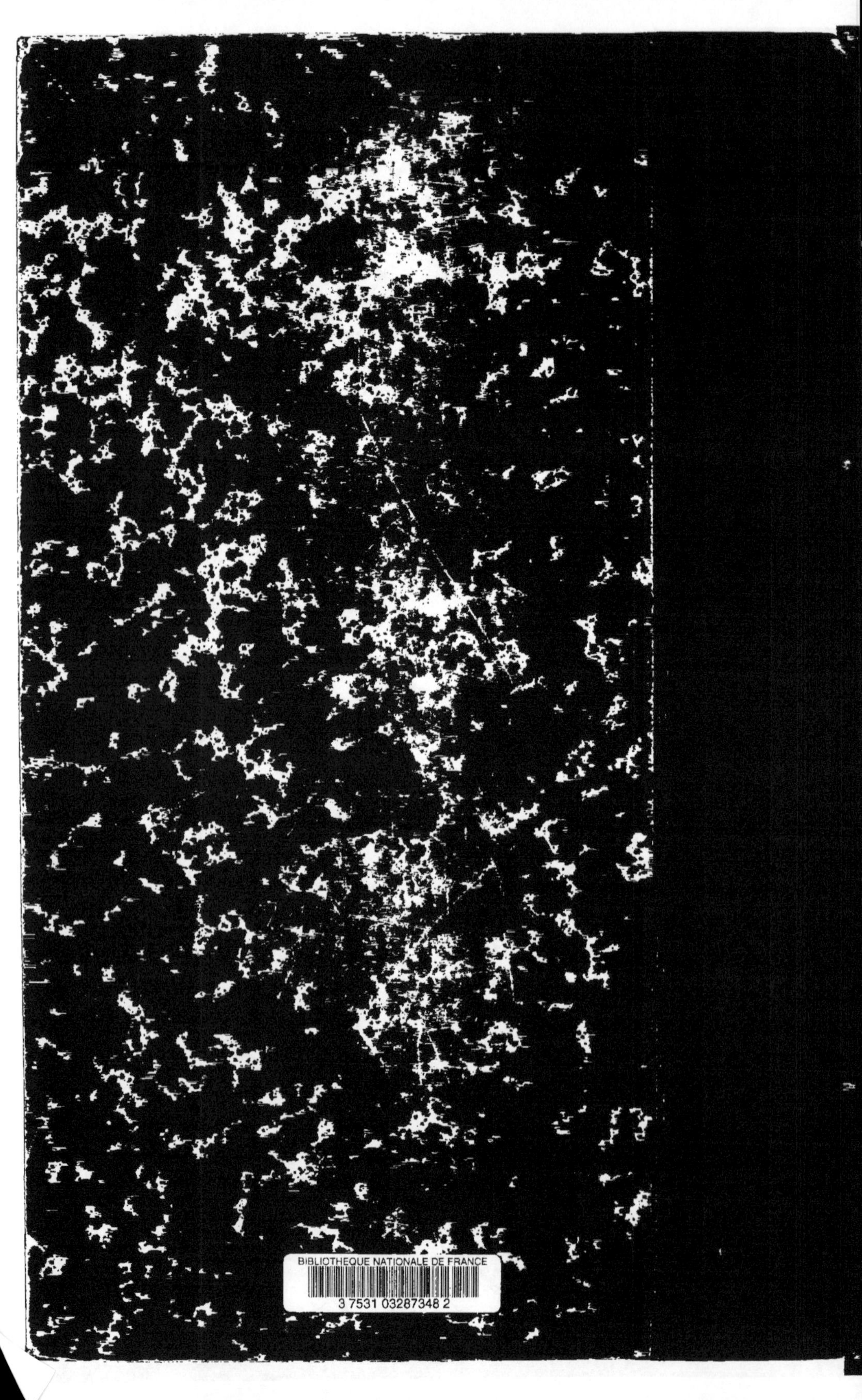

www.ingramcontent.com/pod-product-compliance
Ingram Content Group UK Ltd.
Pitfield, Milton Keynes, MK11 3LW, UK
UKHW020557230726
13926UKWH00005B/2064

9 782013 659055